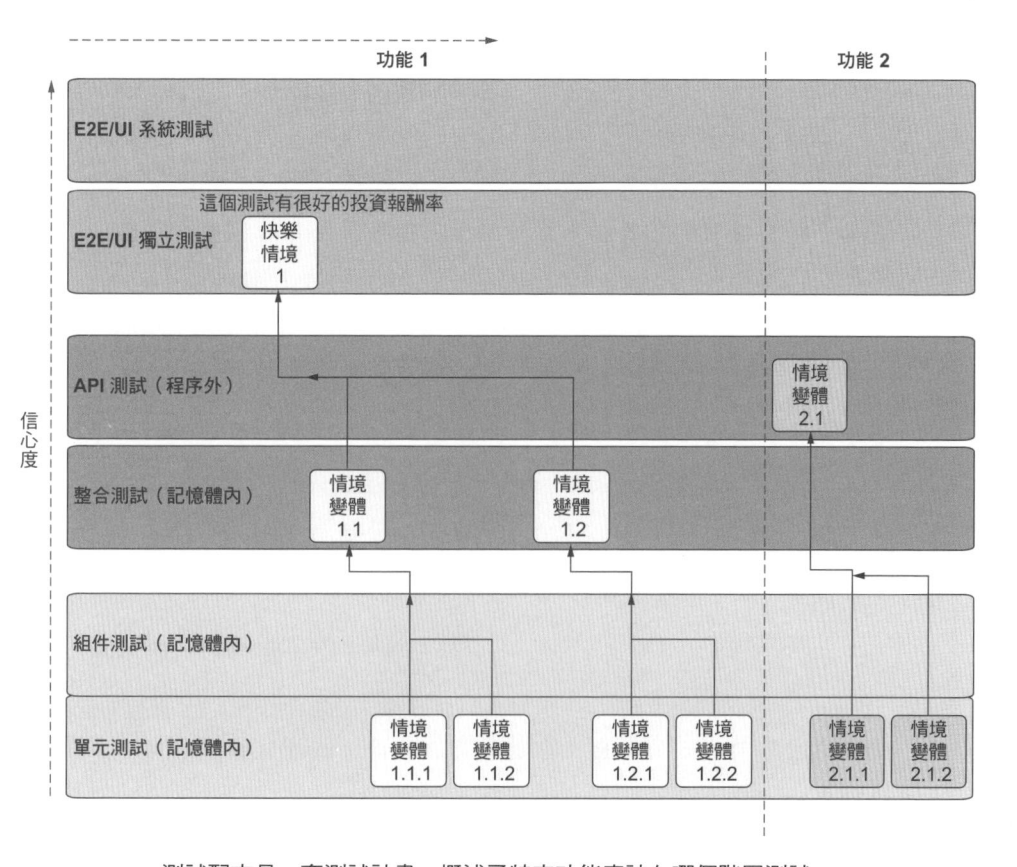

測試配方是一套測試計畫，概述了特定功能應該在哪個階層測試。

對本書的讚譽

這本書非常特別，它的各章互相銜接，積累出驚人的深度。準備好享受一場盛宴吧！

── 來自第二版前言，Robert C. Martin，cleancoder.com

本書是這個領域的經典，是學習單元測試的最佳途徑。

── Raphael Faria，LG Electronics

本書教導高效率單元測試的測試哲學及實作細節。

── Pradeep Chellappan，Microsoft

當我的團隊問我如何寫出正確的單元測試時，我會直接回答：看這本書！

── Alessandro Campeis，Vimar SpA

單元測試的最佳資源。

── Kaleb Pederson，Next IT Corporation

這是我讀過的單元測試指南中，最實用且最符合現況的一本。

── Francesco Goggi，FIAT

對想要認真學習或完善單元測試知識的 .NET 開發者而言，這是必讀之書。

── Karl Metivier，Desjardins Security Financial

單元測試的藝術

以 JavaScript 為例

第三版

© LICENSEE 2024. Authorized translation of the English edition © 2023 Manning Publications. This translation is published and sold by permission of Manning Publications, the owner of all rights to publish and sell the same.

獻給 Tal、Itamar、Aviv 和 Ido。我的家人。
— Roy Osherove

獻給吾妻 Nina 和吾兒 Timothy。
— Vladimir Khorikov

目錄

第二版推薦序　*xvii*

第一版推薦序　*xix*

序　*xx*

致謝　*xxii*

本書簡介　*xxiii*

作者簡介　*xxvii*

封面插圖記事　*xxviii*

第一部分　邁出第一步 1

1　單元測試基礎　3

1.1　第一步　*5*

1.2　定義單元測試（一步一步來）　*5*

1.3　進入點和退出點　*6*

1.4　退出點類型　*13*

1.5　不同的退出點，不同的技術　*14*

1.6　從零開始編寫測試　*14*

1.7　優良單元測試的特點　*18*

　　1.7.1　何謂優良的單元測試？　*18*

　　1.7.2　單元測試檢查表　*20*

1.8　整合測試　*21*

1.9　我們的最終定義　*26*

1.10　測試驅動開發　*27*

vii

　　　　1.10.1　TDD：並非優良單元測試的替代品　29
　　　　1.10.2　成功地進行 TDD 的三項核心技能　31

2 第一個單元測試　35

2.1　介紹 Jest　35
　　2.1.1　準備我們的環境　36
　　2.1.2　準備我們的工作資料夾　36
　　2.1.3　安裝 Jest　37
　　2.1.4　建立測試檔案　37
　　2.1.5　執行 Jest　39
2.2　程式庫、斷言、執行器和報告器　41
2.3　單元測試框架提供的功能　42
　　2.3.1　xUnit 框架　45
　　2.3.2　xUnit、TAP 和 Jest 結構　45
2.4　介紹 Password Verifier 專案　46
2.5　verifyPassword 的第一個 Jest 測試　47
　　2.5.1　Arrange-Act-Assert 模式　47
　　2.5.2　測試「測試程式」　48
　　2.5.3　用 USE 來命名　48
　　2.5.4　字串比較和易維護性　49
　　2.5.5　使用 describe()　50
　　2.5.6　結構暗示背景資訊　51
　　2.5.7　使用 it() 函式　52
　　2.5.8　兩種 Jest 風格　52
　　2.5.9　重構產品程式碼　53
2.6　嘗試使用 beforeEach() 方法　56
　　2.6.1　beforeEach() 與捲動疲勞　58
2.7　嘗試工廠方法　61

　　　　2.7.1　用工廠方法來完全取代 beforeEach()　　62
2.8　圓滿 test()　　64
2.9　重構成參數化的測試程式　　65
2.10　檢查預期會被丟出來的錯誤　　67
2.11　設定測試分類　　69

第二部分　核心技術...73

3　使用 stub 來切斷依賴關係　　75

3.1　依賴項目的類型　　76
3.2　使用 stub 的理由　　78
3.3　被廣泛接受的 stubbing 設計方法　　80
　　　3.3.1　使用參數注入來將時間 stubbing 出來　　81
　　　3.3.2　依賴項目、注入，與控制　　83
3.4　泛函注入技術　　84
　　　3.4.1　注入函式　　85
　　　3.4.2　透過部分應用來進行依賴注入　　85
3.5　模組化注入技術　　86
3.6　使用具備建構函式的物件　　89
3.7　物件導向注入技術　　90
　　　3.7.1　建構函式注入　　90
　　　3.7.2　注入一個物件而不是一個函式　　92
　　　3.7.3　提取共用介面　　96

4　使用 mock 物件來進行互動測試　　101

4.1　互動測試、mock 和 stub　　102
4.2　依賴 logger　　103
4.3　標準風格：參數重構　　105

- 4.4 區分 mock 和 stub 的重要性　107
- 4.5 模組化風格的 mock　108
  - 4.5.1 產品程式碼範例　109
  - 4.5.2 以模組化注入風格來重構產品程式碼　110
  - 4.5.3 使用模組化注入的測試範例　111
- 4.6 泛函風格的 mock　112
  - 4.6.1 使用 currying 風格　112
  - 4.6.2 使用高階函式而不進行 currying　113
- 4.7 物件導向風格的 mock　114
  - 4.7.1 重構產品程式碼以便注入　114
  - 4.7.2 使用介面注入來重構產品程式碼　116
- 4.8 處理複雜的介面　119
  - 4.8.1 複雜介面範例　119
  - 4.8.2 使用複雜的介面來編寫測試　120
  - 4.8.3 直接使用複雜介面的缺點　121
  - 4.8.4 介面隔離原則　121
- 4.9 部分 mock　122
  - 4.9.1 部分 mock 的泛函範例　122
  - 4.9.2 物件導向的部分 mock 範例　123

5 分隔框架　125

- 5.1 定義分隔框架　126
  - 5.1.1 選擇一種風格：鬆散型 vs. 定型　126
- 5.2 動態偽造模組　127
  - 5.2.1 關於 Jest 的 API 的一些注意事項　130
  - 5.2.2 考慮將直接依賴項目抽象化　130
- 5.3 泛函動態 mock 和 stub　131
- 5.4 物件導向的動態 mock 和 stub　132

　　　　5.4.1　使用寬鬆型態框架　　*132*

　　　　5.4.2　切換到型態友善框架　　*135*

　5.5　動態地 stubbing 行為　　*136*

　　　　5.5.1　使用 mock 和 stub 的物件導向範例　　*137*

　　　　5.5.2　使用 substitute.js 的 stub 和 mock　　*139*

　5.6　分隔框架的優勢和陷阱　　*141*

　　　　5.6.1　在多數情況下，你不需要 mock 物件　　*141*

　　　　5.6.2　難以閱讀的測試程式碼　　*142*

　　　　5.6.3　驗證錯誤的內容　　*142*

　　　　5.6.4　在每一個測試中有不只一個 mock　　*142*

　　　　5.6.5　過度規範測試　　*143*

6　非同步程式的單元測試　　*145*

　6.1　處理非同步資料抓取　　*145*

　　　　6.1.1　使用整合測試來初步嘗試　　*147*

　　　　6.1.2　等待行為完成　　*148*

　　　　6.1.3　async/await 的整合測試　　*148*

　　　　6.1.4　整合測試的挑戰　　*149*

　6.2　讓程式更適合進行單元測試　　*150*

　　　　6.2.1　Extract Entry Point　　*150*

　　　　6.2.2　Extract Adapter 模式　　*157*

　6.3　處理定時器　　*165*

　　　　6.3.1　使用 monkey-patching 來 stubbing 定時器　　*165*

　　　　6.3.2　用 Jest 來偽造 setTimeout　　*166*

　6.4　處理常見事件　　*168*

　　　　6.4.1　處理事件發射器　　*168*

　　　　6.4.2　處理按下事件　　*169*

　6.5　引入 DOM 測試庫　　*172*

第三部分　測試程式碼 175

7　可信的測試　177

- 7.1　如何知道你信任一個測試　178
- 7.2　測試為何會失敗　179
  - 7.2.1　在產品程式碼中有真正的 bug 被發現了　179
  - 7.2.2　有 bug 的測試產生假失敗　179
  - 7.2.3　測試因為功能的改變而過時　181
  - 7.2.4　測試與另一個測試衝突　182
  - 7.2.5　測試不穩定　182
- 7.3　避免在單元測試中加入邏輯　182
  - 7.3.1　在斷言裡面的邏輯：建立動態的預期值　183
  - 7.3.2　其他形式的邏輯　185
  - 7.3.3　更多邏輯　186
- 7.4　在通過的測試中，聞到虛假的信任感　187
  - 7.4.1　未斷言任何事情的測試　187
  - 7.4.2　不理解測試　188
  - 7.4.3　混合單元測試和不穩定的整合測試　188
  - 7.4.4　測試多個退出點　189
  - 7.4.5　不斷變動的測試　192
- 7.5　處理不穩定的測試　192
  - 7.5.1　發現不穩定的測試之後該怎麼做？　194
  - 7.5.2　防止高層測試不穩定　195

8　易維護性　197

- 8.1　因測試失敗而被迫進行的更改　198
  - 8.1.1　測試不相關，或與另一個測試衝突　198
  - 8.1.2　產品程式碼的 API 改變了　198
  - 8.1.3　在其他測試內的變更　202

8.2 讓維護工作更輕鬆的重構　207
 8.2.1　避免測試 private 或 protected 方法　207
 8.2.2　讓測試保持 DRY　209
 8.2.3　避免使用 setup 方法　209
 8.2.4　使用參數化的測試來消除重複　210

8.3 避免過度規範　212
 8.3.1　使用 mock 來過度規範內部行為　212
 8.3.2　過度規範精確的輸出和順序　214

第四部分　設計和流程 221

9　易讀性　223

9.1　單元測試的命名　224

9.2　魔法值和變數命名　226

9.3　將斷言與操作分開　227

9.4　設置和卸除　228

10　制定測試策略　231

10.1　常見的測試類型和階層　232
 10.1.1　評估測試的準則　233
 10.1.2　單元測試和組件測試　233
 10.1.3　整合測試　235
 10.1.4　API 測試　235
 10.1.5　E2E/UI 獨立測試　236
 10.1.6　E2E/UI 系統測試　237

10.2　測試階層的反模式　238
 10.2.1　「僅有端到端」反模式　238
 10.2.2　「只有低階測試」反模式　241
 10.2.3　低階測試和高階測試脫節　243

- 10.3 測試配方策略　244
  - 10.3.1 如何撰寫測試配方　244
  - 10.3.2 什麼時候該編寫和使用測試配方？　246
  - 10.3.3 測試配方的編寫規則　246
- 10.4 管理交付管道　248
  - 10.4.1 交付與發現管道　248
  - 10.4.2 測試層平行化　249

11 讓單元測試於組織中扎根　253

- 11.1 成為改革代理人的步驟　253
  - 11.1.1 為棘手問題做好準備　254
  - 11.1.2 說服內部人員：擁護者和抵制者　254
  - 11.1.3 識別可能的起點　255
- 11.2 成功之道　257
  - 11.2.1 游擊式實踐（自下而上）　257
  - 11.2.2 說服管理層（由上而下）　258
  - 11.2.3 從試驗開始　258
  - 11.2.4 尋找外部支持者　259
  - 11.2.5 讓進展可被看見　260
  - 11.2.6 具體的目標、指標和 KPI　261
  - 11.2.7 明白你會遇到障礙　264
- 11.3 失敗之道　264
  - 11.3.1 缺乏驅動力　264
  - 11.3.2 缺乏政治支持　265
  - 11.3.3 即興實施和第一印象　265
  - 11.3.4 團隊不支持　265
- 11.4 影響因素　266

11.5 棘手問題和答案　268
    11.5.1 單元測試會讓當下的流程增加多少時間？　268
    11.5.2 單元測試會威脅我的 QA 飯碗嗎？　270
    11.5.3 有證據指出單元測試有幫助嗎？　271
    11.5.4 為什麼 QA 部門還會發現 bug？　271
    11.5.5 我們有很多無測試程式的程式碼，該怎麼開始？　271
    11.5.6 如果我們開發的是結合軟硬體的產品呢？　272
    11.5.7 如何確定我們的測試中沒有 bug？　272
    11.5.8 偵錯器說我的程式碼可以正確運行，為什麼還要使用測試程式？　272
    11.5.9 關於 TDD 呢？　273

12　與遺留碼共舞　275

12.1 從哪裡開始加入測試？　276
12.2 決定一個選擇策略　279
    12.2.1 先易後難策略的優缺點　279
    12.2.2 先難後易策略的優缺點　279
12.3 在重構之前編寫整合測試　280
    12.3.1 閱讀 Michael Feathers 關於遺留碼的書籍　282
    12.3.2 使用 CodeScene 來調查你的產品程式碼　282

附錄　對函式和模組進行 monkey-patch　283

索引　297

第二版推薦序

那是在 2009 年吧！當時我在奧斯陸的挪威開發者大會（Norwegian Developers Conference）演說（噢！六月的奧斯陸！）那一場活動在一座大體育館內舉行。主辦單位將座位分成幾區，在前面搭建講台，並用厚重的黑布隔出八個不同的會議「室」。記得當時我的演講即將結束，那場演講的主題應該是 TDD、SOLID 或天文學之類的，突然間，旁邊的講台轟然傳來喧鬧的歌聲和吉他聲。

布幕讓我瞄到在一旁的講台上發出這些聲音是哪位仁兄，是的，他是 Roy Osherove。

現在認識我的人都知道，在一場討論軟體的技術演講中一展歌喉正是我一時興起可能會做的事情。所以，當我轉過身來，面對我的觀眾時，我心想，這位 Osherove 老兄是同道中人，我一定要好好認識他。

我確實也這麼做了。事實上，他為我最近出的書《The Clean Coder》付出重大貢獻，並和我一起教導三天的 TDD 課程。我和 Roy 的相處經驗非常愉快，希望未來還有許多這樣的機會。

我可以預測，你也將透過這本書和 Roy 有一段非常愉快的相處經歷，因為這本書很特別。

你看過 Michener 的小說嗎？雖然我沒看過，但聽說它們的開頭都是「原子」。你手中的這本書不是 James Michener 的小說，但它也從單元測試的「原子」談起。

當你翻閱前幾頁時，千萬不要誤會，這本書不僅僅是單元測試的簡介，雖然本書從簡介開始，但如果你已經有經驗了，大可略過那些章節。隨著本書的進展，它的各章將互相銜接，積累出驚人的深度。事實上，當我看到最後一章（當時不知道那是最後一章）時，我心想，下一章會不會講世界和平？因為這本書已經讓堅持採用遺留系統的頑固組織使用單元測試了，接下來還會有什麼事情要做？

這是一本技術書籍，技術含量豐富，裡面有很多程式，這是好事。但 Roy 不劃地自限於技術領域內，他會不時拿出吉他，唱起歌來，分享職業生涯的趣事，或是關於「設計的意義」或「整合的定義」的哲學想法。他似乎很喜歡分享他在 2006 年的那段黑暗時光中犯下的糗事。

噢，別擔心這裡的程式都使用 C#。說真的，誰能說出 C# 和 Java 之間的區別呢？況且，這根本無關緊要。雖然他使用 C# 來傳達自己的想法，但書中的原則同樣適用於 Java、C、Ruby、Python、PHP 或任何其他程式語言（也許除了 COBOL 之外）。

如果你是單元測試和測試驅動開發的菜鳥，或已經是這方面的老手，你都能在這本書中找到值得學習的內容。所以，好好享受 Roy 為你哼唱的這首「The Art of Unit Testing」之歌吧。

對了，Roy，為你那把吉他調一下音吧！

—ROBERT C. MARTIN（Uncle Bob）
cleancoder.com

第一版推薦序

當 Roy Osherove 告訴我他正在寫一本關於單元測試的書時，我很高興聽到這個消息。測試的概念在業界已流行多年，但與其他測試教材相較之下，關於單元測試的資源相對稀缺。在我的書架上有專門討論測試驅動開發的書，也有關於測試的一般性書籍，但迄今為止，還沒有一本關於單元測試的全面性參考資料，沒有一本書從基本知識開始，引導讀者踏出第一步，並一路介紹到流行的最佳實踐法。這個事實著實令人震驚，單元測試並非嶄新的技巧，現況為何如此？

「我們的產業還很年輕」這種說法已經是陳腔濫調了，但這是事實，數學家在不到 100 年前奠定了我們的工作基礎，但直到 60 年前才有速度夠快的硬體可以運用他們的灼見。我們的行業在理論和實務之間有一道最初的鴻溝，直到現在，我們才發現它如何影響我們的領域。

在早期，機器週期（machine cycles）很昂貴，我們必須成批運行程式。程式設計師必須預約時段，在幾疊卡片上打孔（代表程式），帶到機房。由於有問題的程式會浪費很多時間，所以你會在桌上使用紙筆來檢查程式，設想所有的情境和邊緣情況。我懷疑自動單元測試的概念在當時甚至無法想像。既然你可以使用機器來解決它本該解決的問題，那又何必用它來測試？資源稀缺讓我們處於黑暗時代。

後來，機器跑得更快了，我們能夠隨心所欲地輸入程式並進行更改，這讓我們沉醉於互動式計算。在桌面檢查程式的概念逐漸消失，這也讓我們遺忘早期的一些紀律。我們知道程式很難寫，但這只意味著我們得花更多時間坐在電腦前，不斷更改程式和符號，直到找出奏效的神奇咒語為止。

我們從缺乏資源到坐擁資源，卻錯過中間的平衡點，現在我們要找回它。自動單元測試結合了「在桌上檢查程式的紀律」與「將電腦當成開發資源」，我們可以使用開發時的語言來編寫自動化測試，用來檢查成果，且不只檢查一次，而是盡可能多地運行它們。我認為在軟體開發領域中，沒有其他做法和它一樣強大。

在我撰寫此文的 2009 年，很高興能夠看到 Roy 的書問世。這本實用的指南將幫助你踏出第一步，它也是執行測試任務時的傑出參考資料。《The Art of Unit Testing》不是一本述說理想情境的書籍，它將教你如何測試現實的程式碼、如何利用常用的框架，最重要的是，如何寫出更容易測試的程式碼。

《The Art of Unit Testing》是一本應該更早問世的重要書籍，但當時我們尚未做好準備，而現在我們準備好了。享受它吧！

—MICHAEL FEATHERS

物件導師

序

在我經手過的專案裡，最失敗的那一個專案有單元測試。至少當時的我是這樣想的。當時我帶領一組程式設計師開發一個計費應用程式，我們完全按照測試驅動的方式來進行，也就是先寫測試，再寫程式，先看到測試失敗，再讓測試通過，進行重構，再開始新的一輪。

案子在最初的幾個月很順利，我們有測試可以證明程式碼是有效的。但需求逐漸改變，我們被迫修改程式以滿足新需求，與此同時，測試會失敗，必須修復。雖然程式碼仍然有效，但測試卻變得非常脆弱，儘管程式可以正確運行，但只要稍微修改程式就會導致測試失敗。修改類別或方法之中的程式變得非常困難，因為我們還要修復所有相關的單元測試。

更糟的是，有一些測試無法使用，因為它們的作者離開了，沒人知道如何維護它們，或它們測試什麼東西。我們為單元測試方法取的名字不夠清楚，而且有一些測試依賴其他的測試。最終，我們在專案進行不到六個月時，便放棄了大部分測試。

那個專案最終悲慘的失敗了，因為那些測試弊大於利。長期來看，維護和理解那些測試花費的時間比它們節省的時間更多，因此我們不再使用它們。後來，我轉而進行其他專案，在那個專案裡，我們寫出更好的單元測試，並並成功運用它們節省了大量的 debug 和整合時間。自從第一個失敗的專案以來，我一直在整理單元測試的最佳實踐法，並在後續的專案中使用它們。我參與的每一個專案都讓我發現一些新的最佳實踐法。

無論你使用哪種語言或整合開發環境，本書的目的正是讓你瞭解如何撰寫單元測試，以及如何讓它們容易維護、閱讀，和可信。本書將介紹撰寫單元測試的基本知識，深入探討互動測試的基礎，並介紹在現實中撰寫、管理，和維護單元測試的最佳實踐法。

—ROY OSHEROVE

當 Manning 要我協助完成一本快要完稿的單元測試書籍時，我的第一個念頭是拒絕他，畢竟，我自己已經有一本單元測試書了，何必參與別人的案子？但是當我發現那本書竟然是 Roy 的《The Art of Unit Testing》時，我立刻改變想法了。《The Art of Unit Testing》的第一版是我讀過的關於這個主題的第一本書，它形塑了我對於單元測試的看法。能夠參與這本具有重大意義的作品的第三版，我深感榮幸。

個人認為這本書是介紹單元測試的傑出入門書籍。當你看完這本書，想要繼續深入研究時，可以閱讀我的書《Unit Testing Principles, Practices, and Patterns》（Manning，2020）。

—VLADIMIR KHORIKOV

致謝

感謝許多審稿者，他們的回饋幫助我們改善這本書。感謝 Aboudou Samadou Sare, Adhir Ramjiawan, Adriaan Beiertz, Alain Lompo, Barnaby Norman, Charles Lam, Conor Redmond, Daut Morina, Esref Durna, Foster Haines, Harinath Mallepally, Jared Duncan, Jason Hales, Jaume López, Jeremy Chen, Joel Holmes, John Larsen, Jonathan Reeves, Jorge E. Bo, Kent Spillner, Kim Gabrielsen, Marcel van den Brink, Mark Graham, Matt Van Winkle, Matteo Battista, Matteo Gildone, Mike Holcomb, Oliver Korten, Onofrei George, Paul Roebuck, Pablo Herrera J., Patrice Maldague, Rahul Modpur, Ranjit Sahai, Rich Yonts, Richard Meinsen, Rodrigo Encinas, Ronald Borman, Sachin Singhi, Samantha Berk, Sander Zegveld, Satej Kumar Sahu, Shayn Cornwell, Tanya Wilke, Tom Madden, Udit Bhardwaj 與 Vadim Turkov。

完成一本成功的書籍需要很多人親自參與。感謝 Manning 的採購編輯 Michael Stephens、開發編輯 Connor O'Brien、技術開發編輯 Mike Shepard、技術校閱 Jean-François Morin，以及審稿編輯 Adriana Sabo 和 Dunja Nikitović。也感謝 Manning 團隊中所有參與第三版製作過程的所有幕後工作人員。

最後，特別感謝參與 Manning 的 Early Access Program 的早期讀者於線上論壇提供的意見。你們一起塑造了這本書。

本書簡介

關於學習這檔事，我聽過的最有智慧的說法之一是：「若要真正學會一件事，那就去教導它」（很遺憾我忘了是誰說的）。對我而言，於 2009 年撰寫這本書的第一版並出版它，無疑是一段真正的學習經歷。我寫這本書的初衷，是因為我對一次又一次回答相同的問題感到厭煩，但也有其他原因。我想嘗試一些新東西，想進行一項試驗，也想知道寫一本書（任何書）能夠讓我學到什麼。單元測試是我自認擅長的事情。但是，經驗越多，就越覺得自己知識淺薄。

現在回過頭看，第一版中的某些部分我已經無法認同，例如，單元是指「方法」，這大錯特錯。我在這本第三版的第 1 章中提到，單元是工作單元，它可能小至一個方法，也可能大至幾個類別（甚至可能是幾個編譯單元，assemblies），此外，我也改了其他的東西，等一下你就會知道。

第三版的新內容

在這本第三版裡，我們將 .NET 改成 JavaScript 和 TypeScript。我們當然也更新了所有相關的工具和框架，例如，我們用 Jest 來替代 NUnit 測試執行器和 NSubstitute，將它當成單元測試框架以及 mock 庫。

我們在探討「在組織層級上實踐單元測試」的那一章裡加入更多技術。

本書的程式在設計上有許多改變，主要與使用 JavaScript 這類的動態定型語言有關，但我們也利用 TypeScript 來討論靜態定型技術。

我們將測試的可信度、易維護性，和易讀性的探討擴展成獨立的三章，並加入關於測試策略的新章節，討論如何在不同的測試類型之間做出選擇，以及該使用哪些技術。

適合的讀者

本書適合需要撰寫程式並對學習單元測試的最佳實踐法有興趣的人。書中的範例都是用 JavaScript 和 TypeScript 來編寫的，因此 JavaScript 開發者會認為這些範例特別實用，但是我們教導的內容同樣適用於大多數的物件導向和靜態定型語言（例如 C#、VB.NET、Java 和 C++⋯等諸多語言）。無論你是架構師、開發者、團隊領導者、需要寫程式的 QA 工程師，還是剛學習程式設計的新人，這本書都適合你。

本書結構：路線圖

如果你從未寫過單元測試，最好從頭到尾閱讀這本書，以全面瞭解這項技術。如果你有經驗，你可以根據需要，自由地選擇章節閱讀。本書分為四部分。

第一部分帶你從零開始撰寫單元測試，直到熟練為止。第 1 章和第 2 章介紹基本知識，例如如何使用測試框架（Jest），並介紹自動測試概念，例如測試庫、斷言庫，和測試執行器。這部分也介紹斷言、忽略測試、工作單元測試、單元測試的三種最終結果，以及你需要做的三類測試：值測試、基於狀態的測試，和互動測試。

第二部分討論斷開依賴關係的進階技術：mock 物件、stub、分隔框架，以及重構程式碼來使用那些技術的模式。第 3 章介紹 stub 的概念，並展示如何手動建立和使用它們。第 4 章教你使用 mock 物件來進行互動測試。第 5 章將這兩個概念結合起來，展示分隔框架如何結合這兩個概念，並將它們自動化。第 6 章深入探討如何測試非同步程式碼。

第三部分討論如何組織測試程式碼、運行和重構測試程式碼結構的模式，以及編寫測試的最佳實踐法。第 7 章討論撰寫可信測試的技術。第 8 章介紹建立容易維護的單元測試的最佳實踐法。

第四部分討論如何在組織中進行變革，以及如何處理現有程式碼。第 9 章探討測試的易讀性。第 10 章展示如何擬定測試策略。第 11 章討論在組織中引入單元測試時，可能遇到的問題和解決方案，並回答在過程中你可能被問到的一些問題。第 12 章說明如何在遺留碼中引入單元測試，並提出幾種「決定從何處開始測試」的方法，以及討論一些測試「無法測試的程式碼（untestable code）」的工具。

附錄列出一些在測試時可能有用的 monkey-patching 技術。

程式碼慣例和下載

在範例或文章中的原始碼都使用定寬字體（fixed-width font）來區別它與普通文字。在範例中，粗體程式碼（**bold code**）代表與前一個範例不同的程式碼，或在下一個範例中將會改變的程式碼。在許多範例裡，我們會用註解來指出關鍵的概念。

你可以從 GitHub（*https://github.com/royosherove/aout3-samples*）和原文出版社 Manning 的網站（*https://www.manning.com/books/the-art-of-unit-testing-third-edition*）下載本書的原始碼。你也可以從 liveBook（線上）版本取得可執行的程式片段，網址為：*https://livebook.manning.com/book/the-art-of-unit-testing-third-edition*。

軟體需求

要使用本書的程式碼必須安裝 VS Code（它是免費的）。你也要取得 Jest（一個開源且免費的框架），以及在相關的章節提到的其他工具。我們介紹的工具都是免費的、開源的，或有免費的試用版，你可以在閱讀本書時自由使用。

Roy Osherove 的其他專案

Roy 也是《*Elastic Leadership: Growing Self-organizing Teams*》的作者，其網頁位於 *www.manning.com/books/elastic-leadership*，以及《*Notes to a Software Team Leader: Growing Self-Organizing Teams*》（Team Agile Publishing，2014）的作者。

其他資源：

- 與這本書有關且為團隊領導者設立的部落格：*http://5whys.com*

- Roy 的線上 TDD Master Class 影片課程：
  https://courses.osherove.com/courses

- 你可以在 *http://ArtOfUnitTesting.com* 和 *http://Osherove.com/Videos* 找到許多關於單元測試的免費影片。

- Roy 不斷在世界各地進行培訓和諮詢。你可以透過 *http://contact.osherove.com* 聯絡他，及預約為你的公司進行培訓。

你也可以在 X 上關注他：@RoyOsherove。

Vladimir Khorikov 的其他專案

Vladimir 也是《*Unit Testing Principles, Practices, and Patterns*》的作者，該書網頁位於 *https://www.manning.com/books/unit-testing*。

其他資源：

- 為致力學習單元測試和領域驅動設計的開發者設立的部落格：*https://enterprisecraftsmanship.com/*

- 在 Pluralsight 上的影片課程：*https://bit.ly/ps-all*

你也可以在 X 上關注他：@vkhorikov。

作者簡介

ROY OSHEROVE 是 ALT.NET 最初的組織者之一，他也曾經擔任 Typemock 的首席架構師。他為世界各地的團隊提供單元測試和測試驅動開發的諮詢和培訓，並在 5whys.com 教導團隊領導者提升領導能力。Roy 會在 @RoyOsherove 發文，並在 ArtOfUnitTesting.com 發布許多關於單元測試的影片。你也可以在 Osherove.com 向他預約演講和培訓。

VLADIMIR KHORIKOV 是 Microsoft MVP、部落客，及 Pluralsight 的作者。他從事軟體開發工作超過 10 年，並為團隊指導單元測試的細節。Vladimir 是 Manning 出版的《*Unit Testing, Principles, Practices, and Patterns*》的作者，他也寫了幾個廣受歡迎的部落格系列文章，和一門單元測試線上培訓課程。關於他的教學風格，最大的優勢且深受學生好評的一點在於，他傾向提出扎實的理論背景，並將其應用於實際範例。他的部落格位於 EnterpriseCraftsmanship.com。

封面插圖記事

在《*The Art of Unit Testing*》第三版封面上的人物是「Japonais en costume de cérémonie」，即「身穿禮服的日本人」。此圖來自 James Prichard 的《*Natural History of Man*》，該書是一本收錄手工上色石版畫的書籍，在 1847 年於英國出版。這幅插圖是我們的封面設計師在舊金山的一家古董店發現的。

在古代，人們很容易透過穿著來知道對方的居住地、職業或社會地位。Manning 在封面使用數世紀前豐富多樣的地區文化收藏品圖片，來讚揚電腦業務的創意和主動精神。

第一部分

邁出第一步

本書的第一部分介紹單元測試的基本知識。

在第 1 章中,我將定義什麼是「單元」,以及什麼是「好」的單元測試,並且比較單元測試與整合測試,接著探討測試驅動開發,以及它與單元測試的關係。

第 2 章將帶你使用 Jest(一種常見的 JavaScript 測試框架)來撰寫你的第一個單元測試。你將瞭解 Jest 的基本 API,如何斷言(assert)事情,以及如何持續執行測試。

單元測試基礎

本章內容

- 辨識進入點與退出點
- 單元測試與工作單元的定義
- 單元測試與整合測試的差異
- 單元測試的簡單範例
- 瞭解測試驅動開發

手動測試很爛，你必須寫好程式，在偵錯器（debugger）中執行它，正確地按下應用程式中的所有按鍵以確保一切正確，然後在編寫新程式之後重複這些步驟。你還要記得檢查可能被新程式影響的所有其他程式碼，於是你有更多手動工作，真是好極了！

以純手動方式來做測試和回歸測試，會讓你像猴子一樣一遍又一遍地重複進行相同的操作，這既容易出錯又耗時，在軟體開發中，這幾乎是每一個人最討厭的事情。但這些問題可以透過工具，以及下定決心善用工具來緩解，透過編寫自動化測試來節省寶貴的時間，和減少偵錯的痛苦。整合測試和單元測試框架可協助開發者使用一組已知的 API 迅速地撰寫測試，自動執行那些測試，並輕鬆查看測試結果，而且那些測試絕對不會怠工！你之所以看這本書，應該是因為你也有相同的感受，或是因為有人強迫你看這本書，而那個人也有相同的感受。又或者，有人強迫那個人逼你看這本書。無論如何，如果你認為反覆進行手動測試很好，這本書將令你難以下嚥。我們假設你*想要*學習優良單元測試的寫法。

本書也假設你知道如何使用 JavaScript 或 TypeScript 來寫程式，至少會用 ECMAScript 6（ES6）的功能，並且習慣使用 node package manager（npm）。本書的另一個假設是你熟悉 Git 原始碼控制系統。你只要瀏覽過 github.com，並知道如何從那裡 clone 一個版本庫（repository）即可。

本書中的所有程式範例都是用 JavaScript 和 TypeScript 來編寫的，但沒學過 JavaScript 的程式設計師也看得懂這本書。本書的前幾版是用 C# 來寫的，我發現有大約 80% 的模式很容易轉移到其他語言。即使你來自 Java、.NET、Python、Ruby 或其他語言，這本書應該也適合你。模式就是模式，語言是用來展示這些模式的，模式並非只有特定語言能夠使用。

> **本書的 JavaScript vs. TypeScript**
>
> 本書的範例完全使用純 JavaScript 和 TypeScript。我為創造這樣一座語言混雜的「巴別塔」（Tower of Babel，非雙關語）負起全責，但我保證這有充分的理由，因為本書將處理 JavaScript 的三種程式設計範式：*程序*（*procedural*）、*泛函*（*functional*），和*物件導向*（*object-oriented*）設計。
>
> 我使用普通的 JavaScript 來編寫程序和泛函設計範例，而物件導向的範例則使用 TypeScript 來處理，因為 TypeScript 提供了表達這些概念所需的結構。
>
> 本書的前幾版使用 C#，當時這不是問題。但是改用 JavaScript 之後，由於它支援這幾種範式，所以使用 TypeScript 是合理的選擇。
>
> 你可能會問，何不使用 TypeScript 來編寫所有範例就好了？因為我想要讓你看到，單元測試不是只能用 TypeScript 來編寫，以及單元測試的概念與特定語言無關，也不一定要使用任何類型的編譯器或 linter 才行。
>
> 這意味著如果你喜歡泛函設計，雖然本書的一些範例對你來說很有意義，但其他範例可能過於複雜或冗長。你可以只關注泛函範例。
>
> 如果你喜歡物件導向設計，或你來自 C#/Java 背景，你會認為一些非物件導向的範例太過簡單，且無法代表你的日常工作。別擔心，本書有很多與物件導向風格相關的章節。

1.1 第一步

凡事都要踏出第一步：第一次寫程式、第一次遇到專案失敗、第一次成功完成你想做到的事情。你不會忘記每一個第一次，但願你不會忘記你的第一套測試程式。

你可能看過某種形式的測試。你最喜歡的一些開源專案有「test」資料夾，你手上的專案也有它們。你可能已經寫過幾個測試，甚至記得它們寫得很爛、跑得很慢或難以維護。更糟的是，你可能覺得它們無啥用處且浪費時間（很遺憾，很多人確實這麼想）。或者，你的第一次單元測試經驗太棒了，之所以看這本書是為了瞭解有沒有漏掉什麼。

本章將分析單元測試的「經典」定義，並比較它與整合測試的概念。很多人不理解它們的差異，但這件事非常重要，因為正如你將在本書中學到的，將單元測試與其他類型的測試分開，可讓你在測試失敗或通過時很相信結果。

我們也會討論單元測試與整合測試的優缺點，並為「優良」的單元測試提出更好的定義。最後，我們將探討測試驅動開發（TDD），因為它通常與單元測試有關，但它是一項獨立的技術，強烈建議你給它一個機會（儘管它不是本書的主題）。我也會在本章提到一些概念，而這些概念在書中的其他部分會有更詳細的說明。

我們先來定義什麼是單元測試。

1.2 定義單元測試（一步一步來）

在軟體開發中，單元測試不是新概念，它在 1970 年代 Smalltalk 程式語言的早期階段就出現了，並一次又一次地證明它是開發者提升程式碼品質的最佳手段之一，開發者也可以用它來更深入地瞭解模組、類別或函式的功能需求。Kent Beck 在 Smalltalk 中引入單元測試的概念，並將它延伸到許多其他程式語言，使單元測試成為一種極為實用的做法。

為了看一下我們**不**想採用的單元測試定義，我們從維基百科看起。我對它的定義持保留態度，因為在我眼中，它缺少許多重要的元素，但由於沒有其他更好的定義，它仍被廣泛接受。我們的定義將在本章中逐漸演變，最終定義將在第 1.9 節提出。

單元測試通常是由軟體開發者編寫和運行的自動測試，其目的是確保應用程式的某個部分（稱為「單元」）符合其設計，並具備預期的行為。在程序式設計（*procedural programming*）中，單元可能是整個模組，但比較常見的形式是單一函式或程序。在物件導向設計中，單元通常是整個介面，例如類別，或單一方法（*https://en.wikipedia.org/wiki/Unit_testing*）。

我們是為對象（*subject*）、系統（*system*），或受測套件（*suite under test*，SUT）編寫測試。

> **定義** SUT 代表 *subject*、*system* 或 *suite under test*，有人喜歡使用 CUT（*component*、*class* 或 *code under test*）。當你測試一個東西時，那個東西稱為 SUT。

我們來討論單元測試中的「單元」一詞。對我來說，單元是指系統內部的「工作單元」或「用例（use case）」。工作單元有開始處和結束處，我稱之為**進入點**（*entry point*）和**退出點**（*exit point*）。可計算某些東西並回傳一個值的函式是一種簡單的工作單元，然而，函式也可能在計算過程中使用其他函式、其他模組和其他組件，這意味著工作單元（從進入點到退出點）可能不只包含一個函式。

> **工作單元**
>
> 工作單元是從調用（invocation）進入點開始，一直到一或多個退出點所產生的明顯最終結果之間的所有操作。進入點是我們觸發的東西。例如，假設有一個公開可見的函式
> - 函式的主體是所有的工作單元或一部分的工作單元。
> - 函式的宣告式和簽章（signature）是進入函式主體的進入點。
> - 函式的輸出或行為是它的退出點。

1.3 進入點和退出點

工作單元一定有一個進入點和一個或多個退出點。圖 1.1 是一個工作單元的簡圖。

進入點和退出點　　7

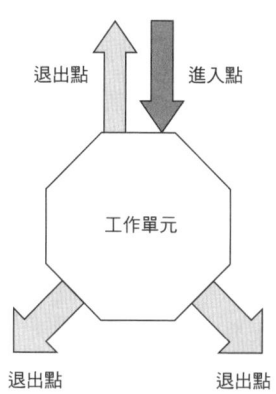

圖 1.1　具有進入點和退出點的工作單元

工作單元可以是一個函式、多個函式，甚至是多個模組或組件。但它一定有一個可以在外部（透過測試或其他產品程式碼）觸發的進入點，而且最終一定會做一些有用的事情。如果它不做任何有用的事情，我們可能會將它移出碼庫（codebase）。

何謂**有用的**？那是指在程式中發生的，且公開可見的事情，例如回傳一個值、改變狀態，或呼叫外面的程式，如圖 1.2 所示。這些可注意到的行為就是我說的**退出點**。

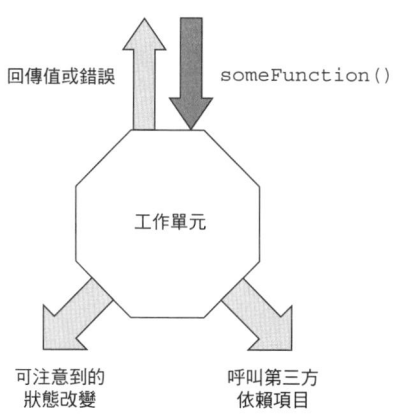

圖 1.2　退出點的類型

> **為什麼稱為「退出點」?**
>
> 為什麼說它是「退出點」而不是「行為」之類的?我的想法是,行為可能是純內部的,但我們想要檢查的是呼叫方可看見的外在行為。這個差異乍看之下可能難以分辨。此外,「退出點」貼切地指出我們離開一個工作單元的環境(context)並回到測試環境,儘管實際行為可能更有彈性。Vladimir Khorikov 在他的《Unit Testing Principles, Practices, and Patterns》(Manning, 2020)裡對於行為種類(包括可觀察行為)有更廣泛的討論。若要進一步瞭解這個主題的相關資訊,請參閱該書。

下面是一個簡單的工作單元範例。

範例 1.1　我們想測試的簡單函式

```
const sum = (numbers) => {
  const [a, b] = numbers.split(',');
  const result = parseInt(a) + parseInt(b);
  return result;
};
```

> **關於本書使用的 JavaScript 版本**
>
> 我使用 Node.js 12.8 搭配簡單的 ES6 JavaScript 和 JSDoc 風格的註解。為了保持簡單,我使用的模組系統是 CommonJS。也許在未來的版本中,我會使用 ES 模組(.mjs 檔案),但是就目前以及對本書的其餘部分而言,使用 CommonJS 就夠了。在採用本書的模式時,是否使用 ES 模組並不重要。
>
> 無論你使用的是 TypeScript、純 JS、ES 模組、後端、前端、Angular 或 React,你應該可以將這裡的技術輕鬆地用在你所使用的任何 JavaScript 技術疊(stack)中。版本應該無關緊要。

> **取得本章的程式碼**
>
> 你可以從 GitHub 下載本書的所有範例程式碼。程式的版本庫位於 https://github.com/royosherove/aout3-samples。務必安裝 Node 12.8 以上的版本,然後執行 npm install,接著執行 npm run ch[章節號碼]。例如,對本章而言,你要執行 npm run ch1,這會執行本章的所有測試,讓你能夠查看它們的輸出。

這個工作單元被全部包在一個函式裡。函式是進入點，而且由於它的最終結果是回傳一個值，所以它也是退出點。我們在觸發工作單元的地方取得最終結果，因此進入點也是退出點。

將這個函式畫成一個工作單元的話，它會是圖 1.3 的樣子。我使用 sum(numbers) 作為進入點，而不是 numbers，因為進入點是函式簽章。參數是在進入點提供的背景資訊或輸入。

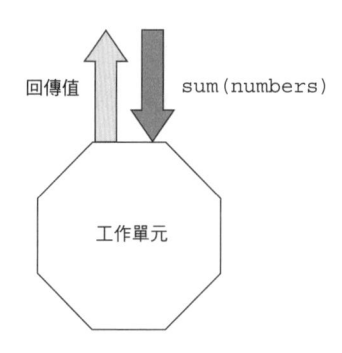

圖 1.3　進入點與退出點相同的函式

下面的範例展示這個概念的另一個版本。

範例 1.2　一個具備進入點與退出點的工作單元

```
let total = 0;

const totalSoFar = () => {
  return total;
};

const sum = (numbers) => {
  const [a, b] = numbers.split(',');
  const result = parseInt(a) + parseInt(b);
  total += result;        ◀── 新功能：
  return result;              計算累計
};                            總和
```

這個新版本的 sum 有**兩**個退出點。它做了兩件事：

- 回傳一個值。

- 加入一個新功能：計算所有和的累計總和。它用進入點的呼叫方可以知道的方式（透過 totalSoFar）來設定模組的狀態。

圖 1.4 是將這個工作單元畫出來的樣子。你可以將兩個退出點視為同一個工作單元的兩條不同路徑或需求，因為它們確實是程式碼應該做的兩件有用的、不同的事情。這也意味著我很可能編寫兩個不同的單元測試，每個退出點有一個。我們很快就會這樣做。

那麼 totalSoFar 呢？它也是一個進入點嗎？沒錯，它可以成為進入點，**在另一個測試中**。我也可以寫一個測試來證明「在未觸發的前提下呼叫 totalSoFar 會得到 0」。這將使它成為自己的一個小工作單元，完全沒問題。通常工作單元（例如 sum）可以由更小的單元組成。

如你所見，我們的測試範圍可能改變和轉變，但我們仍然可以用進入點和退出點來定義它們。進入點一定是測試程式觸發工作單元的地方。你可以讓一個工作單元有多個進入點，讓每一個進入點都被一組不同的測試使用。

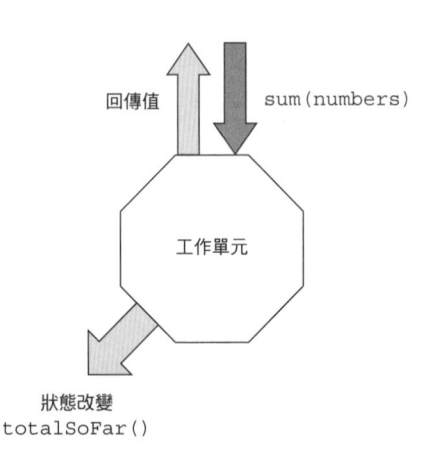

圖 1.4 一個具有兩個退出點的工作單元

關於設計

操作（action）有兩種主要類型：「查詢（query）」操作和「命令（command）」操作。查詢操作不改變任何東西，只回傳值。命令操作會改變東西，但不回傳值。

我們通常結合兩者，但在許多情況下，將它們分開可能是更好的設計。本書不談設計，但鼓勵你到 Martin Fowler 的網站閱讀關於「命令查詢分離」的概念：https://martinfowler.com/bliki/CommandQuerySeparation.html。

退出點意味著需求和新測試，反之亦然

退出點是工作單元的最終結果。就單元測試而言，我通常至少為每一個退出點寫一個測試，並為它取一個易讀的名字。然後，我可能會加入更多測試，讓那些測試使用各種輸入，以加強信心。

整合測試（本章稍後和本書稍後會討論）通常包括多個最終結果，因為在這個層面上，程式碼路徑可能無法分離。這也是整合測試比單元測試更難以偵錯、啟動和維護的原因之一：它們做的事情比單元測試更多，你很快就會看到。

下面是第三版範例函式。

範例 1.3　在函式中加入 logger 呼叫

```
let total = 0;

const totalSoFar = () => {
  return total;
};

const logger = makeLogger();

const sum = (numbers) => {
  const [a, b] = numbers.split(',');
  logger.info(
    'this is a very important log output',
    { firstNumWas: a, secondNumWas: b });         新的退出點

  const result = parseInt(a) + parseInt(b);
  total += result;
  return result;
};
```

你可以看到在函式中有一個新的退出點（或需求，或最終結果）。它將某些訊息 log（記錄）到外部實體，那可能是檔案、控制台，或資料庫，我們不知道那是什麼，也不在乎。它是第三類退出點：**呼叫第三方**，我也喜歡稱之為「呼叫依賴項目」。

> **定義** 依賴項目（*dependency*）是在進行單元測試期間無法完全控制的東西。或是當你企圖在測試中控制它時，可能會讓你非常頭痛的東西。例如，會寫入檔案的 logger、與網路通訊的東西、由其他團隊控制的程式、需要長時間運行的組件（計算、執行緒、資料庫存取）等。原則上，如果你能夠輕鬆地完全控制一個東西的行為，而且它在記憶體內運行，而且速度很快，它就不是依賴項目。原則總有例外，但這個原則至少涵蓋 80% 的情況。

圖 1.5 是我畫出來的這個工作單元，包括所有的三個退出點。我們現在仍然是在討論一個函式大小的工作單元。它的進入點是函式呼叫，但現在有三條可能的路徑，或者說退出點，那些退出點會做一些有用事情，且呼叫方可以公開檢驗。

有趣的來了：我們最好**為每一個退出點寫一個獨立的測試**，這可以讓測試更易讀，並且更容易偵錯或更改，而不會影響其他的結果。

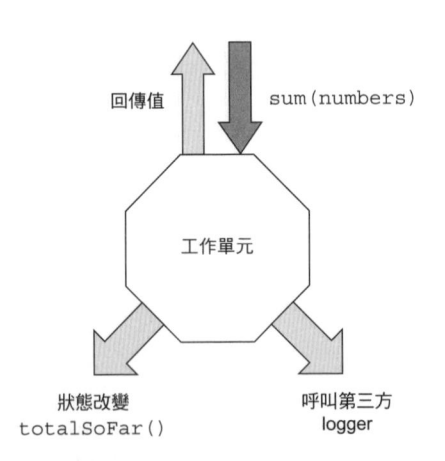

圖 1.5　展示函式的三個退出點

1.4 退出點類型

我們知道三種不同類型的最終結果了：

- 被呼叫的函式回傳一個有用的值（不是 undefined）。如果我們使用靜態定型語言，例如 Java 或 C#，我們會說它是一個 public、非 void 函式。

- 在呼叫之前和之後，系統的狀態或行為有**可被注意到**的改變，且不需要查詢私有狀態即可確定。

- 對測試程式無法控制的第三方系統發出一個呼叫。那個第三方系統不回傳任何值，或是該值被忽略（例如，呼叫一個不是你寫的，而且你無法控制其原始碼的第三方 logging 系統）。

> **XUnit Test Patterns 對於進入點和退出點的定義**
>
> Gerard Meszaros 在《XUnit Test Patterns》（Addison-Wesley Professional，2007）中討論了直接輸入和輸出以及間接輸入和輸出的概念。直接輸入就是我喜歡說的進入點。Meszaros 稱之為「使用（組件的）前門」。該書的間接輸出則是我說過的另外兩種退出點（狀態改變，和呼叫第三方）。
>
> 這兩個概念仍然在持續平行演變，但「工作單元」的概念只在這本書中出現。對我來說，「工作單元與進入點、退出點」的組合比「直接和間接輸入和輸出」更有意義許多，但你可以將兩者視為「測試範圍」這個概念的不同教導風格。你可以在 xunitpatterns.com 找到更多關於《XUnit Test Patterns》的資訊。

我們來看看進入點和退出點的概念如何影響單元測試的定義：**單元測試**是一段程式碼，它會呼叫一個工作單元，並檢查它的一個退出點（即該工作單元的最終結果）。如果對於最終結果做出來的假設是錯的，單元測試就失敗了。單元測試的範圍可能涵蓋一個函式，也可能涵蓋多個模組或組件，取決於有多少函式和模組在進入點和退出點之間使用。

1.5 不同的退出點，不同的技術

為什麼要花這麼多時間討論退出點的類型？因為將每一個退出點的測試分開是很好的做法，而且不同類型的退出點可能要用不同的技術才能成功測試：

- 回傳值的退出點（Meszaros 在《*XUnit Test Patterns*》裡說的直接輸出）應該是最容易測試的退出點。你將觸發一個進入點，取回一些東西，並檢查你取回的值。

- 檢查狀態的測試（間接輸出）通常需要更多操作。你將呼叫某個東西，接著做另一個呼叫來檢查其他東西（或再次呼叫之前的東西）來確認一切是否按計畫進行。

如果有第三方牽涉其中（有間接輸出），我們要做的事情更多。雖然我們還沒有討論到這個主題，但是在這種情況下，我們將被迫使用 *mock* 物件之類的東西來將外部系統換成可以在測試中控制和檢查的東西。我會在本書的後面深入討論這個概念。

> **哪些退出點造成最多問題？**
>
> 一般來說，我會盡量使用檢查回傳值的或檢查狀態的測試。如果可以，我會盡量避免使用 mock 物件來測試，這我通常可以做到。因此，我使用 mock 物件來進行驗證的測試通常不超過 5%。這種測試會將事情複雜化，並且難以維護。但有時它們無法避免，我們會在後面的章節中討論它們。

1.6 從零開始編寫測試

接著要回到最初、最簡單的程式版本（範例 1.1）並試著測試它！如果我們試著為它編寫測試，測試會長怎樣？

首先，我們採取視覺化的方法，如圖 1.6 所示。我們的進入點是 sum 與一個名為 numbers 的輸入字串。sum 也是我們的退出點，因為我們會用它來取得回傳值並檢查它的值。

我們不需要使用測試框架就可以寫一個自動化單元測試。事實上，由於開發者已經習慣將測試自動化了，我看過很多人在發現測試框架之前，就已經這樣做了。在本節，我們要在不使用框架的情況下寫一個測試，讓你比較這種做法與第 2 章使用框架的做法。

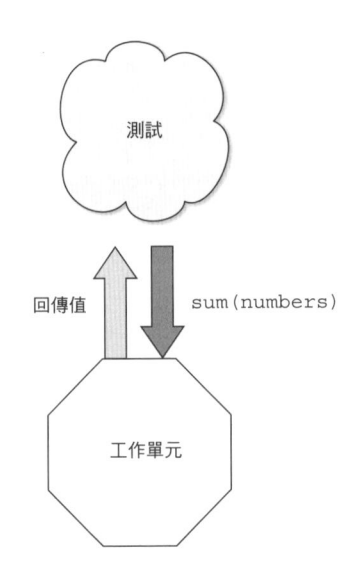

圖 1.6　將測試視覺化

假設世上沒有現成的測試框架（或我們不知道它們的存在）。我們決定從頭開始編寫自己的小型自動化測試。下面的範例是一個非常簡單的範例，它使用純 JavaScript 來測試我們自己的程式碼。

範例 1.4　一個針對 sum() 的極簡單測試

```
const parserTest = () => {
  try {
    const result = sum('1,2');
    if (result === 3) {
      console.log('parserTest example 1 PASSED');
    } else {
      throw new Error(`parserTest: expected 3 but was ${result}`);
    }
  } catch (e) {
    console.error(e.stack);
  }
};
```

這段程式碼並不精緻，但它足以解釋測試是怎麼運作的。我們可以這樣做：

1. 打開命令列，輸入一個空字串。

2. 在 package.json 的 "test" 之下的 "scripts" 項目之下加入一個項目，以執行 "node mytest.js"，然後在命令列中執行 npm test。

做法如以下範例所示。

範例 1.5　package.json 檔案的開頭部分

```
{
  "name": "aout3-samples",
  "version": "1.0.0",
  "description": "Code Samples for Art of Unit Testing 3rd Edition",
  "main": "index.js",
  "scripts": {
    "test": "node ./ch1-basics/custom-test-phase1.js",
  }
}
```

測試方法呼叫**生產模組**（SUT），然後檢查回傳值。如果結果不符預期，測試方法會在控制台寫入錯誤和堆疊追蹤（stack trace）。測試方法也會捕捉任何例外並將它們寫入控制台，以免它們干擾後續方法的運行。如果你使用測試框架，它通常會自動為你處理這些事情。

顯然，我們用臨時性的方式來編寫這樣的測試。如果你需要寫出很多這樣的測試，你可能想要寫一個通用的 test 或 check 方法來讓所有的測試都可以使用，並且為錯誤設計一致的格式。你也可以加入一些特殊的輔助方法來檢查 null 物件、空字串之類的東西，以免在許多測試裡編寫一樣長的程式碼。

下面的範例使用比較通用的 check 和 assertEquals 函式。

範例 1.6　使用比較通用的 check 方法

```
const assertEquals = (expected, actual) => {
  if (actual !== expected) {
    throw new Error(`Expected ${expected} but was ${actual}`);
  }
};
```

```
const check = (name, implementation) => {
  try {
    implementation();
    console.log(`${name} passed`);
  } catch (e) {
    console.error(`${name} FAILED`, e.stack);
  }
};

check('sum with 2 numbers should sum them up', () => {
  const result = sum('1,2');
  assertEquals(3, result);
});

check('sum with multiple digit numbers should sum them up', () => {
  const result = sum('10,20');
  assertEquals(30, result);
});
```

我們建立了兩個輔助方法：assertEquals，其用途是移除「寫入控制台或丟出錯誤」的樣板碼（boilerplate code），以及 check，它接收一個測試名稱字串和一個 callback。然後它會負責捕捉任何測試錯誤，將錯誤寫入控制台，並報告測試狀態。

> **內建斷言**
>
> 切記，我們不需要自己編寫斷言。我們可以輕鬆地使用 Node.js 內建的斷言函式，那些函式最初是 Node.js 為了在內部測試自己本身而製作的。我們可以這樣子匯入那些函式：
>
> ```
> const assert = require('assert');
> ```
>
> 但是，為了展示這個概念底層的簡單性，我們將避免這樣做。你可以在 *https://nodejs.org/api/assert.html* 找到 Node.js 的 assert 模組的更多資訊。

注意，我們只用了幾個輔助方法就讓測試變得更易讀，且寫起來更快。像 Jest 這樣的單元測試框架提供更多這類的通用輔助方法，幫助你輕鬆地編寫測試。我會在第 2 章討論這個主題。我們先來談一下本書的主題：優良的單元測試。

1.7 優良單元測試的特點

無論你使用哪一種程式語言,在定義單元測試的所有層面中,「何謂好測試」是最難定義的部分之一。當然,「好」壞是相對的,而且會隨著我們知道更多關於程式的新事物而改變。好壞似乎顯而易見,其實不然。我們必須解釋為什麼必須寫出更好的測試,所以只理解何謂工作單元還不夠。

根據我和多家公司和團隊合作的經驗,許多試著使用單元測試的人,若不是在某個時間點放棄,就是其實並未執行單元測試。他們浪費大量的時間來編寫有問題的測試,並且在不得不花費許多時間來維護那些測試時放棄,或更糟地──他們不相信測試的結果。

除非你正在學習如何寫出好測試,否則寫出不好的單元測試沒有任何意義。寫出不好的測試弊大於利,例如把時間浪費在偵錯有問題的測試上、把時間浪費在編寫沒有好處的測試上、把時間浪費在瞭解難以閱讀的測試上,以及把時間浪費在編寫幾個月後會被刪除的測試上。維護劣質測試也是個大問題,它們也會讓產品程式碼更不容易維護。劣質的測試會減緩你的開發速度,不僅在編寫測試程式碼時,也在編寫產品程式碼時。等一下會討論以上的所有問題。

學習何謂優良的單元測試可以避免你走上一條日後難以導正的道路,屆時程式將變成一場惡夢。稍後我們也會定義其他形式的測試(組件測試、端到端測試…等)。

1.7.1 何謂優良的單元測試?

每一個優良的自動測試(不僅僅是單元測試)都具備以下特性:

- 容易瞭解測試程式作者的想法。
- 容易閱讀和編寫。
- 自動化。
- 結果一致(如果在每一次的運行之間沒有任何東西改變,它都要回傳相同的結果)。
- 有用的,並提供可行的結果。

- 所有人都只要按下按鈕即可運行它。

- 在失敗時，很容易找出預期的結果，並找出問題所在。

優良的單元測試也具備以下特性：

- 跑得快。

- 完全控制受測程式碼（詳情參見第 3 章）。

- 完全獨立（獨立於其他測試運行）。

- 在記憶體內運行，而不需要使用系統檔案、網路或資料庫。

- 在合理的情況下，應盡可能地同步且線性（盡量避免使用平行執行緒）。

讓所有的測試都具備優良單元測試的特性是不可能的，沒關係，這類測試將轉移至整合測試的領域（第 1.8 節的主題）。即使如此，你仍然可以用一些方法來重構一些測試，讓它們具備這些特性。

將資料庫（或其他依賴項目）換成 stub

我們會在後續章節討論 stub，但簡而言之，它們是偽造的依賴項目，用來模擬真實的依賴項目。它們的目的是簡化測試過程，因為它們更容易設置和維護。

但是，留意記憶體（in-memory）資料庫，它們可以幫助你將測試互相隔開（不讓不同的測試使用同一個資料庫實例），因而符合優良的單元測試特性，但這一種資料庫會導致尷尬的灰色地帶。記憶體資料庫不像 stub 那麼容易設定，它們也不像真實資料庫那樣提供強力的保證。在功能上，記憶體資料庫可能與生產環境的資料庫有巨大差異，因此，可以使用記憶體資料庫來通過的測試，在使用真實資料庫時可能會失敗，反之亦然。你必須經常使用生產資料庫來手動重新執行相同的測試，以加強程式碼可以正常運作的信心。除非你使用標準化的小 SQL 功能組，否則我建議使用 stub（用於單元測試），或真實的資料庫（用於整合測試）。

jsdom 之類的解決方案也是如此，你可以用它來取代真實的 DOM，但你要確定它支援你的特定用例，切勿寫出需要手動重新檢查的測試。

使用線性、同步的測試來模擬非同步處理

隨著 promise 和 async/await 的出現，非同步設計已成為 JavaScript 的標準。儘管如此，我們的測試依然能夠用同步的方式來驗證非同步程式碼，這通常意味著直接在測試中觸發 callback，或明確地等待非同步操作完成執行。

1.7.2 單元測試檢查表

很多人混淆了「測試軟體的行為」與「單元測試」的概念。請先回答以下這些關於你寫過和執行過的測試問題：

- 我能夠執行兩個星期之前、幾個月前，或幾年前寫好的測試，並獲得結果嗎？
- 我的團隊成員都能夠執行我在兩個月之前寫好的測試，並獲得結果嗎？
- 我能夠在幾分鐘內執行我寫好的所有測試嗎？
- 我能夠按一下按鈕就運行我寫好的所有測試嗎？
- 我能夠在幾分鐘內寫出一個基本的測試嗎？
- 當另一個團隊的程式有 bug 時，我的測試會通過嗎？
- 我的測試在不同的機器上或環境中運行時，會顯示相同的結果嗎？
- 如果沒有資料庫、網路或部署，我的測試會停止運作嗎？
- 如果我刪除、移動或更改一個測試，其他測試是否不受影響？

如果你有任何一個問題的答案是「否」，那麼你寫出來的東西極可能沒有完全自動化，或不是單元測試。它當然是*某種類型*的測試，而且可能和單元測試一樣重要，但是相較於所有答案皆為「是」的測試，它有一些缺點。

你可能會問：「那我以前都在幹嘛？」。你一直在做整合測試。

1.8 整合測試

我認為，不符合上面列出來的一或多個優良單元測試之條件的測試都是整合測試。例如，如果測試使用真實的網路、真實的 rest API、真實的系統時間、真實的檔案系統，或真實的資料庫，它就進入整合測試的範疇了。

舉例而言，如果測試無法控制系統時間，並且在測試程式中使用當下的 new Date()，那麼每一次執行該測試時，它實質上都是不同的測試，因為它使用不同的時間，它不再是一致的，這本身並非壞事。我認為整合測試是單元測試的重要搭檔，但整合測試應該與單元測試分開，以創造「安全綠色區域」的感受，本書稍後會討論這一點。

如果測試使用真的資料庫，它就不是只在記憶體內運行了，它的動作比「只使用記憶體內的偽造資料時」更難以抹除，它也執行得更久，且我們將不容易控制存取資料花費的時間。單元測試的速度很快，而整合測試通常要慢得多。當你有數百個測試時，每一個 1/2 秒都很重要。

整合測試也增加另一個問題的風險：同時測試太多東西。比方說，假設你的車子壞了，該如何知道問題是什麼？更不用說修復它了！引擎由許多子系統組成，每一個子系統都需要其他子系統的輔助來產生最終結果，也就是一輛會跑的車。如果車子停止移動，故障可能出現在任何一個子系統——或多個子系統。讓車子可以跑起來的是這些子系統（或階層，layers）的整合。你可以把「車子可以在路上移動」視為這些部件的最終整合測試。如果測試失敗，所有部件會一起失敗，如果成功，所有部件會一起成功。

對軟體而言也是一樣。大多數開發者都透過 app 或 REST API 或 UI 的最終功能來測試它們的功能。按下某顆按鈕會觸發一系列事件——函式、模組和組件會一起工作，以產生最終結果。如果測試失敗，所有軟體組件會作為一個團隊一起失敗，你很難找出導致整個操作失敗的原因（見圖 1.7）。

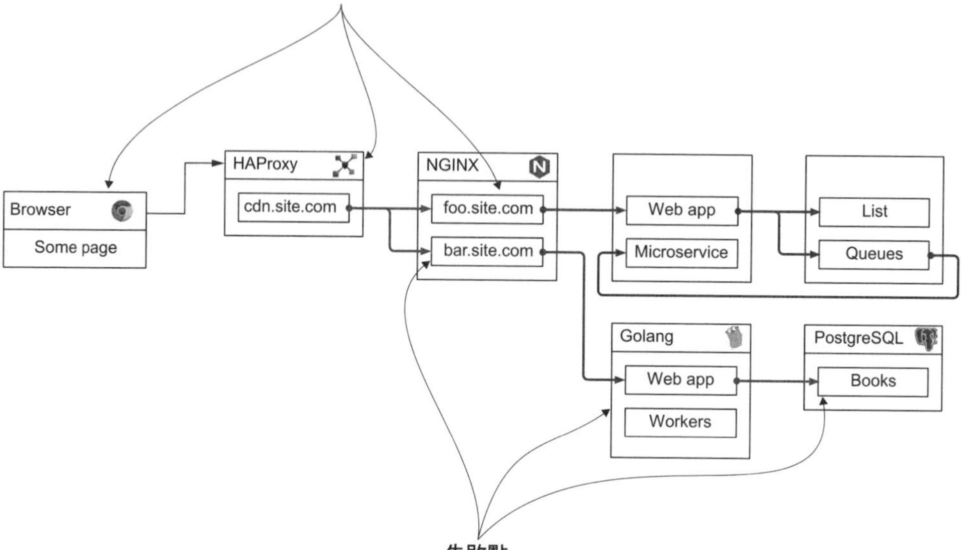

圖 1.7　在整合測試裡可能有許多失敗點。所有單元必須一起工作，每一個單元都可能失敗，所以找出 bug 的根源比較難。

根據 Bill Hetzel 在《The Complete Guide to Software Testing》（Wiley，1988）裡的定義，整合測試是「一種有序推進的測試，它將軟體和 / 或硬體元素組合起來並加以測試，直到將整個系統整合起來為止」。下面是我的整合測試定義：

> 整合測試就是測試一個工作單元，而不完全控制它的所有真實依賴項目，例如其他團隊的組件、其他服務、時間、網路、資料庫、執行緒、隨機數產生器…等。

總之，整合測試使用真實的依賴項目，單元測試則是將工作單元和它的依賴項目分開來，所以單元測試的結果很容易一致，而且可以輕鬆地控制和模擬單元行為的任何方面。

我們將第 1.7.2 節的問題應用在整合測試上，並考慮你想要透過真實世界的單元測試達到什麼目標：

- 我能夠執行我在兩個星期之前、幾個月前，或幾年前寫好的測試，並獲得結果嗎？

  如果不行，你怎麼知道有沒有破壞之前寫好的功能？在應用程式的生命週期中，共用的資料和程式碼經常改變，如果你無法（或不願意）在更改程式碼之後，執行以前所有可運作的功能的測試，你可能會在不知不覺間破壞它——這種情況稱為回歸（regression）。在衝刺期或發表期的最後關頭，當開發者處於修復既有 bug 的壓力之下時，回歸經常發生，他們可能在解決舊 bug 的同時，不小心引入新 bug。如果能夠在某個功能被破壞之後的 60 秒之前知道它已經被破壞了，那該有多好？稍後你將看到如何做到。

定義　回歸（regression）是壞掉的功能（以前正常運作的程式碼）。你也可以將它想成曾經可以正常運作、但現在不行的一或多個工作單元。

- 我的團隊成員都能夠執行我在兩個月之前寫好的測試，並獲得結果嗎？

  這一點與上一點有關，但提升一個層次。你要確保修改某個東西不會破壞別人的程式碼。很多開發者害怕修改老舊系統裡的遺留碼（legacy code），因為他們不知道有哪些程式依賴他們所修改的部分。本質上，他們正在冒險將系統改成不知是否穩定的狀態。

  不知道應用程式仍否正常運作很可怕，尤其是在那些程式碼不是你寫過的時。如果你有單元測試的安全保障，知道自己不會破壞任何東西，你就不會如此害怕處理那些不熟悉的程式碼。

  優良的測試應該是任何人都能夠接觸和運行的。

定義　根據維基百科的定義，遺留碼（*legacy code*）是「在標準硬體和環境中不再有人支援的舊計算機原始碼」（*https://en.wikipedia.org/wiki/Legacy_system*），但許多公司將還被維護的任何舊版應用程式稱為遺留碼。它通常被用來稱呼難以處理、難以測試，且通常難以閱讀的程式碼。有一位客戶非常寫實地如此定義遺留碼：「可運作的程式碼（code that works）」。很多人喜歡將遺留碼定義為「沒有測試程式的程式碼」。Michael Feathers 在《*Working Effectively with Legacy Code*》（Pearson，2004）一書中，使用「沒有測試程式的程式碼」作為遺留碼的正式定義，在閱讀該書時請考慮這一點。

- 我能夠在幾分鐘內執行我寫好的所有測試嗎？

  如果你的測試無法快速運行（以秒為單位比以分鐘為單位更好），你將不會那麼頻繁地運行它們（有些地方是每天一次，甚至每週或每月一次）。問題在於，你想要在更改程式碼時，儘早獲得回饋，看看你是否破壞了什麼。執行兩次測試的間隔時間越長，你對系統進行的修改就越多，當你發現你已經破壞什麼東西時，為了找出 bug 而需要搜尋的地方也就越多。

  優良的測試應該能夠*快速*運行。

- 我能夠按一下按鈕就運行我寫好的所有測試嗎？

  如果不行，這可能意味著你必須設置機器，讓測試能夠正確運行（例如設定 Docker 環境，或設定資料庫連接字串），或者，這意味著你的單元測試並未完全自動化。如果你無法完全將單元測試自動化，你可能會避免重複地運行它們，團隊裡的其他人也會如此。

  沒有人喜歡在運行測試之前，只為了確保系統仍然正常，而把時間浪費在設置細節上。開發者有更多重要的事情要做，例如為系統編寫更多功能。但如果他們不知道系統的狀態，他們就無法做那些事。

  優良的測試應該能夠以它們的原始形式輕鬆地運行，而不是手動運行。

- 我能夠在幾分鐘內寫出一個基本的測試嗎？

    有一種輕鬆識別整合測試的方法在於，正確地準備和實作整合測試需要花很多時間，而不僅僅是執行。由於它的所有內部依賴項目，有時甚至是外部依賴項目（資料庫可能被視為外部依賴項目），你要花時間來理解如何編寫它。如果你不想要將測試自動化，依賴項目就不是個大問題，但你會失去自動化測試的所有好處。測試寫起來越難，你就越不可能寫更多測試，或關注你自認為的「重大事項」以外的任何東西。單元測試的優點之一，在於它們傾向測試每一個可能出錯的小事情，而不僅僅是大事情。人們經常意外地在他們自認為沒有 bug 的簡單程式中發現許多 bug。

    當你只關注大測試時，你對於程式的整體信心仍然會非常缺乏。程式碼的許多核心邏輯都沒有被測試（即使你可能涵蓋更多組件），可能有許多你沒有考慮到的 bug，而且那些 bug 可能是「未被官方（unofficially）」擔心的。

    搞清楚你要用哪些模式來測試特定的物件、功能和依賴項目（領域模型）之後，你應該可以快速地寫出針對系統的好測試。

- 當另一個團隊的程式有 *bug* 時，我的測試會通過嗎？當我的測試在不同的機器上或環境中運行時，會顯示相同的結果嗎？如果沒有資料庫、網路或部署，我的測試會停止運作嗎？

    這三點指的是「我們的測試程式應該與各種依賴項目隔開」的想法。測試結果之所以是一致的，是因為我們可以控制那些間接輸入提供給系統的東西。我們可以使用偽造資料庫、偽造網路、偽造時間，和偽造的機器文化（machine culture）。後續章節把這些點稱為 *stub* 以及可以插入 stub 的 *seam*。

- 如果我刪除、移動或更改一個測試，其他測試是否不受影響？

    單元測試通常不需要任何共享的狀態，但整合測試通常需要，例如外部資料庫或服務。共享的狀態可能讓不同的測試有依賴關係。例如，以錯誤的順序來運行測試可能破壞未來測試的狀態。

> **警告** 即使是經驗豐富的單元測試人員，也可能需要花 30 分鐘以上才能釐清如何為從未執行過單元測試的領域模型寫出**第一個**單元測試。這是工作的一部分，也是可以意料的。當你釐清工作單元的進入點和退出點之後，該領域模型的第二個以及後續的測試應該會非常容易完成。

在前面的問題和答案中，我們可以看出三個主要標準：

- **易讀性**：如果我們無法閱讀它，它就很難維護，難以偵錯，我們也難以知道問題出在哪裡。
- **易維護性**：如果測試的存在使得維護測試程式或產品程式變成一件痛苦的工作，我們的生活將變成一場惡夢。
- **可信**：如果我們在測試失敗時不信任測試結果，我們將重新進行手動測試，失去測試該提供的所有時間優勢。如果我們在測試通過時不相信測試，我們將進行更多偵錯，同樣失去任何時間優勢。

根據迄今為止對於「單元測試不是什麼」以及「有用的測試須具備的特性」的解釋，現在可以回答本章的主要問題了：什麼是優良的單元測試？

1.9 我們的最終定義

介紹單元測試應該具備的重要特性之後，接下來要提出單元測試的終極定義：

> 單元測試是一段自動化的程式碼，它透過一個進入點來呼叫工作單元，然後檢查退出點之一。單元測試幾乎都是使用單元測試框架來編寫的。它很容易寫，也跑得很快。它可信、容易閱讀，也容易維護。只要在我們控制之下的產品程式碼保持不變，它就是一致的。

這個定義看起來要求很高，尤其是考慮到那麼多開發者寫出低品質的單元測試。它讓我們開發者嚴肅地審視，到目前為止，我們是怎麼寫出測試的，並且與我們理想中的實作方式做比較（第 7 章至第 9 章會深入討論可信的、容易閱讀、和容易維護的測試）。

本書第一版裡的單元測試定義略有不同。當時我將單元測試定義為「僅針對控制流程程式碼執行」，但現在我不認為如此。沒有邏輯的程式碼通常被當成工作單元的一部分來使用。即使是無邏輯的屬性（property）也會被工作單元使用，因此沒必要特別針對它們編寫測試。

> **定義**　控制流程程式碼是具有某種邏輯的任何程式碼，即使它可能很小。它具有以下的一個或多個元素：if 陳述式、迴圈、計算，或任何其他類型的決策程式碼。

getter 和 setter 就是通常不包含任何邏輯的程式碼，因此不需要針對它們編寫測試。這種程式碼可能被你所測試的工作單元使用，但不需要直接測試它。不過注意：一旦你在 getter 或 setter 裡加入任何邏輯，你就必須測試該邏輯。

下一節就不再討論什麼是優良的測試了，而是討論編寫測試的時機。接下來要探討測試驅動開發，因為它經常與單元測試歸為一類，我想要釐清這一點。

1.10 測試驅動開發

知道如何使用單元測試框架來寫出易讀、易維護，和可信的測試後，下一個問題是何時該編寫這些測試。很多人認為，為一個軟體編寫單元測試的最佳時機，是在建立了一些功能之後，並在將那些功能的程式碼合併到遠端原始碼控制系統之前。

此外，容我直言不諱地說，很多人不認為編寫測試有什麼好處，但透過試誤法發現，原始碼控制系統的復審機制有嚴格的測試要求，因此為了取悅程式碼復審之神，他們**不得不編寫測試**，好讓程式碼可以合併到主分支中（這種行為是不良測試的根源，我將在本書的第三部分處理這個問題）。

越來越多開發者喜歡以漸進的方式編寫單元測試，並在設計程式期間編寫每一個很小的功能之前進行，這種做法稱為**先寫出測試**（*test-first*）或**測試驅動**（*test-driven*）**開發**（TDD）。

> **注意** 關於測試驅動開發的精確含義有許多不同的觀點。有人說它是測試優先的開發，有人則認為它意味著你會有很多測試。有人說這是一種設計方式，有人則認為它是僅用一些設計來驅動程式碼行為的方法。在本書中，TDD 是指先寫出測試的開發方法，「設計」在這項技術中發揮漸進的功用（除了本節之外，本書不再討論 TDD）。

圖 1.8 和 1.9 是傳統的程式寫法和 TDD 之間的差異。TDD 與傳統開發不同，如圖 1.9 所示。你要先寫出一個失敗的測試，再編寫產品程式碼，讓那個測試通過，再進行程式碼重構，或編寫另一個失敗的測試。

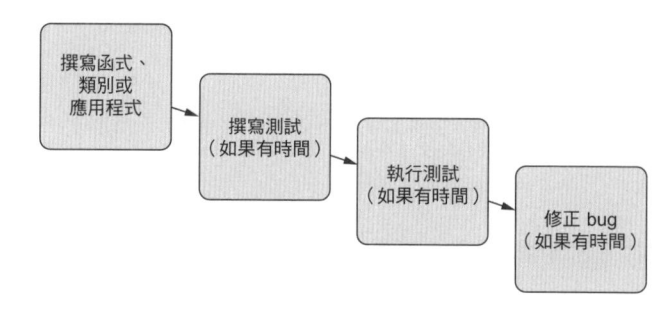

圖 1.8　傳統的單元測試寫法

本書的重點是寫出好的單元測試的技術，而不是 TDD，但我很喜歡 TDD。我曾經使用 TDD 寫出幾個重要的應用程式和框架，我也管理過善用 TDD 的團隊、教過數百門關於 TDD 和單元測試技術的課程和工作坊。我在職業生涯發現 TDD 有助於創造優質的程式、優質的測試，以及更好的設計。我相信 TDD 可以帶來好處，只是天下沒有白吃的午餐（你要付出學習時間、實作時間…等）。然而，如果你願意接受學習的挑戰，它絕對值得。

測試驅動開發　29

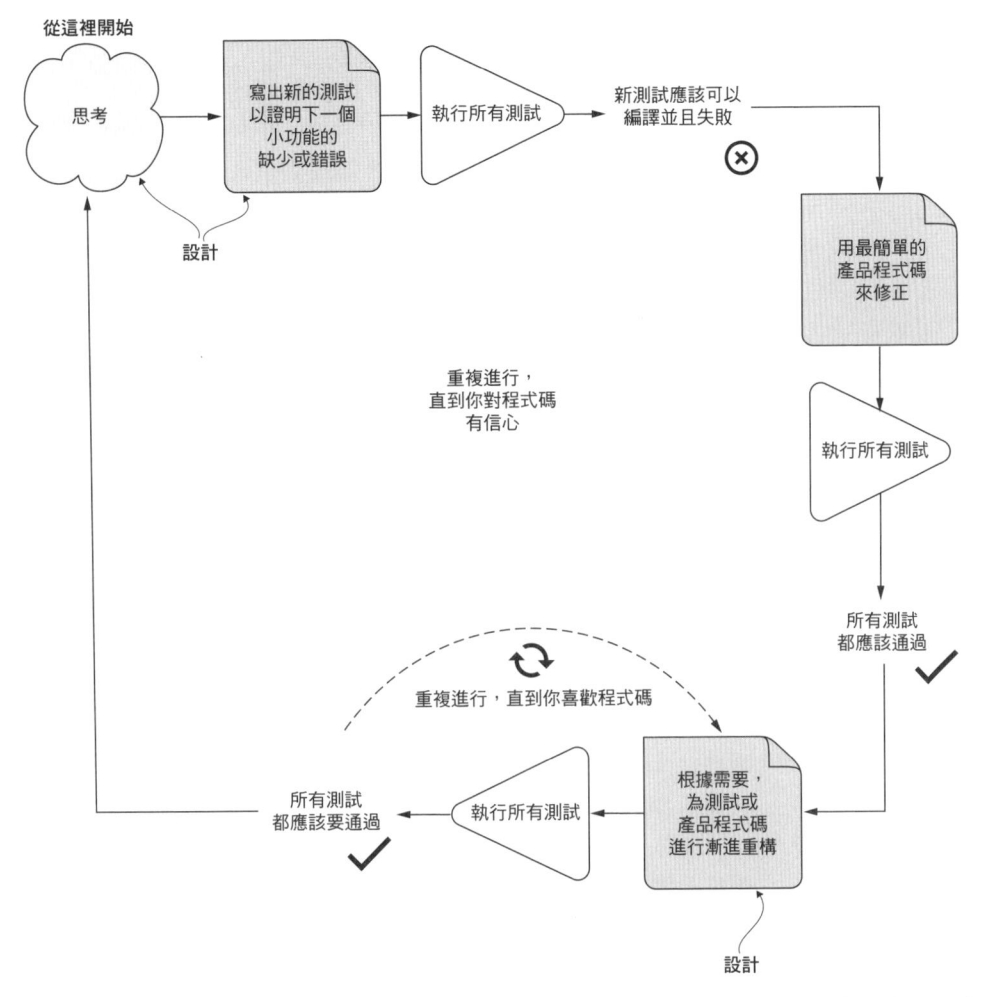

圖 1.9　測試驅動開發的全貌。注意這個過程的循環性：撰寫測試、撰寫程式碼、重構、撰寫下一個測試。它展示了 TDD 的漸進性質：用小步驟來產生可信且高品質的最終結果。

1.10.1　TDD：並非優良單元測試的替代品

切記，TDD 無法確保專案成功，也無法確保測試的穩健性或易維護性。我們很容易沉醉於 TDD 技術中，卻沒有注意單元測試的寫法，例如它們的名稱、易維護性，或易讀性，以及它們是否測試了正確的東西，或本身是不是有 bug。這就是我寫這本書的原因——因為把測試寫好是一種與 TDD 不一樣的技能。

TDD 的技巧非常簡單：

1. 寫一個失敗的測試來證明目前還缺少最終產品的程式碼或功能。那個測試要寫得彷彿產品程式已經能夠正確運作一般，因此測試失敗意味著產品程式有 bug。我怎麼知道？因為測試被寫成當產品程式沒有 bug 時，它就會通過。

   在 JavaScript 之外的一些語言中，測試最初甚至可能無法編譯，因為程式碼還不存在。當它運行時，它就應該要失敗，因為產品程式仍然無法正確運作。這就是測試驅動設計思想中的許多「設計」發生之處。

2. 在產品程式中加入功能來滿足測試的期望，使測試通過。產品程式應該盡量保持簡單。你不能修改測試，只能藉由修改產品程式來讓測試通過。

3. 重構程式碼。當測試通過時，你可以繼續進行下一個單元測試，或重構程式碼（包括產品程式碼和測試程式），讓它更易讀、移除重複的程式碼⋯等。這是「設計」發生的另一處。我們進行重構，甚至可以重新設計組件，同時保留舊功能。

   重構應該小幅度、逐步推進，並且在每一個小步驟後運行所有測試，以確保修改沒有引起任何問題。你可以在編寫多個測試後或編寫每一個測試後進行重構。這是很重要的方法，因為它可以確保程式碼容易閱讀和維護，同時讓以前寫好的所有測試仍然通過。本書將用完整的一節（8.3）來討論重構。

> **定義** 重構是指修改程式碼而*不*改變其功能。如果你曾經修改方法的名稱，那就是重構了。如果你曾經將一個大方法分成多個較小的方法呼叫，你就重構過程式碼了。程式碼仍然做同一件事，但變得更容易維護、閱讀、偵錯和修改。

上述步驟聽起來或許很具技術性，但裡面蘊含著許多智慧。如果做得對，TDD 可以提升程式碼的品質、減少 bug、加強你對程式碼的信心、縮短尋找 bug 的時間、改善程式碼的設計，還有，讓你的主管更滿意。但如果做不好，TDD 可能導致專案進度延誤、浪費時間、降低動力，以及劣化程式碼的品質。TDD 是一把雙刃劍，很多人都是吃盡苦頭之後才領會到這一點。

嚴格說來，TDD 有一個最大的好處是沒有人跟你說過的──看到測試失敗，然後在不更改測試的情況下，看到它通過，就是在測試「測試程式」本身。如果你預期測試會失敗，它卻通過了，代表測試可能有 bug，或是你測試錯東西了。如果你在測試失敗後修正它，並且預期它會通過，但它還是失敗，那就代表測試可能有 bug，或是它可能期望錯誤的事情發生。

這本書探討易讀、易維護，和可信的測試，但加上 TDD 會讓你對自己的測試更有信心，因為你可以看到測試失敗，然後修復它，讓測試在該失敗時失敗，在該通過時通過。如果事後才編寫測試，你通常只會看到測試在該通過時通過，在不該失敗時失敗（當它們測試的程式碼已經可以正常運作時）。TDD 對此有很大的幫助，這也是採用 TDD 的開發者的偵錯次數比單純進行單元測試的情況還要少的原因之一。如果他們信任測試，他們就不會為了「以防萬一」而偵錯。這種信任感只有在你看到測試的兩個方面（在該失敗時失敗，在該通過時通過）時才能獲得。

1.10.2 成功地進行 TDD 的三項核心技能

成功地進行測試驅動開發需要具備三種不同的技能：知道寫出好測試的方法、先寫出測試，以及妥善地設計測試和產品程式碼。圖 1.10 更清楚地展示這些技能：

- 先寫測試不一定代表它們容易維護、容易閱讀，或可信。優良的單元測試技能是這本書的唯一主題。

- 寫出易讀、易維護的測試，不一定代表可以獲得與「先寫出測試」一樣的好處。目前的大多數 TDD 書籍都會教導「先寫出測試」這項技能，但它們並未教導如何寫出優良的測試。我特別推薦 Kent Beck 的《*Test-Driven Development: By Example*》（Addison-Wesley Professional，2002）。

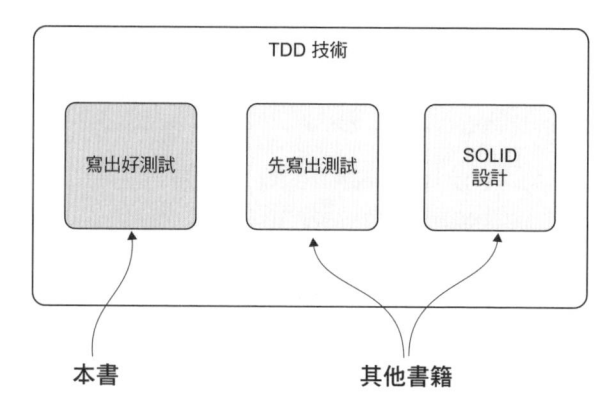

圖 1.10　測試驅動開發的三項核心技術

- 「先寫好測試並且讓它們易讀且易於維護」不一定可以寫出一個具備優良設計的系統。具備設計技能才能讓程式碼既優雅又容易維護。關於這個主題的好書，我推薦 Steve Freeman 與 Nat Pryce 的《Growing Object-Oriented Software, Guided by Tests》（Addison-Wesley Professional，2009）和 Robert C. Martin 的《Clean Code》（Pearson，2008）。

分別學習這三個方面是學習 TDD 的好方法，也就是說，一次只專心學習一種技能，並忽略其他技能。我推薦這種方法的原因是，我經常看到人們試著同時學習這三項技能，因而在過程中遇到很大的困難，最終前功盡棄，因為這是一道無法跨越的高牆。以漸進的方式學習 TDD 可以讓你不用擔心當你專心學習眼前的技術領域時，在別的技術領域犯下錯誤。

在下一章，我們將開始使用 Jest 來編寫第一個單元測試，Jest 是 JavaScript 中最常用的測試框架之一。

摘要

- 優良的單元測試具有以下特性：
  - 跑得快。
  - 完全控制被它測試的程式碼。
  - 完全獨立（它應該獨立運行，與其他測試無關）。

- 它應該在記憶體內運行，不需要使用檔案系統裡的檔案、網路，或資料庫。
- 它應該盡可能地同步和線性（沒有平行執行緒）。

- 進入點是公用函式，它們是工作單元的進入點，並且會觸發底層邏輯。退出點是可以用測試來檢查的地方，代表工作單元的效果。

- 退出點可能是回傳值、改變狀態，或呼叫第三方依賴項目。通常每一個退出點都需要一個單獨的測試，而且每一類退出點都需要使用不同的測試技術。

- 工作單元是從「呼叫進入點」到「一個或多個退出點產生可注意的結果」之間的所有操作的總和。一個工作單元可能涵蓋一個函式、一個模組，或多個模組。

- 整合測試就是「有一些（或全部）依賴項目是真的，而且那些依賴項目在當下執行的程序之外」的單元測試。反過來說，單元測試就像整合測試，但所有依賴項目都在記憶體中（有真的也有偽造的），而且它們的行為可以在測試中控制。

- 任何測試最重要的特性包括易讀性、易維護性，和可信度。**易讀性**告訴我們閱讀和理解測試的難易度。**易維護性**衡量的是維護測試程式的難易度。沒有**可信度**，就很難在碼庫中進行重要的更改（例如重構），這會導致程式碼品質下降。

- 測試驅動開發（TDD）是一種先寫出測試再寫出產品程式的技術。這種方法也稱為 test-first 法（與先寫程式碼相對）。

- TDD 的主要好處是驗證測試的正確性。在撰寫產品程式之前看到測試失敗，可確保同一組測試會在它們涵蓋的功能不再正確運作時失敗。

第一個單元測試

本章內容
- 使用 Jest 來寫出你的第一個測試
- 測試結構和命名規範
- 使用斷言庫
- 重構測試與減少重複的程式碼

當我第一次使用真正的單元測試框架來編寫單元測試時，文件幾乎付之闕如，我使用的框架也沒有提供適當的範例（那時我主要使用 VB 5 和 6 來寫程式）。學習如何使用它們很有挑戰性，我最初寫出來的測試很糟糕。很幸運的是，時代不一樣了，JavaScript 和幾乎所有其他語言都有各種選項、大量的文件，以及來自社群的支援，可以讓你嘗試那些好用的工具包。

在上一章，我們寫了一個非常簡單的土製測試框架。這一章要介紹 Jest，它是本書選擇的框架。

2.1 介紹 Jest

Jest 是 Facebook 創造的開源測試框架，它容易使用、方便記憶，而且具備許多很棒的功能。Jest 最初是為了測試 React 的前端組件而建立的，如今，它被廣泛用於業界的前端和後端專案測試。Jest 支援兩種主要的測試語法風格（一種使用 test 這個字，另一種使用 Jasmin 語法，Jasmin 是啟發了許多 Jest 功能的框架）。我們將嘗試這兩種語法風格，看看哪一種比較適合我們。

除了 Jest 之外，JavaScript 還有許多其他的測試框架，它們幾乎也都是開源的。它們的風格和 API 有一些差異，但是對本書的目的來說，這些差異並不重要。

2.1.1 準備我們的環境

務必在你的電腦上安裝 Node.js。你可以按照 *https://nodejs.org/en/download/* 的說明，在你的電腦上安裝並執行。該網站提供 LTS（長期支援）版本和 current version（目前的版本）。LTS 版本是供企業使用的，而 current version 的更新比較頻繁。這兩種版本都適用於本書的目的。

務必在你的電腦安裝 node package manager（npm），它有被放入 Node.js，你可以在命令列執行 npm -v 命令，如果看到 6.10.2 以上的版本號碼，代表你已經準備就緒了，如果沒有，請確保 Node.js 安裝完畢。

2.1.2 準備我們的工作資料夾

為了開始使用 Jest，我們要建立一個新的空資料夾，名為「ch2」，並使用你選擇的套件管理工具來初始化它。我將使用 npm，因為我非得選擇一個不可。Yarn 是另一種套件管理工具。對本書的目的來說，使用哪一個都無所謂。

Jest 需要一個 jest.config.js 或 package.json 檔案，我們選擇後者，而 npm init 會幫我們產生一個：

```
mkdir ch2
cd ch2
npm init --yes
// 或
yarn init --yes
git init
```

我也在這個資料夾裡初始化了 Git。這是建議的做法，以便追蹤變更，但 Jest 在幕後使用這個檔案來追蹤檔案變更，並執行特定測試。它會讓 Jest 更輕鬆。

在預設情況下，Jest 會在這個命令建立的 package.json 檔案或特殊的 jest.config.js 檔案中尋找組態設定。目前只需要使用預設的 package.json 檔案即可。如果你想要進一步瞭解關於 Jest 組態設定選項的資訊，可參考 *https://jestjs.io/docs/en/configuration*。

2.1.3 安裝 Jest

接下來，我們要安裝 Jest。我們可以用以下命令來將 Jest 安裝成 dev（開發）依賴項目（這意味著它不會被發布至生產環境）：

```
npm install --save-dev jest
// 或
yarn add jest -dev
```

這會在我們的 [根目錄]/node_modules/bin 之下建立一個新的 jest.js 檔案。然後我們可以使用 npx jest 命令來執行 Jest。

我們也可以執行以下命令，在本地機器上**全域安裝** Jest（我建議在安裝 save-dev 版本之後這樣做）：

```
npm install -g jest
```

這可以讓你在任何一個有測試的資料夾中，用命令列來直接執行 jest 命令，而不必使用 npm 來執行它。

在真實的專案中，我們通常使用 npm 命令來執行測試，而不是使用全域的 jest。我將在接下來的幾頁中展示如何完成這個操作。

2.1.4 建立測試檔案

Jest 有幾種找到測試檔案的預設做法：

- 如果有 __tests__ 資料夾，它會將裡面的所有檔案視為測試檔案並載入，無論它們採用何種命名規範。

- 它會在專案的根目錄之下的任何資料夾中，遞迴地找出以 *.spec.js 或 *.test.js 結尾的任何檔案。

我們將使用第一種方式，但我們也會將檔案命名為 *test.js 或 *.spec.js 來保持一致，以防以後想要移動它們（並完全不再使用 __tests__ 資料夾）。

你也可以按照自己的喜好設置 Jest，用 jest.config.js 檔案或 package.json 來指定如何尋找檔案。你可以在 *https://jestjs.io/docs/en/configuration* 找到所有的詳細資訊。

下一步是在 ch2 資料夾下建立一個名為 __tests__ 的特殊資料夾。在這個資料夾之下，建立一個結尾是 test.js 或 spec.js 的檔案，例如 my-component.test.js。你可以自由地選擇後綴——這是你的個人風格。我會在本書中交替使用它們，因為我認為「test」是「spec」的最簡版本，所以當我想要展示非常簡單的東西時，我會使用它。

你不需要在檔案的最上面使用 require() 即可開始使用 Jest，它會自動幫我們匯入全域函式。你可能會感興趣的函式主要有 test、describe、it 和 expect。範例 2.1 是一個簡單的測試。

> **測試檔案的位置**
>
> 我看過兩種存放測試檔案的模式，有人喜歡將測試檔案直接放在被測試的檔案或模組旁邊，也有人喜歡將所有檔案放在一個測試目錄下。怎麼做不重要，只要在整個專案中保持一致，方便找到特定項目的測試即可。
>
> 我發現將測試程式放在測試資料夾裡面之後，也可以把輔助檔案放在測試資料夾內，讓它在測試程式的附近。若要在測試和被測試的程式碼之間輕鬆地巡覽，現今的大多數 IDE 都有外掛程式可讓你使用快捷鍵在程式碼和它的測試之間切換。

範例 2.1　Hello Jest

```
test('hello jest', () => {
    expect('hello').toEqual('goodbye');
});
```

我們還沒有使用 describe 和 it，但很快就會使用它們。

2.1.5 執行 Jest

為了執行這個測試，我們必須執行 Jest。為了讓命令列認識 Jest，我們要做以下的事情之一：

- 執行 `npm install jest -g` 來全域安裝 Jest。
- 在 ch2 資料夾的根目錄中輸入 `jest`，以使用 npx 來執行 node_modules 資料夾的 Jest。

如果一切順利，你會看到 Jest 測試運行的結果，以及失敗的訊息。耶！你的第一次測試失敗了！圖 2.1 是我在終端機執行命令時的輸出。一個測試工具顯示出如此漂亮、色彩繽紛、有用的輸出是一件很酷的事情。如果你的終端是 dark mode，畫面會更加多彩多姿。

我們來仔細看一下細節。圖 2.2 是同一個輸出，但附有編號以便理解。我們來看看它展示了多少資訊：

❶ 一個簡單的列表，顯示所有失敗的測試（附有名稱），旁邊有精緻的紅色 X。

❷ 一份詳細報告，說明哪些期望失敗了（也就是我們的斷言）。

❸ 實際值和預期值之間的確切差異。

❹ 執行了哪一種比較。

❺ 測試程式碼。

❻ 測試在哪一行失敗（視覺化）。

❼ 一份報告，展示已執行的測試數量、失敗的測試數量，和通過的測試數量。

❽ 花費的時間。

❾ 快照數量（與我們的討論無關）。

CHAPTER 2 第一個單元測試

```
aout3-samples/ch2 [ jest
 FAIL  __tests__/hellojest.test.js
  ✗ hello jest (14ms)

  • hello jest

    expect(received).toEqual(expected) // deep equality

    Expected: "goodbye"
    Received: "hello"

      1 | test('hello jest', () => {
    > 2 |     expect('hello').toEqual('goodbye');
        |                     ^
      3 | });
      4 |

      at Object.toEqual (__tests__/hellojest.test.js:2:21)

Test Suites: 1 failed, 1 total
Tests:       1 failed, 1 total
Snapshots:   0 total
Time:        1.145s
Ran all test suites.
aout3-samples/ch2 [
```

圖 2.1　Jest 的終端機輸出

```
 FAIL  __tests__/hellojest.test.js
  ✗ hello jest (6ms) ❶

  • hello jest

  ❷ expect(received).toEqual(expected) // deep equality ❹

    Expected: "goodbye"
    Received: "hello" ❸

      1 | test('hello jest', () => {           ❺
  ❻ > 2 |     expect('hello').toEqual('goodbye');
        |                     ^
      3 | });
      4 |

      at Object.toEqual (__tests__/hellojest.test.js:2:21)
❼
Test Suites: 1 failed, 1 total
Tests:       1 failed, 1 total
Snapshots:   0 total     ❾
Time:        0.743s, estimated 1s  ❽
Ran all_test suites matching /__tests__\/hellojest.test.js/i.
```

圖 2.2　加上註解的 Jest 終端機輸出

想像一下自己寫這些報告功能是什麼情況，雖然不是不能做到，但誰有那個時間和興趣？此外，你還要處理回報機制中的所有 bug。

將測試中的 goodbye 改成 hello 後，你可以看到測試通過時的情況（圖 2.3）。一片美好的綠色，因為所有事情都與期望中的相符。

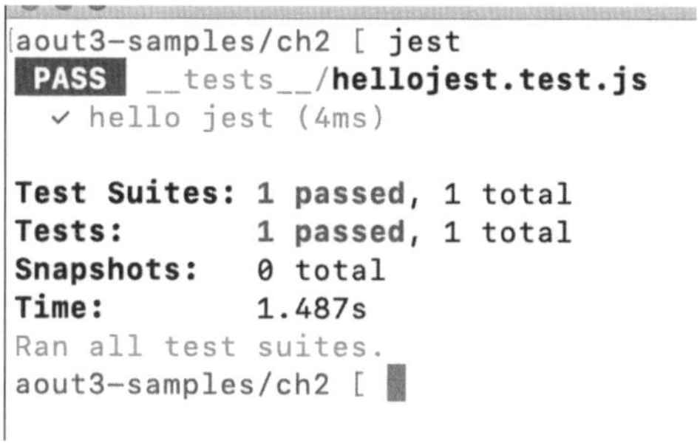

```
[aout3-samples/ch2 [ jest
 PASS  __tests__/hellojest.test.js
  ✓ hello jest (4ms)

Test Suites: 1 passed, 1 total
Tests:       1 passed, 1 total
Snapshots:   0 total
Time:        1.487s
Ran all test suites.
aout3-samples/ch2 [
```

圖 2.3　Jest 終端機為通過的測試產生的輸出

你應該已經注意到，執行這一個 Hello World 測試需要 1.5 秒。改用 jest --watch 命令可讓 Jest 監視資料夾中的檔案系統活動，並為發生改變的檔案自動運行測試，而不需要每次都重新初始化它自己。這可以節省大量時間，也對**持續測試**的概念很有幫助。接下來在工作站的另一個視窗中，執行 jest --watch 來設置一個終端機，然後可以繼續編寫程式，並快速獲得關於你可能造成的問題的回饋。這是融入流程的一種好方法。

Jest 也支援非同步風格的測試和 callback。我會在後面討論這些主題，但如果你現在想要進一步瞭解關於這種風格的內容，可參閱 Jest 官方文件：*https://jestjs.io/docs/en/asynchronous*。

2.2　程式庫、斷言、執行器和報告器

Jest 為我們扮演多種角色：

- 它是你編寫測試時的**測試庫**。

- 它是在測試裡面進行斷言（expect）時的**斷言庫**。

- 它是**測試執行器**。

- 它是測試執行結果的**報告器**。

Jest 也提供分隔設施來建立 mock、stub 和 spy，儘管我們還沒有談到這些功能。後面的章節會討論這些概念。

除了分隔設施外，在其他語言中，測試框架通常扮演剛才提到的所有角色——程式庫、斷言、測試執行器、測試報告器，但是在 JavaScript 領域中，這些功能似乎比較分散。許多其他測試框架僅提供其中的一些功能，也許這是因為「一次專心做好一件事」的想法深入人心，或是其他原因。無論如何，Jest 是少數幾個全能的框架之一，並成為脫穎而出的框架。這證明了 JavaScript 開源文化的強大，因為上述的每一類功能都有許多工具可供混合搭配，建立自己的超級工具組。

我選擇 Jest 作為本書的測試框架的原因之一是，它讓我不必太過操煩工具或處理缺少的功能，使我能夠專注在模式上，不需要在這本主要探討模式和反模式的書中使用多個框架。

2.3 單元測試框架提供的功能

讓我們稍微後退一步，看看現況。Jest 這樣的框架能夠提供什麼比土製框架（就像我們在上一章開始做的那樣）或手動測試更棒的好處？

- 結構——在使用測試框架時，你不需要在每次想要測試一項功能時，就重新發明一次輪子，而是始終以相同的方式開始做起，也就是寫出具備明確結構的測試，這種結構是大家都可以輕鬆識別、閱讀和理解的。

- 可重複——在使用測試框架時，編寫新測試的行為很容易重複做。使用測試執行器來重複執行測試也很簡單，而且可以每天快速地進行多次。瞭解失敗及其原因也很容易。所有的苦工都已經有人為我們完成了，使我們不必將所有的東西寫到我們的土製框架中。

- 信心和節省時間——自己寫出來的測試框架可能有 bug，因為它不像現有的、成熟的、已被廣泛使用的框架那樣經過實戰檢驗。另一方面，手動測試通常非常耗時，當時間緊迫時，我們可能會集中精力測試自認為最重要的事情，並跳過那些感覺起來不太重要的東西。我們可能會跳過重要的小 bug。讓新測試很容易編寫，可讓你更有可能為感覺起來不太重要的東西編寫測試，因為大功能的測試不需要花太多時間來編寫。

- **有共同的理解**──框架的報告功能有助於在團隊層面上管理工作（測試通過就代表工作完成）。有些人發現這很有用。

簡而言之，編寫、運行和審查單元測試及其結果的框架，可以讓願意投資時間學習使用它們的開發者的生活產生巨大的改變。圖 2.4 是單元測試框架及其輔助工具在軟體開發中的影響範圍，表 2.1 是經常使用測試框架來執行的操作類型。

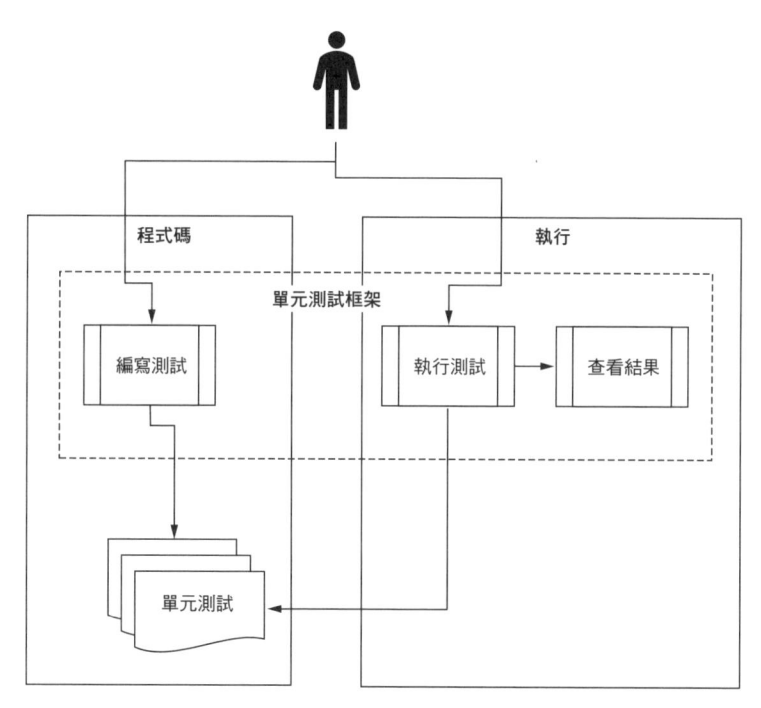

圖 2.4　單元測試是用程式碼來編寫的，在編寫時使用單元測試框架提供的程式庫。我們可以使用 IDE 內的測試執行器或命令列來執行測試。開發者或自動組建程序可以透過測試報告器來查看測試結果（可能是輸出文本或在 IDE 內）。

表 2.1　測試框架如何幫助開發者編寫和執行測試,以及查看結果

單元測試實踐法	框架如何提供幫助
以結構化的方式輕鬆地編寫測試	框架為開發者提供輔助函式、斷言函式,和結構相關的函式。
執行一個或所有的單元測試	框架提供一個測試執行器,通常在命令列上執行,它能夠 ■ 識別程式碼中的測試 ■ 自動執行測試 ■ 在執行時指出測試的狀態
查看測試執行的結果	測試執行器通常提供以下資訊: ■ 有多少測試已被執行 ■ 有多少測試未被執行 ■ 有多少測試失敗了 ■ 哪些測試失敗了 ■ 測試失敗的原因 ■ 失敗的程式碼在哪裡 ■ 可能提供導致測試失敗的例外(exception)的完整堆疊追蹤(stack trace),並讓你前往呼叫堆疊裡的各個方法呼叫

單元測試框架在本書撰稿期間大約有 900 種,大多數的程式語言都有幾種常用的框架(也有一些已經沒人使用了)。你可以在維基百科上找到一個不錯的列表:*https://en.wikipedia.org/wiki/List_of_unit_testing_frameworks*。

> **注意**　使用單元測試框架不保證你寫出來的測試是*易讀的*、*易維護的*,或*可信的*,也不保證它們涵蓋了你想測試的所有邏輯。我們將在第 7 章到第 9 章以及本書的其他部分探討如何確保單元測試具有這些特性。

2.3.1 xUnit 框架

當我開始編寫測試時（在 Visual Basic 的時代），用來評估大多數單元測試框架的標準統稱為 xUnit。xUnit 框架概念的祖父是 SUnit，它是 Smalltalk 的單元測試框架。

這些單元測試框架的名稱的第一個字母通常是它們支援的語言的第一個字母，例如 CppUnit 用於 C++，JUnit 用於 Java，NUnit 和 xUnit 用於 .NET，而 HUnit 用於 Haskell 程式語言。雖然並非所有框架都按照這種方式來命名，但大多數都如此。

2.3.2 xUnit、TAP 和 Jest 結構

相當一致的東西不是只有名稱而已。如果你使用 xUnit 框架，你也可以預期測試有特定建造結構。當這些框架運行時，它們會以相同的結構（structure）輸出結果，通常是一個具有特定結構（schema）的 XML 檔案。

這類的 xUnit XML 報告現今仍然非常普遍，並且被大多數的組建工具廣泛地使用，例如 Jenkins 用原生的外掛來支援這種格式，並用該格式來報告測試的執行結果。大多數靜態語言的單元測試框架仍然使用 xUnit 模型結構，這意味著當你學會其中一個框架之後，你就可以輕鬆地使用任何其他框架（假設你瞭解特定的程式語言）。

TAP（Test Anything Protocol）是另一個有趣的測試結果報告結構標準。TAP 最初是 Perl 測試工具的一部分，但現在它在 C、C++、Python、PHP、Perl、Java、JavaScript 等語言中都有實作。TAP 不僅僅是一個報告規範。在 JavaScript 世界中，TAP 框架是原生支援 TAP 協定的測試框架中最著名的一種。

嚴格來說，Jest 不是 xUnit 或 TAP 框架，在預設情況下，它的輸出與 xUnit 或 TAP 標準不符。然而，由於 xUnit 風格的報告仍然在組建領域占有主導地位，通常我們希望組建伺服器的報告採用 xUnit 協定。為了讓 Jest 的測試結果可被大多數的組建工具識別，你可以安裝 npm 模組，例如 `jest-xunit`（如果你想要 TAP 格式的輸出，請使用 `jest-tap-reporter`），然後在專案中使用特殊的 jest.config.js 檔案來設置 Jest，以更改其報告格式。

接下來，想不想用 Jest 來寫一些更像真實的測試的東西？

2.4　介紹 Password Verifier 專案

本章的測試範例所使用的專案最初很簡單，裡面只有一個函式，隨著本書的進展，我們會幫專案加入新功能、模組和類別，以展示單元測試的不同層面，這個專案稱為 Password Verifier。

第一個情境非常簡單。我們要建立一個密碼驗證程式庫，它最初只是一個函式。函式 verifyPassword(rules) 可讓我們放入自訂的驗證函式，驗證函式稱為規則（rules），並根據輸入的 rules 來輸出錯誤（errors）列表。每一個 rule 函式都輸出兩個欄位：

```
{
    passed: (boolean),
    reason: (string)
}
```

在這本書裡，我會教你用多種方法來編寫測試以檢查 verifyPassword 的功能，之後還會幫它加入更多功能。

下面是這個函式的第 0 版，它是非常簡單的實作。

範例 2.2　Password Verifier 第 0 版

```
const verifyPassword = (input, rules) => {
  const errors = [];
  rules.forEach(rule => {
    const result = rule(input);
    if (!result.passed) {
      errors.push(`error ${result.reason}`);
    }
  });
  return errors;
};
```

當然，這不是最符合泛函風格的程式碼，以後我們可能還會稍微重構它，我希望在此保持簡單，以便專注在測試上。

這個函式其實沒有做太多事情，它會遍歷所有傳來的 rules，並使用所提供的輸入來執行每一個規則。如果規則的結果不是 *passed*（通過），它會將一個 error 加到最終回傳的 errors 陣列中。

2.5 verifyPassword 的第一個 Jest 測試

假如你安裝了 Jest，你可以在 __tests__ 資料夾之下建立一個名為 password-verifier0.spec.js 的新檔案。

使用 __tests__ 資料夾只是整理測試程式的一種規範，它是 Jest 的預設組態設定的一部分。很多人比較喜歡將測試檔案放在受測程式碼附近。這兩種做法各有優缺點，本書後面會再詳細討論。現在先採用預設的設定。

這是針對新函式的第一個測試版本。

範例 2.3　檢查 `verifyPassword()` 的第一個測試

```
test('badly named test', () => {
  const fakeRule = input =>        ◄── 設定測試的輸入
    ({ passed: false, reason: 'fake reason' });

  const errors = verifyPassword('any value', [fakeRule]);   ◄── 用輸入來呼叫進入點

  expect(errors[0]).toMatch('fake reason');    ◄── 檢查退出點
});
```

2.5.1 Arrange-Act-Assert 模式

範例 2.3 裡面的測試結構可以口語化地稱為 *Arrange-Act-Assert*（安排、操作、斷言，AAA）模式。這種模式很好用！我發現使用「那個『arrange』部分太複雜了」或「『act』部分在哪裡？」之類的說法可以非常輕鬆地表達測試的各個部分。

在 arrange 部分，我們建立一個始終回傳 false 的偽造 rule，以便在測試結束時斷言它的原因（*reason*），以證明它有被實際使用。然後，我們將它和一個簡單的輸入一起傳給 verifyPassword。我們在 assert 部分檢查第一個錯誤是否符合於 arrange 部分提供的 fake reason。`.toMatch(/string/)` 使用正規表達式來尋找字串的某個部分，相當於使用 `.toContain('fake reason')`。

在每一次編寫測試或修正問題之後手動執行 Jest 是單調乏味的程序，我們來配置 npm 以自動執行 Jest。在 ch2 根資料夾中進入 package.json，在 scripts 項目下面加入以下項目：

```
"scripts": {
  "test": "jest",
  "testw": "jest --watch" // 若不使用 git，改成 --watchAll
},
```

如果你沒有在這個資料夾中初始化 Git，可將 --watch 命令換成 --watchAll。

順利的話，現在可以用命令列在 ch2 資料夾裡輸入 npm test，Jest 會一次執行這些測試。如果你輸入 npm run testw，Jest 會無止盡地運行並等待變更，直到你用 Ctrl-C 來終止程序為止（你必須使用 run，因為 testw 不是 npm 能夠自動辨識的特殊關鍵字）。

執行測試後，你可以看到它通過了，因為函式一如預期地運作。

2.5.2 測試「測試程式」

接下來要在產品程式碼中加入一個 bug，看看測試能否在該失敗時失敗。

> 範例 2.4　加入一個 bug

```
const verifyPassword = (input, rules) => {
  const errors = [];
  rules.forEach(rule => {
    const result = rule(input);
    if (!result.passed) {
      // errors.push(`error ${result.reason}`);   ← 我們不小心將這一行改成註解了
    }
  });
  return errors;
};
```

你應該會看到測試失敗並顯示一條很好的訊息。將那行註解改回程式之後，你會再次看到測試通過。如果你不是在進行測試驅動開發，而且是在寫完程式之後編寫測試，這種做法將讓你更有信心。

2.5.3 用 USE 來命名

這個測試的名稱並不好，它沒有解釋我們想要做什麼。我喜歡在測試名稱裡加入三項資訊，讓測試程式的讀者只要看到測試的名稱就可以明白內心的多數問題。這三項資訊是：

- 受測的工作單元（在本例中為 verifyPassword 函式）
- 情境或單元的輸入（失敗的規則）
- 期望的行為或退出點（回傳錯誤及原因）

在本書校稿過程中，校閱 Tyler Lemke 提出 USE 這一個很棒的縮寫，它是指受測單元（unit under test）、情境（scenario）、期望（expectation）。我喜歡這個縮寫，它很容易記憶，感謝 Tyler！

下面的例子是使用 USE 名稱的下一版測試。

範例 2.5　使用 USE 來為測試命名

```
test('verifyPassword, given a failing rule, returns errors', () => {
  const fakeRule = input => ({ passed: false, reason: 'fake reason' });

  const errors = verifyPassword('any value', [fakeRule]);
  expect(errors[0]).toContain('fake reason');
});
```

這一版好一些了。當測試失敗時，尤其是在組建過程中，你無法看到註解或完整的測試程式碼，通常只會看到測試的名稱。如果測試的名稱有非常清楚的資訊，你甚至不需要查看測試程式碼，就能夠知道產品程式碼的問題可能出在哪裡。

2.5.4　字串比較和易維護性

我們也稍微更改了下面這行程式：

```
expect(errors[0]).toContain('fake reason');
```

我們沒有像測試程式常見的做法，檢查一個字串是否等於另一個，而是檢查一個字串有沒有在輸出裡面。如此一來，測試比較不容易由於日後輸出的變動而損壞。我們可以使用 .toContain 或 .toMatch(/fake reason/) 來進行這種檢查，後者使用正規表達式來比對字串的一部分。

字串也是一種使用者介面，它們可被人類看見，而且可能會改變，尤其是字串的兩端。我們可能在字串中加入空格、tab、星號，或其他修飾字元。我們重視字串裡的**核心**資訊是否存在，我們不希望只要有人在字串的結尾加入新的一行，我們就要修改測試。這也是我們想要在測試中鼓勵的思想：測試在經過一段時間之後是否容易維護，以及測試的脆弱性，是優先考慮事項。

在理想情況下，我們希望測試只在產品程式碼真正出問題時失敗。我們希望將偽陽（false positives）的數量降到最低。使用 `toContain()` 或 `toMatch()` 是實現這個目標的好方法之一。

在整本書中，我將介紹更多讓測試更容易維護的方法，尤其是在本書的第二部分中。

2.5.5 使用 describe()

我們可以使用 Jest 的 `describe()` 函式在測試的周圍建立更多結構，並將 USE 裡的三項資訊分開。你完全可以自行決定是否執行這個步驟和後續的步驟——你可以決定測試的設計風格及其易讀性結構。在此展示這些步驟是因為很多人並未有效地使用 `describe()` 或完全忽略它，但它有時非常有用。

`describe()` 函式可將測試包在背景資訊（context）中：包括給讀者看的邏輯背景資訊，以及讓測試本身使用的功能性（functional）背景資訊。下面的範例展示如何使用它們。

範例 2.6　加入一個 describe() 區塊

```
describe('verifyPassword', () => {
  test('given a failing rule, returns errors', () => {
    const fakeRule = input =>
      ({ passed: false, reason: 'fake reason' });

    const errors = verifyPassword('any value', [fakeRule]);

    expect(errors[0]).toContain('fake reason');
  });
});
```

我做了四個改變：

- 我加入一個 `describe()` 區塊來描述受測工作單元。對我來說，這種寫法看起來更簡潔，並讓人感覺可以在那個區塊下面加入更多嵌套的測試。這個 `describe()` 區塊也可以幫助命令列報告器建立更好的報告。

- 我將 test 嵌套在新區塊之中，並將測試內的工作單元名稱刪除。
- 我將 input 加入 fake rule 的 reason 字串中。
- 我在 arrange、act 和 assert 三個部分之間加入一個空行，讓測試更易讀，尤其是對新加入團隊的人來說。

2.5.6 結構暗示背景資訊

describe() 的優點在於它可以嵌套在自己的裡面。因此，我們可以用它來建立另一層結構以解釋情境，並在裡面嵌入我們的測試。

範例 2.7　嵌套 describe 以顯示額外的背景資訊

```
describe('verifyPassword', () => {
  describe('with a failing rule', () => {
    test('returns errors', () => {
      const fakeRule = input => ({ passed: false,
                                    reason: 'fake reason' });

      const errors = verifyPassword('any value', [fakeRule]);

      expect(errors[0]).toContain('fake reason');
    });
  });
});
```

有些人不喜歡這種做法，但我認為它有一定程度的優雅。這種嵌套可將三項關鍵資訊分成它們自己的階層。事實上，我們也可以將 fake rule 提到測試之外，放在相應的 describe() 下。

範例 2.8　嵌套 describe 並提取輸入

```
describe('verifyPassword', () => {
  describe('with a failing rule', () => {
    const fakeRule = input => ({ passed: false,
                                  reason: 'fake reason' });

    test('returns errors', () => {
      const errors = verifyPassword('any value', [fakeRule]);

      expect(errors[0]).toContain('fake reason');
    });
  });
});
```

在下一個範例裡，我會將這條規則移回測試中（我喜歡把東西放在彼此附近，稍後會詳細介紹）。

這種嵌套結構也暗示在特定情境下，預期行為可能有不只一個。你可以檢查一個情境下的多個退出點，其中每個退出點都有一個獨立的測試，從讀者的角度來看，這是有意義的。

2.5.7 使用 it() 函式

目前的拼圖還少一個部分。Jest 也提供 it() 函式。就功能和目的而言，這個函式是 test() 函式的*別名*，但是在語法上，它很適合目前介紹的這種採用 describe() 的寫法。

下面是將 test() 換成 it() 之後的測試。

範例 2.9　將 test() 換成 it()

```
describe('verifyPassword', () => {
  describe('with a failing rule', () => {
    it('returns errors', () => {
      const fakeRule = input => ({ passed: false,
                                   reason: 'fake reason' });

      const errors = verifyPassword('any value', [fakeRule]);

      expect(errors[0]).toContain('fake reason');
    });
  });
});
```

這個測試裡的 it 代表什麼很容易理解，它非常自然地擴展之前的 describe() 區塊。是否採取這種風格同樣由你決定，我只是在此展示我認為該怎麼使用它。

2.5.8 兩種 Jest 風格

如你所見，Jest 支援兩種主要的測試寫法：簡潔的 test 語法，以及 describe 語法（即階層式的）。

Jasmine 可說是 Jest 的 `describe` 語法的鼻祖，它是最古老的 JavaScript 測試框架之一。這種風格本身可以追溯到 Ruby 領域及其著名的 RSpec 測試框架。這種嵌套風格通常稱為*行為驅動開發*（*BDD*，*behavior-driven development*）風格。

你可以按照自己的喜好混搭這些風格（我也這樣做）。當測試的目標和所有的背景資訊都很容易理解時，你可以使用簡潔的 `test` 語法，而不需要做太多麻煩的事情。當你預期同一個入口點在相同的情境下有多個結果時，`describe` 語法可以幫助你。之所以在此展示它們是因為有時我會使用簡潔的 `test` 風格，有時會使用 `describe` 風格，取決於複雜度和表達需求。

> **BDD 的陰暗面**
>
> BDD 有一個相當有趣的背景或許值得一談。BDD 與 TDD 無關。和這個術語的發明最有關係的人是 Dan North，他將 BDD 定義成「使用故事和範例來說明應用程式該如何運作」，主要用來與「非技術領域的利益關係人」（產品的所有權人、顧客…等）合作。RSpec（受 RBehave 啟發）讓大眾得以接觸這種使用故事的做法，在過程中，許多其他框架也隨之出現，包括著名的 Cucumber。
>
> 但這個故事也有黑暗的一面：許多框架都僅由開發者開發並使用，並未與非技術領域的利益關係人合作，完全和 BDD 的主要理念背道而馳。
>
> 如今，對我而言，「*BDD 框架*」主要意味著「具備一些語法糖的測試框架」，因為它們幾乎沒有被用來與利益關係人建立真正的對話，幾乎都被當成另一個光鮮亮麗或預先規定的工具，用來執行以開發者為主要對象的自動化測試。我甚至看到強大的 Cucumber 也陷入這種模式。

2.5.9 重構產品程式碼

由於在 JavaScript 裡，我們可以採用多種寫法來建構同一個東西，我想要展示一下我們的設計的幾個變化，以及當我們改變它時會發生什麼事情。假設我們想要將 password verifier 做成一個具備狀態的物件。

將設計改成「有狀態的」的理由可能是因為我打算讓應用程式的不同部分使用這個物件,其中的一個部分會設置它並加入規則,另一個部分會用它來進行驗證。另一個理由是我們需要知道如何處理有狀態的設計,並查看它如何影響我們的測試,以及我們可以採取什麼措施。

我們先來看看產品程式碼。

範例 2.10　將函式重構為有狀態的類別

```
class PasswordVerifier1 {
  constructor () {
    this.rules = [];
  }

  addRule (rule) {
    this.rules.push(rule);
  }

  verify (input) {
    const errors = [];
    this.rules.forEach(rule => {
      const result = rule(input);
      if (result.passed === false) {
        errors.push(result.reason);
      }
    });
    return errors;
  }
}
```

粗體的部分是與範例 2.9 不同之處。這段程式並不特別,但如果你有物件導向的背景,你應該會認為這段程式比較順眼。注意,這段程式只是這項功能的設計方式之一,在此使用類別是為了展示這項設計如何影響測試。

在這個新設計中,對當下情境而言,進入點和退出點在哪裡?請先想一下。工作單元的作用範圍已經增加了,為了用失敗規則來測試一個情境,我們要呼叫兩個影響受測單元狀態的函式:`addRule` 和 `verify`。

我們來看看測試可能的樣子(同樣以粗體代表改變之處)。

範例 2.11　測試有狀態的工作單元

```
describe('PasswordVerifier', () => {
  describe('with a failing rule', () => {
    it('has an error message based on the rule.reason', () => {
      const verifier = new PasswordVerifier1();
      const fakeRule = input => ({ passed: false,
                                    reason: 'fake reason'});

      verifier.addRule(fakeRule);
      const errors = verifier.verify('any value');

      expect(errors[0]).toContain('fake reason');
    });
  });
});
```

目前一切都沒問題，這裡沒有什麼花俏的東西。注意，工作單元的表面積增加了，它現在涵蓋兩個相關的函式（addRule 和 verify），且這兩個函式必須一起運作。由於設計的「有狀態」性質，所以有**耦合**的情況。我們需要用兩個函式來進行有效率的測試，並避免公開物件的任何內部狀態。

測試本身看起來人畜無害，但是，如果我們想要為同一個情境編寫多個測試呢？如果有多個退出點，或是我們想要測試同一個退出點的多個結果時，就會發生這種情況。例如，如果要驗證錯誤只有一個，可在測試中加入一行程式如下：

```
verifier.addRule(fakeRule);
const errors = verifier.verify('any value');
expect(errors.length).toBe(1);         ◀── 新的斷言
expect(errors[0]).toContain('fake reason');
```

如果新的斷言失敗了會怎樣？第二個斷言永遠不會執行，因為測試執行器會收到一個錯誤，並移到下一個測試案例。

我們仍然想要知道第二個斷言會不會通過，對不對？因此，也許我們會把第一個斷言改成註解，並重新執行測試。這樣子執行測試並不健康。在 Gerard Meszaros 的著作《*xUnit Test Patterns*》中，他將這種「把一些程式碼改成註解來測試其他東西」的行為稱為**斷言輪盤**（*assertion roulette*），這種做法可能在執行測試的過程中造成許多混亂和偽陽（認為某件事失敗或通過了，事實卻非如此）。

我會將這個額外的檢查分成它自己的測試案例，並給它一個好名字，如下所示。

範例 2.12　在同一個退出點檢查額外的最終結果

```
describe('PasswordVerifier', () => {
  describe('with a failing rule', () => {
    it('has an error message based on the rule.reason', () => {
      const verifier = new PasswordVerifier1();
      const fakeRule = input => ({ passed: false,
                                   reason: 'fake reason'});

      verifier.addRule(fakeRule);
      const errors = verifier.verify('any value');

      expect(errors[0]).toContain('fake reason');
    });
    it('has exactly one error', () => {
      const verifier = new PasswordVerifier1();
      const fakeRule = input => ({ passed: false,
                                   reason: 'fake reason'});

      verifier.addRule(fakeRule);
      const errors = verifier.verify('any value');

      expect(errors.length).toBe(1);
    });
  });
});
```

程式看起來劣化了。我們的確解決斷言輪盤問題，每一個 it() 都可以單獨失敗而不會干擾其他測試案例的結果，但付出什麼代價？答案是一切，看看那些重複的程式碼，有一些單元測試背景的讀者可能會說：「使用 setup/beforeEach 方法吧！」。好的！

2.6　嘗試使用 beforeEach() 方法

我還沒有介紹 beforeEach()。這個函式及其姐妹函式 afterEach() 的用途是設置和清理測試案例（test case）需要的特定狀態。此外還有 beforeAll() 和 afterAll()，但我會盡量避免在單元測試情境中使用它們。稍後會進一步討論這些函式。

beforeEach() 可以幫助我們移除測試中的重複程式，因為它會在 describe 區塊內的每一個測試被執行之前先運行一次。你也可以多次嵌套它，如下所示。

範例 2.13　使用兩層 beforeEach()

```
describe('PasswordVerifier', () => {
  let verifier;
  beforeEach(() => verifier = new PasswordVerifier1());  ← 設定一個新的 verifier，我們將在每一個測試中使用它
  describe('with a failing rule', () => {
    let fakeRule, errors;
    beforeEach(() => {                                    ← 設定一個 fake rule，我們將在這個 describe() 方法內使用它
      fakeRule = input => ({passed: false, reason: 'fake reason'});
      verifier.addRule(fakeRule);
    });
    it('has an error message based on the rule.reason', () => {
      const errors = verifier.verify('any value');

      expect(errors[0]).toContain('fake reason');
    });
    it('has exactly one error', () => {
      const errors = verifier.verify('any value');

      expect(errors.length).toBe(1);
    });
  });
});
```

看看那些被提取出來的程式碼。

在第一個 beforeEach() 中，我們設置一個新的 PasswordVerifier1，以後會幫每一個測試案例建立它。在它後面的 beforeEach() 裡，我們設置一個 fake rule，並為那個特定情境之下的每一個測試案例將 fake rule 加入新 verifier。如果有其他情境，第 6 行的第二個 beforeEach() 不會為它們運行，但第一個會。

測試看起來更短了，這應該是你想在測試中看到的情況，可讓測試更容易閱讀和維護。我們將每一個測試裡的建立（creation）移除，並重複使用同一個較高層的變數 verifier。

但有一些事情需要注意：

- 我們忘記重設第 6 行的 `beforeEach()` 裡的 `errors` 陣列，這可能埋下日後的隱患。

- Jest 在預設情況下會平行運行單元測試，這意味著將 verifier 移到第 2 行可能會導致平行測試出問題，在平行運行時，verifier 可能被同時運行的其他測試覆寫，擾亂正在運行的測試的狀態。Jest 和我所知道的多數其他語言中的單元測試框架非常不同，為了避免這類問題，它們會刻意地（至少在預設情況下）使用單一執行緒來運行測試，而不是平行地運行它們。在使用 Jest 時，我們必須記住平行測試是個現實，因此共用上層狀態的有狀態測試（就像第 2 行）可能出問題，也可能導致原因不明的測試失敗。

我們很快就會修正這兩個問題。

2.6.1 beforeEach() 與捲動疲勞

我們在重構成 `beforeEach()` 的過程中漏掉一些事情：

- 如果只看 `it()` 部分，我無法知道 verifier 是在哪裡建立和宣告的，我必須往上捲才能理解。

- 瞭解什麼 rule 被加入也一樣。我必須查看 `it()` 的上一層或查看 `describe()` 區塊，才能知道什麼 rule 被加入。

現在這些缺點似乎沒那麼嚴重，但你即將看到，隨著情境的增加，這個結構會越來越複雜。較大的檔案可能會引發我喜歡說的**捲動疲勞**，測試程式的讀者必須在檔案中上下捲動才能理解測試的背景資訊和狀態，使測試更難以維護和閱讀。

這種嵌套結構對報告（reporting）來說很好，但是對於必須不斷尋找事物來源的人來說，卻是一場惡夢。如果你曾經在瀏覽器的檢查視窗中 debug 過 CSS 樣式，你就知道這種感覺。當你不知道某一個格子為何是粗體的時，你必須往上捲動，以檢查是哪個樣式導致特殊 table 裡的嵌套格子之中的 `<div>` 在第三個加粗節點之下。

嘗試使用 beforeEach() 方法

在接下來的範例中，我們來看看進一步處理的樣子。由於我們正在移除重複程式，我們也可以在 beforeEach() 之中呼叫 verify，並將每一個 it() 裡的一行多餘的程式碼移除。基本上，這就是將 AAA 模式中的 arrange 和 act 部分放入 beforeEach() 函式中。

範例 2.14　將 arrange 和 act 部分放入 beforeEach()

```
describe('PasswordVerifier', () => {
  let verifier;
  beforeEach(() => verifier = new PasswordVerifier1());
  describe('with a failing rule', () => {
    let fakeRule, errors;
    beforeEach(() => {
      fakeRule = input => ({passed: false, reason: 'fake reason'});
      verifier.addRule(fakeRule);
      errors = verifier.verify('any value');
    });
    it('has an error message based on the rule.reason', () => {
      expect(errors[0]).toContain('fake reason');
    });
    it('has exactly one error', () => {
      expect(errors.length).toBe(1);
    });
  });
});
```

我們將重複的程式碼減到最少了，但如果我們想要瞭解每一個 it()，我們也要知道哪裡可以找到 errors 陣列及如何找到它。

我們再加幾個基本的情境，看看這種做法能否隨著問題空間的擴大而擴展。

範例 2.15　增加情境

```
describe('v6 PasswordVerifier', () => {
  let verifier;
  beforeEach(() => verifier = new PasswordVerifier1());
  describe('with a failing rule', () => {
    let fakeRule, errors;
    beforeEach(() => {
      fakeRule = input => ({passed: false, reason: 'fake reason'});
      verifier.addRule(fakeRule);
      errors = verifier.verify('any value');
    });
    it('has an error message based on the rule.reason', () => {
```

```
      expect(errors[0]).toContain('fake reason');
    });
    it('has exactly one error', () => {
      expect(errors.length).toBe(1);
    });
  });
  describe('with a passing rule', () => {
    let fakeRule, errors;
    beforeEach(() => {
      fakeRule = input => ({passed: true, reason: ''});
      verifier.addRule(fakeRule);
      errors = verifier.verify('any value');
    });
    it('has no errors', () => {
      expect(errors.length).toBe(0);
    });
  });
  describe('with a failing and a passing rule', () => {
    let fakeRulePass,fakeRuleFail, errors;
    beforeEach(() => {
      fakeRulePass = input => ({passed: true, reason: 'fake success'});
      fakeRuleFail = input => ({passed: false, reason: 'fake reason'});
      verifier.addRule(fakeRulePass);
      verifier.addRule(fakeRuleFail);
      errors = verifier.verify('any value');
    });
    it('has one error', () => {
      expect(errors.length).toBe(1);
    });
    it('error text belongs to failed rule', () => {
      expect(errors[0]).toContain('fake reason');
    });
  });
});
```

你喜歡嗎？我不喜歡。我們看到幾個額外的問題：

- 我開始看到 beforeEach() 裡面有很多重複的程式。

- 出現捲動疲勞的可能性大幅提升，因為 beforeEach() 可能影響 it() 狀態的方式增加了。

在實際的專案中，beforeEach() 函式經常變成測試檔案的垃圾桶，人們會把各種初始化程式丟進去，例如只有某些測試需要的程式碼、會影響所有其他測試的程式碼，以及再也沒有人使用的東西。人們喜歡把東西放在最方便的地方，尤其是看到別人已經這樣做時。

我不太喜歡 beforeEach() 的方法。接下來，我們要看看能否在盡量避免重複的同時，緩解其中的一些問題。

2.7 嘗試工廠方法

工廠方法是簡單的輔助函式，它可以幫助我們建構物件或特殊狀態，並在多個地方重複使用相同的邏輯。也許我們可以讓範例 2.16 裡的失敗和通過規則使用一些工廠方法來減少一些重複的程式碼和呆板的程式碼。

範例 2.16　加入一些工廠方法

```
describe('PasswordVerifier', () => {
  let verifier;
  beforeEach(() => verifier = new PasswordVerifier1());
  describe('with a failing rule', () => {
    let errors;
    beforeEach(() => {
      verifier.addRule(makeFailingRule('fake reason'));
      errors = verifier.verify('any value');
    });
    it('has an error message based on the rule.reason', () => {
      expect(errors[0]).toContain('fake reason');
    });
    it('has exactly one error', () => {
      expect(errors.length).toBe(1);
    });
  });
  describe('with a passing rule', () => {
    let errors;
    beforeEach(() => {
      verifier.addRule(makePassingRule());
      errors = verifier.verify('any value');
    });
    it('has no errors', () => {
      expect(errors.length).toBe(0);
    });
  });
  describe('with a failing and a passing rule', () => {
    let errors;
    beforeEach(() => {
      verifier.addRule(makePassingRule());
      verifier.addRule(makeFailingRule('fake reason'));
      errors = verifier.verify('any value');
    });
    it('has one error', () => {
```

```
      expect(errors.length).toBe(1);
    });
    it('error text belongs to failed rule', () => {
      expect(errors[0]).toContain('fake reason');
    });
  });
...
  const makeFailingRule = (reason) => {
    return (input) => {
      return { passed: false, reason: reason };
    };
  };
  const makePassingRule = () => (input) => {
    return { passed: true, reason: '' };
  };
})
```

makeFailingRule() 和 makePassingRule() 工廠方法讓我們的 beforeEach() 函式更清晰一些了。

2.7.1 用工廠方法來完全取代 beforeEach()

如果我們完全不使用 beforeEach() 來初始化各種東西呢？如果改用小型工廠方法會怎樣？接著來看看這種做法。

範例 2.17　用工廠方法來取代 beforeEach()

```
const makeVerifier = () => new PasswordVerifier1();
const passingRule = (input) => ({passed: true, reason: ''});

const makeVerifierWithPassingRule = () => {
  const verifier = makeVerifier();
  verifier.addRule(passingRule);
  return verifier;
};

const makeVerifierWithFailedRule = (reason) => {
  const verifier = makeVerifier();
  const fakeRule = input => ({passed: false, reason: reason});
  verifier.addRule(fakeRule);
  return verifier;
};

describe('PasswordVerifier', () => {
  describe('with a failing rule', () => {
```

```
    it('has an error message based on the rule.reason', () => {
      const verifier = makeVerifierWithFailedRule('fake reason');
      const errors = verifier.verify('any input');
      expect(errors[0]).toContain('fake reason');
    });
    it('has exactly one error', () => {
      const verifier = makeVerifierWithFailedRule('fake reason');
      const errors = verifier.verify('any input');
      expect(errors.length).toBe(1);
    });
  });
  describe('with a passing rule', () => {
    it('has no errors', () => {
      const verifier = makeVerifierWithPassingRule();
      const errors = verifier.verify('any input');
      expect(errors.length).toBe(0);
    });
  });
  describe('with a failing and a passing rule', () => {
    it('has one error', () => {
      const verifier = makeVerifierWithFailedRule('fake reason');
      verifier.addRule(passingRule);
      const errors = verifier.verify('any input');
      expect(errors.length).toBe(1);
    });
    it('error text belongs to failed rule', () => {
      const verifier = makeVerifierWithFailedRule('fake reason');
      verifier.addRule(passingRule);
      const errors = verifier.verify('any input');
      expect(errors[0]).toContain('fake reason');
    });
  });
});
```

這個範例的長度與範例 2.16 差不多，但程式碼更容易閱讀，所以也更容易維護。我們移除了 beforeEach() 函式，但這樣不會讓程式更難維護。我們移除的重複量可以忽略不計，但是因為嵌套的 beforeEach() 區塊被移除了，所以程式更容易閱讀許多。

此外，我們減少捲動疲勞的風險。測試程式的讀者不必上下捲動檔案來找出物件是何時建立或宣告的，他們可以從 it() 獲得所有資訊。我們不需要知道某個物件是怎麼建立的，但我們知道它是何時建立的，以及它用哪些重要參數來初始化。一切都被明確地解釋。

在必要時，我可以深入探究特定的工廠方法，而且我喜歡每一個 `it()` 都封裝了自己的狀態。嵌套的 `describe()` 結構是瞭解目前位置的好方法，但狀態都在 `it()` 區塊裡面觸發，而不是在它們外面。

2.8 圓滿 test()

範例 2.17 的測試程式封裝得很好，所以 `describe()` 區塊只是幫助理解的點綴。如果你不需要它們，它們就不是必需的，想要的話，你可以將測試寫成下面的範例。

範例 2.18　移除嵌套的 `describe()`

```
test('pass verifier, with failed rule, ' +
        'has an error message based on the rule.reason', () => {
  const verifier = makeVerifierWithFailedRule('fake reason');
  const errors = verifier.verify('any input');
  expect(errors[0]).toContain('fake reason');
});
test('pass verifier, with failed rule, has exactly one error', () => {
  const verifier = makeVerifierWithFailedRule('fake reason');
  const errors = verifier.verify('any input');
  expect(errors.length).toBe(1);
});
test('pass verifier, with passing rule, has no errors', () => {
  const verifier = makeVerifierWithPassingRule();
  const errors = verifier.verify('any input');
  expect(errors.length).toBe(0);
});
test('pass verifier, with passing  and failing rule,' +
        ' has one error', () => {
  const verifier = makeVerifierWithFailedRule('fake reason');
  verifier.addRule(passingRule);
  const errors = verifier.verify('any input');
  expect(errors.length).toBe(1);
});
test('pass verifier, with passing  and failing rule,' +
        ' error text belongs to failed rule', () => {
  const verifier = makeVerifierWithFailedRule('fake reason');
  verifier.addRule(passingRule);
  const errors = verifier.verify('any input');
  expect(errors[0]).toContain('fake reason');
});
```

工廠方法提供我們需要的所有功能，同時不會降低每一個具體測試的清晰程度。

我喜歡範例 2.18 的簡潔性，它很容易理解。我們可能會損失一些結構明確性，所以有時我會使用 describe，但有時嵌套的 describe 比較容易閱讀。對你的專案而言，易維護性和易讀性的最佳平衡點可能在兩者之間的某處。

2.9 重構成參數化的測試程式

接下來，我們要告別 verifier 類別，開始為 verifier 建立一條新的自訂規則並測試它。範例 2.19 是一個簡單的大寫字母規則（我知道將密碼設成這樣不再是好方法了，但為了示範目的，我可以勉強接受）。

範例 2.19　密碼規則

```
const oneUpperCaseRule = (input) => {
  return {
    passed: (input.toLowerCase() !== input),
    reason: 'at least one upper case needed'
  };
};
```

我們可以像下面的範例一樣編寫一些測試。

範例 2.20　測試一個具有不同版本的規則

```
describe('one uppercase rule', function () {
  test('given no uppercase, it fails', () => {
    const result = oneUpperCaseRule('abc');
    expect(result.passed).toEqual(false);
  });
  test('given one uppercase, it passes', () => {
    const result = oneUpperCaseRule('Abc');
    expect(result.passed).toEqual(true);
  });
  test('given a different uppercase, it passes', () => {
    const result = oneUpperCaseRule('aBc');
    expect(result.passed).toEqual(true);
  });
});
```

在範例 2.20 中的粗體是測試相同的情境但工作單元的輸入有一些小變化時，可能出現的重複程式。這個例子想要測試的是，只要大寫字母存在，無論它在哪裡，測試都會通過。但是，如果以後我們想要更改大寫字母邏輯，或需要以某種方式為用例修正斷言，這些重複的部分就會造成負面影響。

在 JavaScript 中，你可以用幾種方法來建立參數化測試，Jest 已經內建了一種：test.each（也可以寫成 it.each）。下面的範例展示如何使用這個功能來移除測試中的重複程式碼。

範例 2.21　使用 test.each

```
describe('one uppercase rule', () => {
  test('given no uppercase, it fails', () => {
    const result = oneUpperCaseRule('abc');
    expect(result.passed).toEqual(false);
  });

  test.each(['Abc',                              ← 傳入一個包含值
            'aBc'])                                 的陣列，那些值
                                                    對應至輸入參數
                                                                        ← 使用被傳入
    ('given one uppercase, it passes', (input) => {                        陣列的每一
      const result = oneUpperCaseRule(input);                              個輸入參數
      expect(result.passed).toEqual(true);
    });
});
```

在這個範例裡，測試將為陣列裡的每一個值重複執行一次。乍看之下它有點複雜，但是一旦你試過這種寫法，它就會變得容易使用，也很容易閱讀。

若要傳入多個參數，你可以將它們封裝在一個陣列裡，如下所示。

範例 2.22　重構 test.each

```
describe('one uppercase rule', () => {
  test.each([ ['Abc', true],         ← 提供三個陣列，每一個
              ['aBc', true],            陣列有兩個參數
              ['abc', false]])      ← 一個針對缺少大寫字母
    ('given %s, %s ', (input, expected) => {   的新 false expectation
      const result = oneUpperCaseRule(input);
      expect(result.passed).toEqual(expected);  ← Jest 會自動
    });                                            將陣列值對
});                                                映到引數
```

不過，我們不必一定要使用 Jest，JavaScript 具備足夠的彈性，如果你願意，你也可以輕鬆地寫出自己的參數化測試。

範例 2.23　使用原生的 JavaScript for

```
describe('one uppercase rule, with vanilla JS for', () => {
  const tests = {
    'Abc': true,
    'aBc': true,
    'abc': false,
  };

  for (const [input, expected] of Object.entries(tests)) {
    test('given ${input}, ${expected}', () => {
      const result = oneUpperCaseRule(input);
      expect(result.passed).toEqual(expected);
    });
  }
});
```

具體的做法由你自己決定（我喜歡保持簡單，使用 test.each）。重點在於，Jest 只是一個工具。「將測試程式參數化」這種模式可以用多種方式來實現，這種模式賦予我們很大的能力，但也帶來很大的責任。這種技術很容易被濫用，產生難以理解的測試。

我通常會確保相同的情境（輸入類型）對整個測試而言皆成立。如果我在復審程式時檢查這個測試，我會告訴撰寫這個測試的人，這個測試其實測試了兩個不同的情境：一個沒有大寫字母的，和幾個有一個大寫字母的，所以我會把它們拆成兩個不同的測試。

這個範例想要展示的是，我們很容易把許多測試放入一個大的 test.each（即使這會影響閱讀），所以在使用這些特殊的工具時要很小心。

2.10　檢查預期會被丟出來的錯誤

有時候我們要讓程式在適當的時機以適當的資料丟出錯誤。如果我們在 verify 函式中加入程式，讓它在沒有設置 rule 時丟出錯誤，如下面的程式所示，那會怎樣？

範例 2.24　丟出錯誤

```
verify (input) {
  if (this.rules.length === 0) {
    throw new Error('There are no rules configured');
  }
  ...
```

我們可以用老派的 try/catch 來測試它，並在沒有得到錯誤時讓測試失敗。

範例 2.25　使用 try/catch 來測試例外

```
test('verify, with no rules, throws exception', () => {
    const verifier = makeVerifier();
    try {
        verifier.verify('any input');
        fail('error was expected but not thrown');
    } catch (e) {
        expect(e.message).toContain('no rules configured');
    }
});
```

> **使用 fail()**
>
> 嚴格說來，fail() 是 Jasmine 分支的原始 API，而 Jasmine 是 Jest 的基礎。fail() 是一種觸發測試失敗的方法，但它沒有被寫在 Jest 的官方 API 文件中，因為 Jest 建議改用 expect.assertions(1)，它會在你沒有到達 catch() expectation 時，讓測試失敗。我發現只要 fail() 仍然可用，它就可以滿足我的目的，在此使用它是為了展示避免在單元測試中使用 try/catch 結構的原因。

這種 try/catch 模式是一種有效的方法，但非常冗長，且打起字來令人討厭。Jest 就像多數的其他框架一樣，提供一個捷徑來完成這種情境，即使用 expect().toThrowError()。

範例 2.26　使用 expect().toThrowError()

```
test('verify, with no rules, throws exception', () => {
    const verifier = makeVerifier();
    expect(() => verifier.verify('any input'))
        .toThrowError(/no rules configured/);
});
```

◀── 使用正規表達式而不是尋找精確的字串

注意，我使用正規表達式來檢查錯誤字串是否**包含**特定字串，而不是使用等號，這樣可以讓測試在字串的兩側改變時仍然適用。`toThrowError` 有幾種變體，你可以前往 *https://jestjs.io/* 瞭解相關資訊。

> **Jest Snapshots**
>
> Jest 有一個獨特的功能：Snapshots（快照）。它可讓你算繪一個組件（在使用 React 之類的框架時），然後比對當下的畫面與該組件的快照，包括它的所有屬性和 HTML。
>
> 在此不多著墨這項功能，但據我所見，這個功能往往被濫用，可能被用來寫出難以閱讀的測試，例如：
>
> ```
> it('renders',()=>{
> expect(<MyComponent/>).toMatchSnapshot();
> });
> ```
>
> 這段程式令人很難理解它在測試什麼，而且它測試了許多可能互不相關的內容。它也可能會因為你不在意的諸多原因而失效，因此這種測試的維護成本可能會越來越高。這個功能也會成為懶得寫出容易閱讀和維護的測試的好藉口，因為你有時間壓力，但必須展示你寫了測試。它確實有適用之處，但可能被用在使用其他類型的測試比較適合之處。
>
> 如果你需要這個功能的變體，可以試著使用 `toMatchInlineSnapshot()`，詳情可參考 *https://jestjs.io/docs/en/snapshot-testing*。

2.11 設定測試分類

如果你只想運行特定類別的測試，例如只運行單元測試，或只運行整合測試，或只運行涉及應用程式特定部分的測試，目前 Jest 還沒有定義測試案例類別的能力。

不過別難過，Jest 有一個特殊的 `--testPathPattern` 命令列旗標，可讓你定義 Jest 如何尋找測試。你可以使用不同的路徑來觸發這個命令，以執行特定類型的測試（例如「在『integration』資料夾裡的所有測試」），詳情請參考 *https://jestjs.io/docs/en/cli*。

另一個替代方案是為每一個測試類別建立一個單獨的 jest.config.js 檔案，讓每個檔案都有自己的 `testRegex` 配置和其他屬性。

範例 2.27　建立單獨的 jest.config.js 檔案

```
// jest.config.integration.js
var config = require('./jest.config')
config.testRegex = "integration\\.js$"
module.exports = config

// jest.config.unit.js
var config = require('./jest.config')
config.testRegex = "unit\\.js$"
module.exports = config
```

然後，你可以為每一個類別建立一個單獨的 npm 腳本，使用自訂配置檔案來呼叫 Jest 命令列：`jest -c my.custom.jest.config.js`。

範例 2.28　使用單獨的 npm 腳本

```
//Package.json
...
"scripts": {
    "unit": "jest -c jest.config.unit.js",
    "integ": "jest -c jest.config.integration.js"
...
```

在下一章，我們要看看具有依賴關係和難以測試的程式碼，並開始討論 fake、spy、mock 和 stub 的概念，以及如何使用它們來撰寫針對這類程式的測試。

摘要

- Jest 是一種受歡迎的開源 JavaScript 應用程式測試框架。它是在編寫測試時使用的測試庫、在測試程式內進行判斷的斷言庫、測試執行器，和測試報告器。

- Arrange-Act-Assert（AAA）是建構測試程式的流行模式。它為所有測試提供一個簡單、統一的布局。習慣它之後，你就可以輕鬆地閱讀和理解任何測試。

- 在 AAA 模式中，*arrange* 部分是將受測系統和它的依賴項目設定為所需狀態之處。在 *act* 部分，你會呼叫方法，傳入準備好的依賴項目，並抓取輸出值（如果有的話）。在 *assert* 部分，你會檢驗結果。

摘要

- 在為測試命名時，有一種很好的命名模式是將受測的工作單元、情境或單元的輸入、預期行為或退出點寫入測試名稱。縮寫 USE（unit、scenario、expectation）可以幫助你記憶這個模式。

- Jest 提供幾個函式來幫助你為多個相關的測試創造更多結構。`describe()` 是一個作用域設定函式，可將多個測試（或多組測試）分成一組。`describe()` 可以比喻成一個包含測試或其他資料夾的資料夾。`test()` 是代表單一測試的函式。`it()` 是 `test()` 的別名，和 `describe()` 一起使用可提升易讀性。

- `beforeEach()` 有助於避免重複，因為它可以用來提取嵌套的 `describe` 和 `it` 函式中的相同程式碼。

- 使用 `beforeEach()` 往往會導致捲動疲勞，因為你必須查看不同的位置才能理解測試的內容。

- 使用**工廠方法**與簡單的測試（不使用任何 `beforeEach()`）可以提高易讀性，以及避免捲動疲勞。

- **參數化的測試**有助於減少相似測試程式的數量。它的缺點在於，測試程式的易讀性會隨著它們更通用而降低。

- 要在測試的易讀性和程式碼的重複使用之間保持平衡，你只要將輸入值參數化，並為不同的輸出值建立單獨的測試即可。

- Jest 不支援測試分類，但你可以使用 `--testPathPattern` 旗標來執行一組測試。你也可以在組態配置檔案中設置 `testRegex`。

第二部分

核心技術

第一部分介紹了基礎知識，接下來要介紹在現實世界中撰寫測試所需的核心測試和重構技術。

在第 3 章，我們將介紹 stub，以及它們如何幫助你斷開依賴關係。我們將介紹可讓程式碼更容易測試的重構技術，並在過程中瞭解 seam。

第 4 章將討論 mock 物件和互動測試，看看 mock 物件和 stub 有何差異，並探討 fake 的概念。

在第 5 章，我們將研究分隔框架（也稱為 mock 框架），以及它們如何解決與人工的 mock 和 stub 有關的程式碼重複問題。第 6 章探討非同步程式碼，例如 promise、定時器、事件，以及測試這類程式碼的各種方法。

使用 stub 來切斷依賴關係

本章內容
- 依賴項目的類型──mock、stub…等
- 使用 stub 的原因
- 函式注入技術
- 模組注入技術
- 物件導向注入技術

在上一章，我們使用 Jest 來編寫了第一個單元測試，並且更深入地探討測試本身的易維護性。當時的情境非常簡單，更重要的是，它是完全自成一體的。Password Verifier 不依賴外部模組，所以我們可以專心研究它的功能，不必擔心可能會干擾它的其他因素。

在上一章，我們使用前兩種退出點類型來作為範例：回傳值的退出點，和改變狀態的退出點。在這一章，我們將討論最後一種類型：呼叫第三方。我們也會介紹一個新需求：讓程式碼依賴時間。我們將探討處理這個問題的兩種方法──重構程式碼，和不進行重構的 monkey-patching（猴補丁）。

依賴外部模組或函式會讓測試難以編寫，讓測試更難重複使用，也可能導致測試不穩定。

我們在程式碼裡面依賴的外部事物稱為**依賴項目**（*dependency*）。在本章稍後，我會更詳細地定義它們。那些依賴項目可能是時間、非同步執行、使用檔案系統或網路，或只是使用某些難以設置，或可能需要花費大量時間來執行的東西。

3.1 依賴項目的類型

根據我的經驗，我們的工作單元可能使用兩種主要的依賴項目：

- **外出依賴項目**（*outgoing dependency*）──本身是工作單元**退出點**的依賴項目，例如呼叫 logger、將某些資料存入資料庫、發送 email、通知 API 或 webhook 有事情發生了…等。注意它們都有動詞：「呼叫」、「發送」和「通知」。它們從工作單元**往外**離開，類似一種射後不理的情境。每一個外出依賴項目都代表一個退出點，或工作單元裡的某個特定邏輯流程的結束。

- **入內依賴項目**（*incoming dependency*）──非退出點的依賴項目。它們不代表工作單元的最終行為的需求，只負責提供測試專用資料或行為給工作單元，例如資料庫查詢的結果、檔案系統裡的檔案的內容、網路回應…等。注意它們都是被動的資料，都是之前的操作結果，且**進入**工作單元。

圖 3.1 展示這兩種依賴項目。

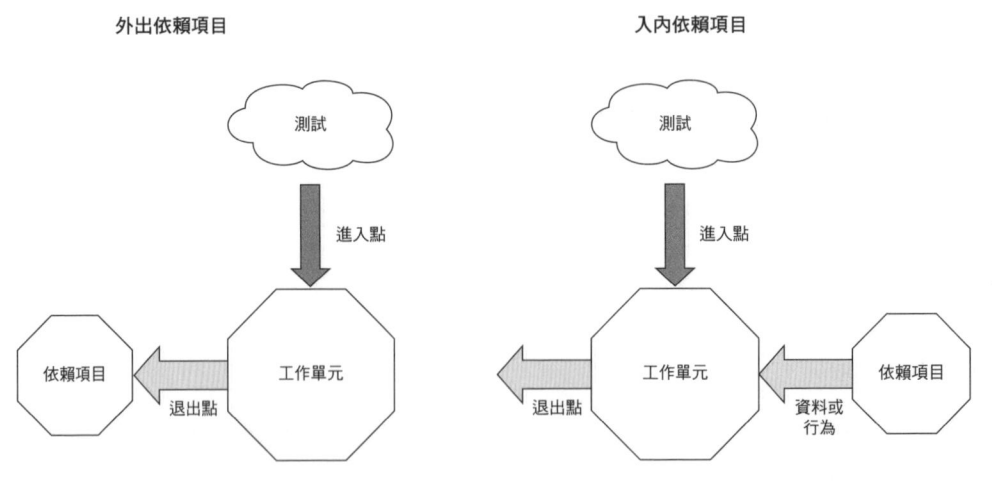

圖 3.1 在左圖，退出點被實作成呼叫一個依賴項目。在右圖，依賴項目提供間接的輸入或行為，且不是退出點。

有些依賴項目可以是入內的，也可以是外出的──在某些測試中，它們代表退出點，在其他測試中，它們被用來模擬進入應用程式的資料。雖然這些情況不常見，但確實存在，例如外部 API 為外傳的訊息回傳一個成功／失敗回應。

知道這些類型的依賴項目之後，我們來看看《xUnit Test Patterns》這本書為「在測試中看起來像其他東西的東西」定義的各種模式。表 3.1 是我對於該書網站 http://mng.bz/n1WK 列出的一些模式的想法。

表 3.1　釐清 stub 和 mock 的術語

類別	模式	目的	用途
	測試替身（test double）	stub 與 mock 的通用名稱	我也使用 fake 這個術語。
stub	假物件（dummy object）	用來指定在測試中使用的值，如果它們只是被當成呼叫 SUT 方法時的無關（irrelevant）引數來使用時	當成參數傳給進入點，或當成 AAA 模式的 arrange 部分。
	測試 stub	當它依賴來自其他軟體組件的間接輸入時，用來獨立地驗證邏輯	作為依賴項目來注入，並設置它，以回傳特定值或行為給 SUT。
mock	測試 spy	當它有傳到其他軟體組件的間接輸出時，用來獨立地驗證邏輯	覆寫真實物件的單一函式，並驗證偽造函式是否如預期地被呼叫。
	mock 物件	當它依賴傳給其他軟體組件的間接輸出時，用來獨立地驗證邏輯	將 fake 當成依賴項目注入 SUT，並驗證 fake 是否如預期地被呼叫。

在本書的其餘部分中，你可以這樣看待它們：

- *stub* 會切斷入內依賴項目（間接輸入）。stub 是將偽造行為或資料提供給受測程式的偽造模組、偽造物件或偽造函式。我們不對 stub 進行斷言。一個測試可能有很多 stub。

- *mock* 會切斷外出依賴項目（間接輸出或退出點）。mock 是我們在測試程式中進行斷言的偽造模組、物件或函式。mock 代表單元測試的**退出點**。因此，建議每一個測試的 mock 都不要超過一個。

不幸的是，在許多地方，你會看到「mock」這個詞被當成 stub 和 mock 的統稱。像「我們將 mock 它」或「我們有一個 mock 資料庫」這類的說法容易造成混淆。stub 和 mock（在一個測試中只能使用一個）之間有很大的差異，我們應該使用正確的術語，以確保別人聽得懂我們在講什麼。

如果你有疑問，可使用「測試替身（test double）」或「fake」等術語。通常，一個偽造的依賴項目可以在一個測試中當成 stub 來使用，在另一個測試中當成 mock 來使用，等一下會看到這個情況的例子。

> **xUnit 測試模式和命名**
>
> Gerard Meszaros 撰寫的《*xUnit Test Patterns: Refactoring Test Code*》（Addison-Wesley，2007）是一本經典的單元測試模式參考書。它至少用五種方式來定義在測試中偽造東西的模式。當你熟悉這裡介紹的三種類型之後，鼓勵你去看看那本書的更多細節。
>
> 要注意的是，《*xUnit Test Patterns*》對於「fake」一詞的定義是：「用一個輕量許多的實作來取代受測系統（system under test，SUT）所依賴的組件」。例如，你可能使用記憶體資料庫來取代一個完整的生產實例。
>
> 我依然認為這種測試替身是一種「stub」，而我使用「fake」來代表非真實的任何東西，「fake」很像「test double」這個術語，但更簡短，更容易說出口。

上面的資訊量看起來很多，我將在本章深入探討這些定義。我們先從小處著手，從 *stub* 開始談起。

3.2　使用 stub 的理由

該如何測試下面這段程式碼？

範例 3.1　使用時間的 `verifyPassword`

```
const moment = require('moment');
const SUNDAY = 0, SATURDAY = 6;
```

使用 stub 的理由

```
const verifyPassword = (input, rules) => {
    const dayOfWeek = moment().day();
    if ([SATURDAY, SUNDAY].includes(dayOfWeek)) {
        throw Error("It's the weekend!");
    }
    // 其他程式碼…
    // 回傳找到的錯誤串列…
    return [];
};
```

我們的 password verifier 有一個新的依賴項目：它在週末無法運作。具體來說，這個模組直接依賴 moment.js，它是一個很常見的 JavaScript 日期 / 時間包裝。在 JavaScript 中直接處理日期不是愉快的體驗，我們可以假設很多其他地方也有類似的東西。

這樣子直接使用與時間有關的程式庫會對我們的單元測試造成什麼影響？這裡有一個不幸問題在於，因為我們的測試無法直接影響受測應用程式裡的日期和時間，這種直接依賴關係將迫使我們的測試考慮正確的日期和時間。下面是一個只在週末運行的不幸測試。

範例 3.2　verifyPassword 的初始單元測試

```
const moment = require('moment');
const {verifyPassword} = require("./password-verifier-time00");
const SUNDAY = 0, SATURDAY = 6, MONDAY = 2;

describe('verifier', () => {
    const TODAY = moment().day();

    // 測試一定會執行，但可能不做任何事情
    test('on weekends, throws exceptions', () => {
        if ([SATURDAY, SUNDAY].includes(TODAY)) {       ◄── 在測試內
            expect(()=> verifyPassword('anything',[]))      檢查日期
                .toThrow("It's the weekend!");
        }
    });

    // 測試在平日根本不執行
    if ([SATURDAY, SUNDAY].includes(TODAY)) {           ◄── 在測試外
        test('on a weekend, throws an error', () => {       檢查日期
            expect(()=> verifyPassword('anything', []))
                .toThrow("It's the weekend!");
        });
    }
});
```

在上面的範例裡面有同一個測試的兩個版本，一個在測試內檢查當下的日期，另一個在測試外檢查日期，這意味著除非在週末，否則不會執行，真糟糕。

我們來回顧第 1 章提到的一種良好的測試品質，一致性：測試每一次執行時，它都是與之前執行過的測試完全相同的測試，它使用的值不變，斷言不變，如果測試或產品程式碼沒有改過，那麼測試會產生與之前執行時相同的結果。

第二個測試甚至有時不會執行。我們有充分的理由使用 fake 來斷開依賴關係。此外，我們無法模擬週末或平日，所以我們有足夠的動機重新設計受測程式，使依賴項目更容易注入。

等一下，事情還沒結束，使用時間的測試通常不穩定，它們有時只會在時間改變時失敗。這個測試很可能有這種行為，因為在本地執行它只會得到兩個狀態之一的回饋。如果你想知道它在週末的表現，你要等幾天才行。

由於有些邊緣情況會影響於測試中無法控制的變數，測試可能會因為那些邊緣情況而變得不穩定。常見的例子包括端到端測試中的網路問題、資料庫連接問題，或各種伺服器問題。當這種情況發生時，我們很容易忽略失敗安慰自己：「只要再執行一次就好了」或「沒關係，這只是 [插入變異問題（insert variability issue）]」。

3.3 被廣泛接受的 stubbing 設計方法

在接下來的幾節中，我們將討論將 stub 注入工作單元的幾種常見形式。首先，我們要討論基本參數化，然後探討以下方法：

- 泛函方法
  - 將函式當成參數
  - 部分應用（currying）
  - 工廠函式
  - 建構函式
- 模組方法
  - 模組注入

- 物件導向方法
  — 類別建構函式注入
  — 物件即參數（又稱為鴨子定型）
  — 通用介面即參數（我們將使用 TypeScript）

接下來將逐一討論這些方法，先從「控制測試中的時間」這個簡單的案例看起。

3.3.1 使用參數注入來將時間 stubbing 出來

根據我們的討論，我至少能想到兩個控制時間的好理由：

- 為了排除測試中的變異性

- 為了方便模擬和時間有關的任何情境，以便測試我們的程式碼

下面是我想到的重構中最簡單的一種，它可以讓事情更能夠重複。我們為函式加入一個 currentDay 參數來指定當下的日期，這可以免除在函式中使用 moment.js 模組的需求，並將使用它的責任交給函式的呼叫方。如此一來，在測試中，我們可以用寫死（hardcode）的方式來決定時間，並讓測試和函式變得可重複且一致。下面的範例展示這樣的重構。

範例 3.3　帶有 currentDay 參數的 verifyPassword

```
const verifyPassword2 = (input, rules, currentDay) => {
    if ([SATURDAY, SUNDAY].includes(currentDay)) {
        throw Error("It's the weekend!");
    }
    // 其他程式碼…
    // 回傳找到的錯誤串列…
    return [];
};

const SUNDAY = 0, SATURDAY = 6, MONDAY = 1;
describe('verifier2 - dummy object', () => {
    test('on weekends, throws exceptions', () => {
        expect(() => verifyPassword2('anything',[],SUNDAY ))
            .toThrow("It's the weekend!");
    });
});
```

加入 currentDay 參數後，我們實質上是將時間的控制權交給函式（我們的測試）的呼叫方。被注入的東西的正式名稱是「dummy」，它只是一個沒有行為的資料，但從現在起，我們可以稱它為「stub」。

這種做法是一種依賴反轉（*Dependency Inversion*）。據說「控制反轉（Inversion of Control）」一詞首次出現在 Johnson 和 Foote 的論文「Designing Reusable Classes」中，該論文於 1988 年由 *Journal of Object-Oriented Programming* 發表。而「依賴反轉（Dependency Inversion）」一詞也是 Robert C. Martin 在 2000 年的「Design Principles and Design Patterns」論文中介紹的 SOLID 模式之一。我會在第 8 章討論更多高階設計考量。

加入這個參數只是一個簡單的重構，但它非常有效，除了讓測試有一致性之外，它也提供一些不錯的好處：

- 現在可以輕鬆地模擬任何日子。

- 受測程式碼不再負責管理時間匯入，因此如果使用不同的時間程式庫，它會少一個改變的理由。

我們正在將時間「依賴項目注入」至工作單元。我們改變了進入點的設計，使用一個日期值作為參數。根據泛函設計的標準，這個函式現在是「純」的，因為它沒有副作用。純函式內建了它的所有依賴項目的注入，這也是你將發現泛函的設計通常比較容易測試的原因之一。

由於 currentDay 參數只是一個日期的整數值，稱它為 stub 有點奇怪，但根據 *xUnit* 測試模式的定義，我們可以說它是一個「dummy」值，我認為它屬於「stub」。並非只有複雜的東西才能成為 stub，只要它在我們的控制之下即可。它之所以是 stub，是因為我們使用它來模擬一些被傳入測試單元的輸入或行為。見圖 3.2 的視覺化說明。

被廣泛接受的 stubbing 設計方法　83

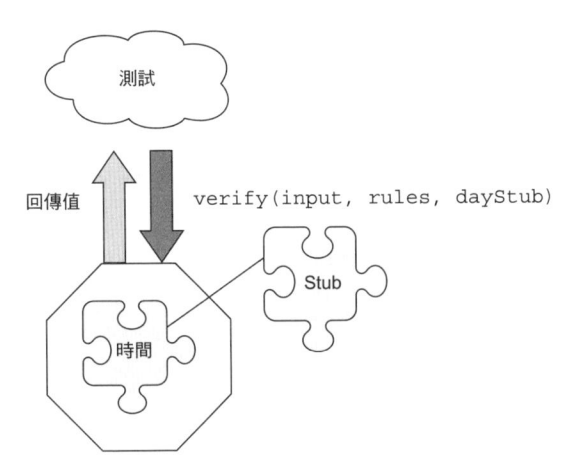

圖 3.2　注入時間依賴項目的 stub

3.3.2 依賴項目、注入，與控制

表 3.2 整理我們討論過，並且將在本章接下來的內容中使用的一些重要術語。

表 3.2　本章使用的術語

依賴項目	會讓我們的測試工作更困難、使程式碼更難維護的東西，因為我們無法在測試程式中**控制**它們。例子有：時間、檔案系統、網路、隨機值等。
控制權	指定依賴項目行為的能力。**創造**依賴項目的一方對依賴項目有控制權，因為它們有能力在受測程式碼使用依賴項目之前設置它們。 在範例 3.1 中，我們的測試**無法**控制**時間**，因為受測模組對時間有控制權。該模組始終使用**當下**的日期和時間，迫使測試也如此，讓測試失去一致性。 在範例 3.3 中，我們透過 currentDay 參數來**反轉**對於依賴項目的控制權，從而取得控制依賴項目的能力。現在測試可以控制時間，並且可以決定使用寫死的時間。受測模組必須使用所提供的時間，讓測試更容易進行。
控制反轉	透過設計程式碼來卸除「在內部建立依賴項目」的責任，並將它外化。範例 3.3 展示如何使用**參數注入**來做這件事。

依賴注入	透過設計介面來傳送程式在內部使用的依賴項目的行為。注入依賴項目的地方就是注入點。在例子裡，我們使用參數注入點。可以供注入東西的地方也稱為 *seam*。
Seam	讀作「s-ee-m」，是 Michael Feathers 在他的書《*Working Effectively with Legacy Code*》（Pearson，2004）裡創造的術語。 seam 是兩個軟體部分接觸的地方，在這裡可以注入其他東西。seam 可讓你在不直接修改程式碼的情況下改變程式的行為。seam 的例子包括參數、函式、模組載入器、函式重寫，在物件導向的世界中，則有類別介面、公用虛擬方法…等。

在產品程式碼內的 seam 對單元測試是否容易維護和閱讀而言非常重要。越容易注入行為或注入自訂資料至受測的程式碼之中，編寫、閱讀和維護測試也就越容易，我會在第 8 章討論一些與設計程式有關的模式和反模式。

3.4 泛函注入技術

我們應該還不滿意目前的設計，雖然新增一個參數確實解決了函式層面的依賴問題，但現在每個呼叫方都要以某種方式來知道如何處理日期。這令人覺得有點繁瑣。

JavaScript 支援兩種主要的程式設計風格：泛函和物件導向，所以我會在適當的時候展示這兩種風格的方法，你可以選擇最適合你的方法。

設計東西的方法不是只有一種，泛函設計的支持者喜歡泛函風格的簡單、清晰和可證明，但這種風格需要一段學習時間。基於這個原因，學習兩種方法是明智的決定，因為如此一來，你就可以採取最適合你團隊的方法。有些團隊偏好物件導向設計，因為他們比較習慣這種設計，有些則偏好泛函設計。我認為模式大體上是相同的，我們只是將它們轉化成不同的風格。

3.4.1 注入函式

下面的範例展示同一個問題的不同重構方式：接收一個函式參數，而不是一個資料物件。該函式會回傳日期物件。

範例 3.4　使用函式來做依賴注入

```
const verifyPassword3 = (input, rules, getDayFn) => {
    const dayOfWeek = getDayFn();
    if ([SATURDAY, SUNDAY].includes(dayOfWeek)) {
        throw Error("It's the weekend!");
    }
    // 其他程式碼…
    // 回傳找到的錯誤串列…
    return [];
};
```

下面是相關的測試。

範例 3.5　使用函式注入來進行測試

```
describe('verifier3 - dummy function', () => {
    test('on weekends, throws exceptions', () => {
        const alwaysSunday = () => SUNDAY;
        expect(()=> verifyPassword3('anything',[], alwaysSunday))
            .toThrow("It's the weekend!");
    });
});
```

這個例子與之前的測試沒有太大的不同，但是使用函式作為參數是一種有效的注入方式，在其他情境中，這種做法也是啟用特殊行為的好方法，例如在受測程式中模擬特殊情況或例外。

3.4.2 透過部分應用來進行依賴注入

工廠函式或方法（「高階函式」的子類別之一）是回傳其他函式的函式，它們會用一些背景資訊（context）來進行預先設置。在我們的例子裡，背景資訊可能是規則（rule）串列和當下日（day）函式。我們會從工廠函式取得一個新函式，且只要輸入一個字串即可執行新函式，新函式會使用建立它時設置的規則與 `getDay()` 函式。

下面的範例實質上將工廠函式轉變成測試的 arrange 部分，並在 act 部分呼叫它回傳的函式，非常巧妙。

> **範例 3.6　使用高階工廠函式**

```
const SUNDAY = 0, . . . FRIDAY=5, SATURDAY = 6;

const makeVerifier = (rules, dayOfWeekFn) => {
    return function (input) {
        if ([SATURDAY, SUNDAY].includes(dayOfWeekFn())) {
            throw new Error("It's the weekend!");
        }
        // 其他程式碼…
    };
};

describe('verifier', () => {
    test('factory method: on weekends, throws exceptions', () => {
        const alwaysSunday = () => SUNDAY;
        const verifyPassword = makeVerifier([], alwaysSunday);

        expect(() => verifyPassword('anything'))
            .toThrow("It's the weekend!");
    });
```

3.5　模組化注入技術

JavaScript 也支援模組的概念，我們可以 import 或 require 模組。當受測程式直接匯入依賴項目時，我們如何處理依賴注入的概念？例如在下面重新列出的範例 3.1 的程式碼？

```
const moment = require('moment');
const SUNDAY = 0; const SATURDAY = 6;

const verifyPassword = (input, rules) => {
    const dayOfWeek = moment().day();
    if ([SATURDAY, SUNDAY].includes(dayOfWeek)) {
        throw Error("It's the weekend!");
    }
    // 其他的程式碼…
    // 回傳找到的錯誤…
    return [];
};
```

如何處理這種直接依賴關係？答案是無計可施，我們必須用不同的方式來編寫程式，以便在稍後換掉這種依賴項目。我們必須建立一個 *seam*，並透過它來替換依賴項目，就像下面的例子。

模組化注入技術

範例 3.7　將所需的依賴項目抽象化

```
const originalDependencies = {
    moment: require('moment'),          使用中間物件來
};                                      包裝 moment.js        這是包含當下依賴
                                                              項目（可能是真的
let dependencies = { ...originalDependencies };               或偽造的）的物件

const inject = (fakes) => {             將真依賴項目換成偽造
    Object.assign(dependencies, fakes); 依賴項目的函式
    return function reset() {
        dependencies = { ...originalDependencies };   將依賴項目重設為
    }                                                 真依賴項目的函式
};

const SUNDAY = 0; const SATURDAY = 6;

const verifyPassword = (input, rules) => {
    const dayOfWeek = dependencies.moment().day();
    if ([SATURDAY, SUNDAY].includes(dayOfWeek)) {
        throw Error("It's the weekend!");
    }
    // 其他的程式碼…
    // 回傳找到的錯誤…
    return [];
};

module.exports = {
    SATURDAY,
    verifyPassword,
    inject
};
```

在這段程式裡發生了什麼事？我們加入三個新東西：

- 首先，我們將「對 moment.js 的直接依賴」換成一個物件 originalDependencies，這個物件包含那一個模組匯入操作。

- 接下來，我們再加入一個物件：dependencies。該物件在預設情況下接受 originalDependencies 物件內的所有真實依賴項目。

- 最後是 inject 函式，我們也將它當成模組的一部分來公開，讓匯入我們的模組的任何一方（包括產品程式和測試程式）使用自訂的依賴項目（偽造物，fake）來覆蓋我們的真實依賴項目。

當你呼叫 inject 時，它會回傳一個 reset 函式，該函式會將原始依賴項目重新套用至當下的 dependencies 變數，從而重設當下使用的任何 fake（偽造物）。

下面的範例展示如何在測試中使用 inject 和 reset 函式。

範例 3.8　使用 inject() 來注入偽造模組

```js
const { inject, verifyPassword, SATURDAY } = require('./password-verifier-time00-modular');

const injectDate = (newDay) => {                     // 輔助函式
    const reset = inject({                           // 注入偽造 API 而非 moment.js
        moment: function () {
            // 我們在這裡模擬 moment.js 模組的 API。
            return {
                day: () => newDay
            }
        }
    });
    return reset;
};

describe('verifyPassword', () => {
    describe('when its the weekend', () => {
        it('throws an error', () => {
            const reset = injectDate(SATURDAY);      // 提供偽造日期

            expect(() => verifyPassword('any input'))
                .toThrow("It's the weekend!");
            reset();                                  // 重設依賴項目
        });
    });
});
```

我們來解析這段程式做了什麼：

1. injectDate 函式只是用來減少測試程式裡的樣板碼的輔助函式。它一定會建構 moment.js API 的偽造結構，並將它的 getDay 函式設成回傳 newDay 參數。

2. injectDate 函式呼叫 inject 並傳入新的偽造 moment.js API。這會將工作單元裡的偽造依賴項目套用至我們傳入的參數。

3 我們的測試用一個自訂的偽造日期來呼叫 inject 函式。

4 在測試結束時，我們呼叫 reset 函式，將工作單元的模組依賴項目重設為原始依賴項目。

多做幾次之後，你就會開始覺得它很有道理了。但這種做法也有一些需要注意的地方，它確實解決了測試裡的依賴問題，且相對容易使用，但是根據我的觀察，這個方法有一個很大的缺點：使用這種方法來偽造（faking）模組依賴項目會迫使測試緊密依賴我們偽造的依賴項目的 API 簽章。如果它們是第三方依賴項目，例如 moment.js、logger，或我們無法完全控制的其他依賴項目，那麼當你需要進行升級，或將那些依賴項目換成具有不同 API 的東西（這是必然會發生的），測試將變得非常脆弱。這件事在測試只有一兩個時影響不大，但我們通常有數百個甚至數千個測試需要偽造多個常見的依賴項目，有時這意味著，舉例，在替換一個 API 被做了破壞性變更的 logger 時，我們可能要更改和修復數百個檔案。

有兩種方法可以防止這種情況：

- 絕對不要在程式碼中直接匯入你無法控制的第三方依賴項目，每次都使用你可以控制的中間抽象層。Ports and Adapters 架構就是這種概念的好例子（這種架構也稱為 Hexagonal architecture（六邊形架構）和 Onion architecture（洋蔥架構））。使用這種架構時，偽造這些內部 API 的風險應該比較低，因為我們可以控制它們的變更頻率，從而使測試不那麼脆弱（即使外部世界發生變化，我們也可以在內部進行重構，而不會影響測試）。

- 避免使用模組注入，改用本書介紹的其他依賴項目注入方法，例如函式參數、curring，以及下一節介紹的建構函式和介面。你應該可以從這些方法裡面找出可取代「直接匯入依賴項目」的做法。

3.6 使用具備建構函式的物件

建構函式（constructor function）是一種偏向物件導向風格的 JavaScript 方法，它產生的結果與工廠函式相同，但它回傳的東西類似一個物件，裡面有你可以觸發的方法。我們使用關鍵字 new 來呼叫這個函式並取得那個特殊的物件。

下面是使用這種設計時的相同程式碼和測試。

> **範例 3.9　使用建構函式**

```
const Verifier = function(rules, dayOfWeekFn)
{
    this.verify = function (input) {
        if ([SATURDAY, SUNDAY].includes(dayOfWeekFn())) {
            throw new Error("It's the weekend!");
        }
        // 其他程式碼…
    };
};

const {Verifier} = require("./password-verifier-time01");

test('constructor function: on weekends, throws exception', () => {
    const alwaysSunday = () => SUNDAY;
    const verifier = new Verifier([], alwaysSunday);

    expect(() => verifier.verify('anything'))
        .toThrow("It's the weekend!");
});
```

你可能會問：「為何偏好物件？」，答案取決於專案的背景、它的技術棧、團隊的泛函和物件導向背景知識，以及許多其他非技術因素。擁有這項工具並在適當的時機使用它是件好事。在閱讀接下來的幾節時，請將這一點銘記在心。

3.7　物件導向注入技術

如果你傾向物件導向風格，或者，你正在使用 C# 或 Java 等物件導向語言，以下是一些在物件導向領域中常見的依賴注入模式。

3.7.1　建構函式注入

我用**建構函式注入**來稱呼「透過類別的建構式來注入依賴項目」的設計方式。在 JavaScript 領域裡，Angular 是使用這種設計來注入「服務」的 web 前端框架中最著名的一種，這裡的「服務」其實就是 Angular 語境中的「依賴項目」，它在許多其他情況下也是一種可行的設計。

有狀態的類別並非一無是處，它可以減少用戶端的重複，因為我們只要設置類別一次，就可以重複使用那個設好的類別好幾次。

如果我們建立一個有狀態的 Password Verifier，並且想要透過建構函式來注入日期函式，它應該很像下面的設計。

範例 3.10　建構函式注入設計

```
class PasswordVerifier {
    constructor(rules, dayOfWeekFn) {
        this.rules = rules;
        this.dayOfWeek = dayOfWeekFn;
    }

    verify(input) {
        if ([SATURDAY, SUNDAY].includes(this.dayOfWeek())) {
            throw new Error("It's the weekend!");
        }
        const errors = [];
        // 其他程式碼…
        return errors;
    };
}

test('class constructor: on weekends, throws exception', () => {
    const alwaysSunday = () => SUNDAY;
    const verifier = new PasswordVerifier([], alwaysSunday);

    expect(() => verifier.verify('anything'))
        .toThrow("It's the weekend!");
});
```

它看起來很像第 3.6 節的建構函式設計，這是一種傾向物件導向的設計，具有物件導向背景的人比較習慣這種設計，但同時，它也更加冗長。你會發現，隨著你讓設計越來越物件導向，它也會變得越來越冗長。這是物件導向遊戲的一部分，也是越來越多的人選擇泛函風格的原因之一──泛函風格比較簡潔。

接著來談談測試的易維護性。如果我用這個類別來編寫第二個測試，我會透過建構函式來提取類別的建立過程，並放到一個小工廠函式中，使該函式回傳受測類別的實例。如此一來，假如（也就是說「當」）建構函式的簽章改變，導致許多測試同時失效，我只要修正一個地方，就可以讓所有測試重新運行，如下所示。

範例 3.11 為測試加入一個輔助工廠函式

```
describe('refactored with constructor', () => {
    const makeVerifier = (rules, dayFn) => {
        return new PasswordVerifier(rules, dayFn);
    };

    test('class constructor: on weekends, throws exceptions', () => {
        const alwaysSunday = () => SUNDAY;
        const verifier = makeVerifier([],alwaysSunday);

        expect(() => verifier.verify('anything'))
            .toThrow("It's the weekend!");
    });

    test('class constructor: on weekdays, with no rules, passes', () => {
        const alwaysMonday = () => MONDAY;
        const verifier = makeVerifier([],alwaysMonday);

        const result = verifier.verify('anything');
        expect(result.length).toBe(0);
    });
});
```

注意,它的設計與第 3.4.2 節的工廠函式不同。這個工廠函式位於我們的**測試**中,另一個則在我們的產品程式中。這個工廠函式是為了提升測試的易維護性而設計的,它可以和物件導向和泛函產品程式碼一起運作,因為它隱藏了函式或物件被建立或設置的方式。它是在測試中的抽象層,讓我們可以將函式或物件如何建立或配置的依賴關係集中到測試裡的同一個地方。

3.7.2 注入一個物件而不是一個函式

現在類別建構式以第二個參數來接收一個函式:

```
constructor(rules, dayOfWeekFn) {
    this.rules = rules;
    this.dayOfWeek = dayOfWeekFn;
}
```

我們再朝著物件導向設計邁進一步,使用一個物件而不是一個函式作為參數,這需要做一些重構。

首先，我們要建立一個名為 time-provider.js 的新檔案，這個檔案包含那個依賴 moment.js 的真實物件，物件有一個名為 getDay() 的函式：

```
import moment from "moment";

const RealTimeProvider = () => {
    this.getDay = () => moment().day()
};
```

接下來，我們改變參數的用法，使用一個具有函式的物件：

```
const SUNDAY = 0, MONDAY = 1, SATURDAY = 6;
class PasswordVerifier {
    constructor(rules, timeProvider) {
        this.rules = rules;
        this.timeProvider = timeProvider;
    }

    verify(input) {
        if ([SATURDAY, SUNDAY].includes(this.timeProvider.getDay())) {
            throw new Error("It's the weekend!");
        }
        ...
    }
}
```

最後，我們讓需要 PasswordVerifier 的實例之處都能夠使用預設的 real time provider 來預先設置它。我們透過一個新的 passwordVerifierFactory 函式來實現這件事，需要 verifier 實例的產品程式碼都要使用它：

```
const passwordVerifierFactory = (rules) => {
    return new PasswordVerifier(new RealTimeProvider())
};
```

> **IoC 容器和依賴注入**
>
> 將 PasswordVerifier 和 TimeProvider 結合的方法還有很多種，我選擇手動注入是為了保持簡單。現今的許多框架都能夠設置「將依賴項目注入受測物件」的動作，讓你能夠定義物件是怎麼建構的。Angular 就是這樣的框架。
>
> 如果你使用 Java 的 Spring，或是 C# 的 Autofac 或 StructureMap 等程式庫，你可以使用建構函式注入來輕鬆地配置物件的建構，而不需要製作專

CHAPTER 3　使用 stub 來切斷依賴關係

> 門的函式。這些功能通常被稱為控制反轉（Inversion of Control，IoC）容器或依賴注入（Dependency Injection，DI）容器，本書不使用它們，以避免不必要的細節。不使用它們也能寫出很棒的測試。
>
> 事實上，我通常不在測試中使用 IoC 容器，而是幾乎都用自訂工廠函式來注入依賴項目，因為我發現這會讓測試更容易閱讀和理解。
>
> 即使是針對 Angular 程式的測試，你也不必透過 Angular 的 DI 框架來將依賴項目注入記憶體內的物件，你可以直接呼叫那個物件的建構函式並傳入偽造資料。只要你在工廠函式內做這件事，就不會犧牲易維護性，也不會在測試中添加額外的程式碼，除非它們對測試來說非常重要。

接下來的範例是整段新程式碼。

範例 3.12　注入一個物件

```
import moment from "moment";

const RealTimeProvider = () => {
    this.getDay = () => moment().day()
};

const SUNDAY = 0, MONDAY=1, SATURDAY = 6;
class PasswordVerifier {
    constructor(rules, timeProvider) {
        this.rules = rules;
        this.timeProvider = timeProvider;
    }

    verify(input) {
        if ([SATURDAY, SUNDAY].includes(this.timeProvider.getDay())) {
            throw new Error("It's the weekend!");
        }
        const errors = [];
        // 其他程式碼…
        return errors;
    };
}

const passwordVerifierFactory = (rules) => {
    return new PasswordVerifier(new RealTimeProvider())
};
```

物件導向注入技術

在這種設計裡，我們必須注入一個偽造物件，而不是偽造函式，該如何在測試中做出這種設計？我們會先手動完成這個步驟，讓你知道這不是什麼麻煩的事情，之後再借助於框架，但你會發現，相較於使用框架（例如 Jasmine、Jest 或 Sinon，我們會在第 5 章介紹它們），有時親手編寫偽造物件可讓測試程式更易讀。

首先，在測試檔案中，我們將建立一個新的偽造物件，這個物件的簽章與真實的 time provider 相同，但它可被我們的測試控制。在這個例子裡，我們將使用建構式模式：

```
function FakeTimeProvider(fakeDay) {
    this.getDay = function () {
        return fakeDay;
    }
}
```

> **注意** 如果你採取傾向物件導向的風格，你可以建立一個簡單的類別並讓它繼承一個通用介面，稍後會討論。

接下來，我們在測試中建構 FakeTimeProvider，並將它注入受測的 verifier 中：

```
describe('verifier', () => {
    test('on weekends, throws exception', () => {
        const verifier =
            new PasswordVerifier([], new FakeTimeProvider(SUNDAY));

        expect(()=> verifier.verify('anything'))
            .toThrow("It's the weekend!");
    });
```

下面是完整的測試檔案。

範例 3.13　建立手寫的 stub 物件

```
function FakeTimeProvider(fakeDay) {
    this.getDay = function () {
        return fakeDay;
    }
}

describe('verifier', () => {
```

```
test('class constructor: on weekends, throws exception', () => {
    const verifier =
        new PasswordVerifier([], new FakeTimeProvider(SUNDAY));

    expect(() => verifier.verify('anything'))
        .toThrow("It's the weekend!");
});
});
```

這段程式之所以有效是因為 JavaScript 本質上是一種非常寬鬆的語言，它類似 Ruby 或 Python，可使用鴨子定型（duck typing）。鴨子定型的意思是，如果牠走路像鴨子，叫聲也像鴨子，我們就把它當作鴨子。在這個例子裡，真實物件和偽造物件都實作了相同的函式，即使它們是完全不同的物件。我們可以輕鬆地將其中一個換成另一個，這應該不會讓產品程式碼有任何問題。

當然，我們在執行時才會知道這是否沒問題，以及函數簽章方面是否沒有錯誤或遺漏了什麼。如果我們想要更有信心一點，可以使用更型態安全的方式來嘗試。

3.7.3 提取共用介面

我們還可以更進一步，在使用 TypeScript 或其他強定型語言時（例如 Java 或 C#），使用介面來表示依賴項目扮演的角色。我們可以在編譯器層面上建立真實物件和偽造物件都必須遵守的合約。

首先，我們定義新介面（注意，現在這是 TypeScript 程式碼）：

```
export interface TimeProviderInterface {
    getDay(): number;
}
```

然後在產品程式中定義一個實作介面的真實 time provider：

```
import * as moment from "moment";
import {TimeProviderInterface} from "./time-provider-interface";

export class RealTimeProvider implements TimeProviderInterface {
    getDay(): number {
        return moment().day();
    }
}
```

第三，我們更新 PasswordVerifier 的建構式，使它接收 TimeProviderInterface 型態的依賴關係，而不是使用 RealTimeProvider 參數型態。我們將 time provider 的角色抽象化，並宣告傳入的物件是什麼並不重要，只要它符合這個角色的介面即可：

```
export class PasswordVerifier {
    private _timeProvider: TimeProviderInterface;

    constructor(rules: any[], timeProvider: TimeProviderInterface) {
        this._timeProvider = timeProvider;
    }

    verify(input: string):string[] {
        const isWeekened = [SUNDAY, SATURDAY]
            .filter(x => x === this._timeProvider.getDay())
            .length > 0;
        if (isWeekened) {
            throw new Error("It's the weekend!")
        }
         // 這裡有其他的邏輯
        return [];
    }
}
```

現在我們有一個定義了「鴨子」的樣子的介面，我們可以在測試中實作自己的鴨子。它看起來將很像之前的測試程式，但有一個重大的差異：由編譯器來進行檢查以確保方法簽章的正確性。

下面是在測試檔案中的偽造 time provider：

```
class FakeTimeProvider implements TimeProviderInterface {
    fakeDay: number;
    getDay(): number {
        return this.fakeDay;
    }
}
```

這是我們的測試程式：

```
describe('password verifier with interfaces', () => {
    test('on weekends, throws exceptions', () => {
        const stubTimeProvider = new FakeTimeProvider();
        stubTimeProvider.fakeDay = SUNDAY;
        const verifier = new PasswordVerifier([], stubTimeProvider);
```

```
        expect(() => verifier.verify('anything'))
            .toThrow("It's the weekend!");
    });
});
```

下面的範例是完整的程式。

範例 3.14　在產品程式中提取共同介面

```
export interface TimeProviderInterface { getDay(): number; }

export class RealTimeProvider implements TimeProviderInterface {
    getDay(): number {
        return moment().day();
    }
}

export class PasswordVerifier {
    private _timeProvider: TimeProviderInterface;

    constructor(rules: any[], timeProvider: TimeProviderInterface) {
        this._timeProvider = timeProvider;
    }
    verify(input: string):string[] {
        const isWeekend = [SUNDAY, SATURDAY]
            .filter(x => x === this._timeProvider.getDay())
            .length>0;
        if (isWeekend) {
            throw new Error("It's the weekend!")
        }
        return [];
    }
}

class FakeTimeProvider implements TimeProviderInterface{
    fakeDay: number;
    getDay(): number {
        return this.fakeDay;
    }
}

describe('password verifier with interfaces', () => {
    test('on weekends, throws exceptions', () => {
        const stubTimeProvider = new FakeTimeProvider();
        stubTimeProvider.fakeDay = SUNDAY;
        const verifier = new PasswordVerifier([], stubTimeProvider);
```

```
        expect(() => verifier.verify('anything'))
            .toThrow("It's the weekend!");
    });
});
```

我們已經從純泛函設計徹底轉變成強定型的物件導向設計了。哪一種設計最適合你的團隊和專案？這個問題沒有唯一的答案。我會在第 8 章討論更多關於設計的內容。我在這裡想要傳達的主要是，無論你最終選擇哪種設計，注入模式基本上都相同，只是會用不同的詞彙或語言功能來實現。

注入使我們能夠模擬在現實中幾乎無法測試的情況，這就是 stub 概念最吸引人的地方。我們可以指示 stub 回傳偽造值，甚至模擬程式中的例外，以檢查它如何處理由於依賴項目而引起的錯誤。注入使得這一切得以實現，也使得測試更具可重複性、一致性和可靠性，我會在本書的第三部分討論可靠性。在下一章，我們將討論 mock 物件，並瞭解它們與 stub 有何不同。

摘要

- 測試替身（*test double*）是一個統稱，它是指測試裡各種不適用於生產環境的偽造依賴項目。測試替身有五種變體，可以分成兩大類：*mock* 和 *stub*。

- *mock* 可幫助你模擬和檢查外出依賴項目，這種依賴項目代表工作單元的退出點。受測系統（SUT）會呼叫外出依賴項目以改變它們的狀態。*stub* 可幫助模擬入內依賴項目，SUT 會呼叫這些依賴項目以取得輸入資料。

- stub 可以幫助你將不可靠的依賴項目換成偽造的、可靠的依賴項目，從而避免測試不可靠。

- 將 stub 注入工作單元的方法有很多種：
  — 函式即參數──注入一個函式，而不是一般的值。
  — 部分應用（*currying*）和工廠函式──建立一個回傳另一個函式的函式，並在它回傳的函式裡加入一些背景資訊。那些背景資訊可能包括你用 stub 來替換的依賴項目。

- 模組注入──將模組換成具有相同 API 的偽造模組。這種方法很脆弱。如果被偽造的模組的 API 改變了，你可能要做大量的重構。
- 建構函式──這基本上與部分應用相同。
- 類別建構函式注入──這是一種常見的物件導向技術，它透過建構函式來注入依賴項目。
- 物件即參數（即鴨子定型）──在 JavaScript 中，你可以在需要之處注入任何依賴項目，只要那個依賴項目實作了相同的函式即可。
- 通用介面即參數──與物件即參數相同，但涉及編譯期檢查。這種做法需要使用強定型語言，例如 TypeScript。

使用 mock 物件來進行互動測試

本章內容
- 定義互動測試
- 使用 mock 物件的原因
- 注入和使用 mock
- 處理複雜的介面
- 部分 mock

在上一章，我們知道如何測試必須依賴其他物件才能正確運行的程式碼。我們使用 stub 來確保受測程式收到所需的所有輸入，以便獨立地測試工作單元。

我們截至目前為止寫出來的測試只針對工作單元的三類退出點之中的兩類：**回傳一個值和改變系統狀態**（你可以在第 1 章複習關於這些類型的更多內容）。在本章中，我們將看看如何測試第三類退出點——呼叫第三方函式、模組或物件。這很重要，因為程式經常依賴我們無法控制的事物，瞭解如何檢查這類程式是單元測試領域的重要技能。基本上，我們將設法證明工作單元最終呼叫了一個我們無法控制的函式，並確認有哪些值被當成引數來傳送。

我們到目前為止討論的方法對於第三類退出點都行不通，因為第三方函式通常沒有專門的 API 可以讓你檢查它們是否被正確呼叫。反之，它們為了維持清晰度和易維護性而將操作內部化。那麼，如何檢查工作單元是否與第三方函式正確地互動？答案是使用 mock。

4.1 互動測試、mock 和 stub

*互動測試*就是檢查一個工作單元如何與控制範圍之外的依賴項目互動與發送訊息（即呼叫函式）。我們用 mock 函式或物件來斷言那一個針對外部依賴項目的呼叫是正確的。

回顧一下 mock 和 stub 之間的差異，這些內容已經在第 3 章討論過了。它們之間的主要差異在於資訊的流動方向：

- *mock*——用來斷開外出依賴關係。mock 是偽造模組、偽造物件或偽造函式，我們會在測試中斷言它有被呼叫的。mock 代表單元測試的*退出點*，如果我們沒有斷言它，它就沒有被當成 mock。

  考慮到易維護性和易讀性，通常每一個測試都不會有超過一個 mock（我們會在本書的第三部分進一步討論如何編寫易維護的測試）。

- *stub*——用來切斷向內的依賴關係。stub 是偽造模組、偽造物件或偽造函式，它為受測程式碼提供偽造行為或偽造資料。我們不對它們進行斷言，在一個測試裡可以有許多 stub。

  因為資料或行為流入工作單元，stub 代表 waypoint（中繼站、航點），而不是退出點。它們是互動點，但不代表工作單元的最終結果，而是在到達我們關心的最終結果的*過程中*的互動點，所以我們不將它們視為退出點。

圖 4.1 是兩者的對比。

我們來看一個簡單的例子，它是前往我們無法控制的依賴項目的退出點：呼叫一個 logger。

依賴 logger   103

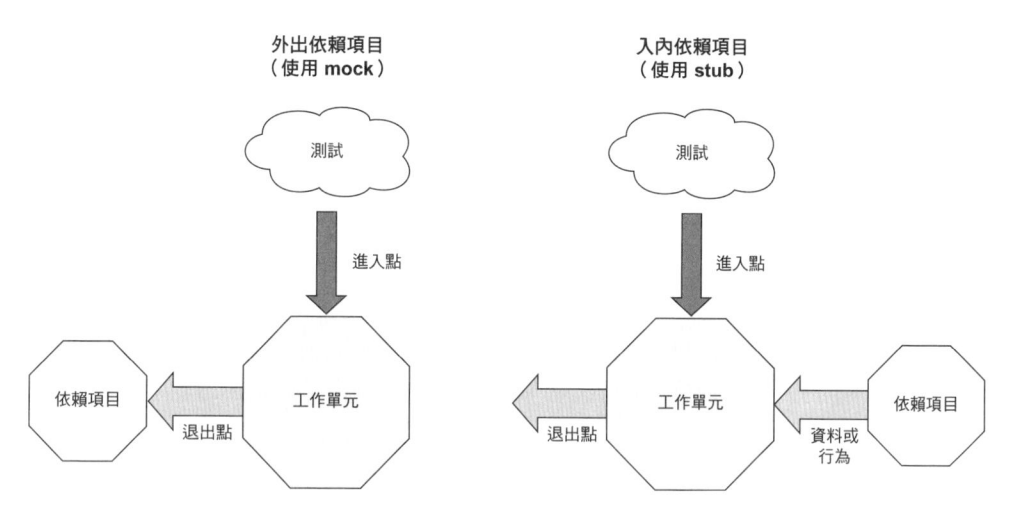

圖 4.1 在左圖裡，退出點被做成呼叫一個依賴項目。在右圖裡，依賴項目提供間接的輸入或行為，它不是退出點。

4.2 依賴 logger

我們將這個 Password Verifier 函式當成起始範例。假設有一個複雜的 logger（它是有更多函式和參數的 logger，因此介面處理起來可能比較麻煩）。我們的函式有一個需求：在驗證成功或失敗時呼叫 logger，如下所示。

範例 4.1 直接依賴複雜的 logger

```
// 不可能使用傳統的注入技術來偽造
const log = require('./complicated-logger');

const verifyPassword = (input, rules) => {
  const failed = rules
    .map(rule => rule(input))
    .filter(result => result === false);
  if (failed.count === 0) {
    // 使用傳統的注入技術來測試
    log.info('PASSED');
    return true; //
  }
  // 不可能使用傳統的注入技術來測試
  log.info('FAIL'); //
  return false; //
};
```

退出點

```
const info = (text) => {
    console.log(`INFO: ${text}`);
};
const debug = (text) => {
    console.log(`DEBUG: ${text}`);
};
```

我們用圖 4.2 來說明這段程式。verifyPassword 函式是工作單元的進入點，退出點總共有兩個：一個回傳值，另一個呼叫 log.info()。

```
                    verifyPassword(input, rules)
         回傳值
                    ┌─────────┐
                    │Password │
                    │verifier │
                    └─────────┘
                         第三方
                    log.info(text)
```

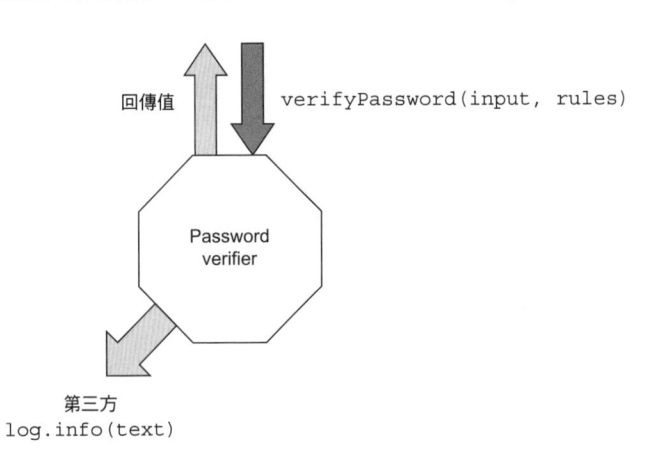

圖 4.2 Password Verifier 的進入點是 verifyPassword 函式。它有一個退出點回傳值，另一個退出點呼叫 log.info()。

不幸的是，我們無法使用任何傳統的手段來確認 logger 是否被呼叫，或可能必須使用一些 Jest 技巧才行，我通常只會在別無選擇的情況下才使用那些技巧，因為它們往往使得測試難以閱讀和維護（本章稍後會進一步討論）。

接著來做我們喜歡對依賴項目做的事情：**將它們抽象化**。有很多方法可以在程式中建立 seam。別忘了，*seam* 是兩段程式碼接觸的地方，我們可以使用它們來注入偽造物。表 4.1 列出將依賴項目抽象化的常見方法。

表 4.1　注入偽造物（fake）的技術

風格	技術
標準	使用參數
泛函	使用 currying 轉換成更高階的函式
模組	將模組依賴關係抽象化
物件導向	注入未明確定義型態的物件 注入介面

4.3　標準風格：參數重構

這趟旅程最明顯的路線是為受測程式碼加入一個新參數。

範例 4.2　mock logger 參數注入

```
const verifyPassword2 = (input, rules, logger) => {
    const failed = rules
        .map(rule => rule(input))
        .filter(result => result === false);

    if (failed.length === 0) {
        logger.info('PASSED');
            return true;
    }
    logger.info('FAIL');
    return false;
};
```

下面的範例展示如何為它寫出最簡單的測試，我們使用簡單的 closure 機制。

範例 4.3　手寫 mock 物件

```
describe('password verifier with logger', () => {
    describe('when all rules pass', () => {
        it('calls the logger with PASSED', () => {
            let written = '';
            const mockLog = {
                info: (text) => {
                    written = text;
```

}
						};

						verifyPassword2('anything', [], **mockLog**);

						expect(**written**).toMatch(/PASSED/);
					});
				});
			});

首先注意，我們將變數命名為 mockXXX（在此範例中為 mockLog），以表示測試中有一個 mock 函式或物件。我使用這種命名規則是因為我希望身為測試讀者的你能夠預期，在測試結束時，會有一個針對該 mock 物件的斷言（也稱為驗證，*verification*）。這種命名方法可以避免讓讀者感到意外，並讓測試更可被預測。只是這種命名方式只能在東西是貨真價實的 mock 時使用。

這是我們的第一個 mock 物件：

```
let written = '';
const mockLog = {
    info: (text) => {
        written = text;
    }
};
```

它只有一個函式，該函式模仿 logger 的 info 函式的簽章。然後它會儲存它收到的參數（text），以便在測試中斷言它已被呼叫。如果 written 變數有正確的文字，那就證明了函式已被呼叫，這意味著我們證明了退出點被單元測試正確地呼叫。

在 verifyPassword2 這邊，我們所做的重構很一般，跟我們在上一章所做的差不多，我們提取了一個 *stub* 作為依賴項目。在進行重構，以及為應用程式碼加入 seam 時，我們經常以相同的方式來處理 stub 和 mock。

這樣簡單地重構成參數帶來什麼好處？

- 我們不再需要在受測程式中明確地匯入（透過 require）logger 了。這意味著如果我們以後更改 logger 的真實依賴項目，受測程式將會少一個修改的理由。

- 現在可以將我們選擇的**任何** logger 注入受測程式碼中，只要它符合相同的介面（即至少具有 info 方法）。這意味著我們可以提供一個 mock logger 來幫我們做事：mock logger 可以幫助我們確認它是否被正確呼叫。

> **注意** 我們的 mock 物件只模仿 logger 的介面的一部分（它缺少 debug 函式），這是一種鴨子定型。我曾經在第 3 章討論過這個概念：如果牠走路像鴨子，叫聲也像鴨子，我們就可以將它當成一個偽造物件來使用。

4.4 區分 mock 和 stub 的重要性

為什麼我如此在乎每一個東西的名稱？如果我們無法區分 mock 和 stub，或沒有正確地為它命名，我們寫出來的測試程式可能會測試多個東西，這種測試難以閱讀和維護。正確地命名可協助我們避開這些陷阱。

由於 mock 代表工作單元的需求（「它呼叫 logger」、「它送出一封 email」等），而 stub 代表進入的資訊或行為（「資料庫查詢回傳 false」、「這個特定配置丟出錯誤」），我們可以擬出一條簡單的經驗法則：在一個測試中可以有多個 stub，但是在一個測試中通常不能有超過**一個** *mock*，因為這意味著你在一個測試中測試超過一個需求。

如果你無法（或不願意）區分不同的事情（命名是關鍵），你可能會讓一個測試有多個 mock，或斷言你的 stub，這兩件事對測試都不好。以一致的方式來命名可帶來以下的好處：

- **易讀性**──若非如此，你的測試名稱將變得更籠統且難以理解許多。你希望別人只要看到測試的名稱就知道測試內發生的所有事情，或它裡面測試的東西，而不需要閱讀測試的程式碼。

- **易維護性**──如果你不區分 mock 和 stub，你可能在不經意間或毫不在乎地斷言 stub，這對你而言幾乎沒有任何價值，而且會增加測試與內部產品程式碼之間的耦合。「斷言你已經查詢資料庫了」就是一個很好的例子，與其檢查資料庫的查詢是否回傳某個值，不如檢查更改資料庫的輸入之後，應用程式的行為是否發生變化。

- 可信度：如果在單一測試中有多個 mock（需求），且第一個 mock 驗證失敗了，大多數測試框架都不會執行測試的其餘部分（在失敗的斷言以下的程式碼），因為有例外被丟出來了。這意味著其他 mock 未被驗證，你不會得到它們的結果。

我們更深入解釋最後一點，想像有一位醫生只看到病人的 30%的症狀，但他仍然需要做出決策——他們可能做出錯誤的醫療決定。如果你看不到所有的 bug 在哪裡，或是看不出有兩件事失敗，而不是只有一件事（因為其中一件事在第一件事失敗之後被隱藏了），你更有可能會去修正錯誤的問題，或在錯誤的地方進行修正。

Gerard Meszaros 在《*XUnit Test Patterns*》（Addison-Wesley，2007）一書中，將這種情況稱為斷言輪盤（*Assertion Roulette*）（*http://xunitpatterns.com/Assertion%20Roulette.html*）。我喜歡這個名稱，因為這就像賭博，你會將一些測試程式碼改成註解，然後就會發生很多有趣的事情（可能還會伴隨著酒精）。

> **並非所有東西都是 mock**
>
> 很遺憾的是，大眾仍然傾向使用「mock」一詞來代表任何非真實的東西，例如「mock 資料庫」或「mock 服務」。在多數情況下，他們指的其實是 stub。
>
> 但你很難怪罪他們。Mockito、jMock 和大多數分隔框架（我不稱它們為 mocking 框架，原因正如現在討論的）皆使用「mock」一詞來表示 mock 和 stub。
>
> 有一些新框架，例如 JavaScript 的 Sinon 和 testdouble、.NET 的 NSubstitute 和 FakeItEasy 等，都已經開始改變命名規則了，希望這種改變能持續下去。

4.5 模組化風格的 mock

我在上一章中介紹了模組化依賴注入，現在要來看看如何用它來注入 mock 物件，並用它們來模擬答案（answer）。

4.5.1 產品程式碼範例

我們來看一個比之前的範例複雜一些的範例。在這個情境中，我們的 verifyPassword 函式依賴兩個外部依賴項目：

- 一個 logger
- 一個組態設定服務

組態設定服務提供所需的 logging 級別。通常這種程式碼會被移到一個特殊的 logger 模組中，但為了示範目的，我將呼叫 logger.info 和 logger.debug 的邏輯直接放在受測程式碼中。

範例 4.4 硬模組化依賴項目

```javascript
const { info, debug } = require("./complicated-logger");
const { getLogLevel } = require("./configuration-service");

const log = (text) => {
  if (getLogLevel() === "info") {
    info(text);
  }
  if (getLogLevel() === "debug") {
    debug(text);
  }
};

const verifyPassword = (input, rules) => {
  const failed = rules
    .map((rule) => rule(input))
    .filter((result) => result === false);

  if (failed.length === 0) {
    log("PASSED");          ◀──┐
    return true;               │
  }                            ├── 呼叫 logger
  log("FAIL");            ◀──┘
  return false;
};

module.exports = {
  verifyPassword,
};
```

假設我們在呼叫 logger 時意識到有 bug。我們已經更改檢查失敗的方法了，現在當失敗數量是正數時，我們用 PASSED 來呼叫 logger，而不是當失敗數量是零時。如何透過單元測試來證明這個 bug 的存在，或它已被修復了？

我們的問題在於，我們在程式碼中直接 import（或 require）模組。如果要替換 logger 模組，就必須替換檔案，或透過 Jest 的 API 來執行其他的黑魔法，我通常不建議這麼做，因為使用這些技術會在處理程式碼時造成更多痛苦和麻煩。

4.5.2 以模組化注入風格來重構產品程式碼

我們可以將模組依賴項目抽象化至它們自己的物件中，並讓模組的使用者替換該物件，如下所示。

範例 4.5　重構為模組化注入模式

```javascript
const originalDependencies = {          // 保留原始依賴項目
    log: require('./complicated-logger'),
};
                                         // 間接層
let dependencies = { ...originalDependencies };

const resetDependencies = () => {
    dependencies = { ...originalDependencies };   // 重設依賴項目的函式
};

const injectDependencies = (fakes) => {
    Object.assign(dependencies, fakes);           // 覆寫依賴項目的函式
};

const verifyPassword = (input, rules) => {
    const failed = rules
        .map(rule => rule(input))
        .filter(result => result === false);

    if (failed.length === 0) {
        dependencies.log.info('PASSED');
        return true;
    }
    dependencies.log.info('FAIL');
    return false;
};
```

```
module.exports = {
    verifyPassword,
    injectDependencies,
    resetDependencies
};
```
將 API 公開給模組的使用者

這裡有更多產品程式碼，而且看起來更複雜，但如果我們被迫以這種模組化的方式來工作，這種做法讓我們能夠在測試中以相對簡單的方式替換依賴項目。

`originalDependencies` 變數會持續保留原始的依賴項目，所以它們不會在每一次測試之間遺失。`dependencies` 是間接層，在預設情況下，它是原始依賴項目，但測試程式可以指引受測程式碼將那個變數換成自訂依賴項目（不需要瞭解關於模組內部結構的任何事情）。`injectDependencies` 和 `resetDependencies` 是模組公開的公用 API，用於覆寫和重設依賴項目。

4.5.3 使用模組化注入的測試範例

下面是模組化注入測試程式的樣子。

範例 4.6　使用模組化注入的測試程式

```
const {
  verifyPassword,
  injectDependencies,
  resetDependencies,
} = require("./password-verifier-injectable");

describe("password verifier", () => {
  afterEach(resetDependencies);

  describe("given logger and passing scenario", () => {
    it("calls the logger with PASS", () => {
      let logged = "";
      const mockLog = { info: (text) => (logged = text) };
      injectDependencies({ log: mockLog });

      verifyPassword("anything", []);

      expect(logged).toMatch(/PASSED/);
    });
  });
});
```

現在只要記得在每一個測試之後使用 resetDependencies 函式，就可以相對輕鬆地注入模組以便測試。顯然需要注意的是，當你使用這種做法時，每一個模組都必須公開 inject 和 reset 函式，讓它們可在外面使用，這種做法可能和你目前的設計限制相容，也可能不相容，但如果相容，你可以將它們抽象化，做成可以重複使用的函式，以省去大量的樣板碼。

4.6 泛函風格的 mock

接著來看有哪些泛函風格的方法可以將 mock 注入受測程式中。

4.6.1 使用 currying 風格

我們來實作第 3 章介紹的 currying 技術，用泛函的風格來注入 logger。在下面的範例中，我們將使用 lodash，它是在 JavaScript 中方便進行泛函設計的程式庫，可讓你不需要太多樣板碼即可實現 currying。

範例 4.7　對函式應用 currying

```
const verifyPassword3 = _.curry((rules, logger, input) => {
    const failed = rules
        .map(rule => rule(input))
        .filter(result => result === false);
    if (failed.length === 0) {
        logger.info('PASSED');
        return true;
    }
    logger.info('FAIL');
    return false;
});
```

唯一的改變是在第一行呼叫 _.curry，並在程式碼區塊的結尾關閉它。

下面的範例展示這種程式碼的測試程式可能的樣子。

範例 4.8　使用依賴注入來測試採用 currying 的函式

```
describe("password verifier", () => {
  describe("given logger and passing scenario", () => {
    it("calls the logger with PASS", () => {
      let logged = "";
      const mockLog = { info: (text) => (logged = text) };
      const injectedVerify = verifyPassword3([], mockLog);
```

```
            // 這個套用一部分的函式可以傳給
            // 程式中的其他地方，
            // 而不需要注入 logger
            injectedVerify("anything");

            expect(logged).toMatch(/PASSED/);
        });
    });
});
```

我們的測試使用前兩個引數來呼叫函式（注入 rules 和 logger 依賴項目，回傳一個部分套用的函式），然後使用最終輸入來呼叫回傳的函式 injectedVerify，讓讀者知道兩件事：

- 這個函式在現實中如何使用
- 依賴項目是什麼

此外，它與之前的測試基本相同。

4.6.2 使用高階函式而不進行 currying

範例 4.9 是泛函設計的另一種變體。我們使用一個高階函式，但沒有做 currying。你可以看到下面的程式碼沒有 currying，因為我們一定要將所有參數當成函式的引數傳入，使函式能夠正確運行。

範例 4.9　將 mock 注入高階函式

```
const makeVerifier = (rules, logger) => {            ◀── 回傳預先設置的
    return (input) => {                                    驗證函式
        const failed = rules
            .map(rule => rule(input))
            .filter(result => result === false);

        if (failed.length === 0) {
            logger.info('PASSED');
            return true;
        }
        logger.info('FAIL');
        return false;
    };
};
```

這次我明確地製作一個工廠函式，讓它回傳一個預先設置的驗證函式，該函式的 closure 的依賴項目中已經有 rules 和 logger 了。

接著來看看它的測試程式。測試要先呼叫 makeVerifier 工廠函式，然後呼叫該函式回傳的函式（passVerify）。

範例 4.10　使用工廠函式來測試

```
describe("higher order factory functions", () => {
  describe("password verifier", () => {
    test("given logger and passing scenario", () => {
      let logged = "";
      const mockLog = { info: (text) => (logged = text) };
      const passVerify = makeVerifier([], mockLog);      ← 呼叫工廠函式

      passVerify("any input");       ← 呼叫結果函式

      expect(logged).toMatch(/PASSED/);
    });
  });
});
```

4.7　物件導向風格的 mock

看了泛函風格和模組風格之後，接著來看看物件導向風格。具有物件導向背景的人將對這類方法備感親切，來自函式背景的人則可能不太喜歡它。但人生就是要接受個別差異。

4.7.1　重構產品程式碼以便注入

範例 4.11 展示這種類型的注入在 JavaScript 類別設計中的樣貌。類別有建構式，我們使用建構式來強迫類別的呼叫方提供參數。這不是唯一的實現方法，但在物件導向設計中很常見且很有用，因為它明確地表達「提供這些參數」的要求，而且在 Java 或 C 這類的強定型語言中，以及在使用 TypeScript 時，這種要求幾乎無法拒絕。我們想要確保程式碼的使用者都知道「該提供什麼內容才能正確地配置它」。

範例 4.11　基於類別的建構式注入

```
class PasswordVerifier {
  _rules;
  _logger;

  constructor(rules, logger) {
    this._rules = rules;
    this._logger = logger;
  }

  verify(input) {
    const failed = this._rules
        .map(rule => rule(input))
        .filter(result => result === false);

    if (failed.length === 0) {
      this._logger.info('PASSED');
      return true;
    }
    this._logger.info('FAIL');
    return false;
  }
}
```

這是一個標準的類別，它接受幾個建構式參數，然後在 verify 函式中使用它們。下面的範例展示測試可能的樣貌。

範例 4.12　用建構式參數來注入 mock logger

```
describe("duck typing with function constructor injection", () => {
  describe("password verifier", () => {
    test("logger&passing scenario,calls logger with PASSED", () => {
      let logged = "";
      const mockLog = { info: (text) => (logged = text) };
      const verifier = new PasswordVerifier([], mockLog);
      verifier.verify("any input");

      expect(logged).toMatch(/PASSED/);
    });
  });
});
```

注入 mock 很簡單，很像在上一章使用 stub 時那樣。如果我們使用的是屬性而不是建構式，那就意味著這些依賴項目是**選擇性的**，使用建構式可以明確地表示它們不是選擇性的。

在 Java 或 C# 這樣的強定型語言中，我們通常將偽造的 logger 提取成獨立的類別，如下所示：

```
class FakeLogger {
  logged = "";

  info(text) {
    this.logged = text;
  }
}
```

我們只在類別中實作 info 函式，但這次不 log 任何東西，而是將函式參數值存入一個公開可見的變數中，以便在測試中再次斷言。

注意，我沒有將偽造物件命名為 MockLogger 或 StubLogger，而是 FakeLogger，以便在多個不同的測試中重複使用這個類別。在某些測試中，它可能被當成 stub 來使用，在其他測試中，它可能被當成 mock 物件。我使用「fake（偽造的）」來表示任何非**真實**的東西，另一個常見的詞是「test double」，但 fake 較簡短，所以我喜歡它。

在測試裡，我們會將這個類別實例化，並用建構式參數來傳遞它，然後斷言類別的 logged 變數，如下所示：

```
test("logger + passing scenario, calls logger with PASSED", () => {
  let logged = "";
  const mockLog = new FakeLogger();
  const verifier = new PasswordVerifier([], mockLog);
  verifier.verify("any input");

  expect(mockLog.logged).toMatch(/PASSED/);
});
```

4.7.2 使用介面注入來重構產品程式碼

介面在許多物件導向程式中扮演重要的角色，它們是**多型**的變體，多型的意思是只要物件實作相同的介面，它們就可以互相替換。在 JavaScript 和 Ruby 之類的語言中，介面並非必需，因為那些語言支援鴨子定型的概念，不需要將物件轉換為特定的介面。在此不討論鴨子定型的優缺點，你要具備視需要使用任何技術的能力，在你選擇的語言中進行操作。在 JavaScript 中，我們可以透過 TypeScript 來使用介面。編譯器或轉譯器可確保我們確實根據型態的簽章來正確地使用它們。

在範例 4.13 裡面有三個程式碼檔案，第一個描述新的 ILogger 介面，第二個描述一個實作該介面的 SimpleLogger，第三個是我們的 PasswordVerifier，它僅使用 ILogger 介面來取得 logger 實例。PasswordVerifier 完全不知道被注入的 logger 的實際型態。

範例 4.13　產品程式碼有一個 ILogger 介面

```
export interface ILogger {         新介面，它是
    info(text: string);            產品程式碼的
}                                  一部分

// 這個類別可能有檔案或網路依賴項目
class SimpleLogger implements ILogger {    ← 現在 logger
    info(text: string) {                     實作該介面
    }
}

export class PasswordVerifier {
    private _rules: any[];
    private _logger: ILogger;

    constructor(rules: any[], logger: ILogger) {    ← 現在 verifier
        this._rules = rules;                          使用介面
        this._logger = logger;                      ←
    }

    verify(input: string): boolean {
        const failed = this._rules
            .map(rule => rule(input))
            .filter(result => result === false);

        if (failed.length === 0) {
            this._logger.info('PASSED');
            return true;
        }
        this._logger.info('FAIL');
        return false;
    }
}
```

注意，產品程式碼有幾項改變。我在產品程式碼中加入一個新介面，且既有的 logger 現在實作這個介面。我改變了設計，讓 logger 可以替換。另外，PasswordVerifier 類別使用的是介面，而不是 SimpleLogger 類別，所以我們可以將 logger 類別的實例換成偽造的，避免與真的 logger 有硬性依賴關係。

下面的範例展示在強定型語言中，使用手寫的偽造物件並讓它實作 ILogger 介面寫出來的測試。

範例 4.14　注入手寫的 mock ILogger

```
class FakeLogger implements ILogger {
    written: string;
    info(text: string) {
        this.written = text;
    }
}
describe('password verifier with interfaces', () => {
    test('verify, with logger, calls logger', () => {
        const mockLog = new FakeLogger();
        const verifier = new PasswordVerifier([], mockLog);

        verifier.verify('anything');

        expect(mockLog.written).toMatch(/PASS/);
    });
});
```

在這個範例中，我建立一個名為 FakeLogger 的手寫類別。它的任務只是覆寫 ILogger 介面中的一個方法，並保存 text 參數以供日後斷言。然後將這個值作為 written 類別中的一個欄位公開。公開這個值之後，我們就可以藉著檢查該欄位來驗證偽造 logger 是否被呼叫過。

這是手動進行的，因為我想讓你看到，即使在物件導向的領域中，這些模式也會重複出現。我們擁有一個 mock 物件，而不是擁有 mock 函式，但是程式碼和測試程式的運作方式與之前的範例一樣。

> **介面的命名規範**
>
> 我採用的命名規範是在 logger 介面的開頭加上「I」，因為它會被用於多型目的（亦即，我用它來將系統裡的一個角色抽象化）。TypeScript 的介面不一定都這樣命名，例如在使用介面來定義一組參數的結構時（基本上將它們當成強定型的結構來使用），我認為不加「I」比較合理。
>
> 目前你可以這樣想：如果你打算多次實作一個介面，你就要在開頭加上「I」，以明確地表達介面的預期用途。

4.8 處理複雜的介面

當介面更複雜，例如它不是只有一兩個函式，或每個函式不是只有一兩個參數時，會發生什麼情況？

4.8.1 複雜介面範例

範例 4.15 就是這種複雜的介面，它以介面的形式來注入複雜的 logger，讓產品程式 verifier 使用它。IComplicatedLogger 介面有四個函式，每一個函式有一個或多個參數。在測試中，我們必須偽造每一個函式，這可能讓程式碼和測試更複雜、更難維護。

範例 4.15　使用更複雜的介面（產品程式碼）

```
export interface IComplicatedLogger {          ◄── 新介面，它是產品
    info(text: string)                             程式碼的一部分
    debug(text: string, obj: any)
    warn(text: string)
    error(text: string, location: string, stacktrace: string)
}

export class PasswordVerifier2 {
    private _rules: any[];
    private _logger: IComplicatedLogger;       ◄── 這個類別
                                                   現在使用
    constructor(rules: any[], logger: IComplicatedLogger) {  ◄── 新介面
        this._rules = rules;
        this._logger = logger;
    }
...
}
```

如你所見，新的 IComplicatedLogger 介面將成為產品程式碼的一部分，它讓 logger 可以替換。我省略了真實 logger 的實作，因為它與範例無關。這就是使用介面來進行抽象的好處：我們不需要直接參考它們。還要注意的是，類別的建構式預期的參數是 IComplicatedLogger 介面，所以我們可以像之前一樣，將 logger 類別的實例換成假的實例。

4.8.2 使用複雜的介面來編寫測試

這是測試的樣子，它必須覆寫每一個介面函式，這會產生冗長且礙眼的樣板碼。

範例 4.16　使用複雜的 logger 介面來測試程式

```
describe("working with long interfaces", () => {
  describe("password verifier", () => {
    class FakeComplicatedLogger             ｜實作了新介面的偽造
        implements IComplicatedLogger {     ｜logger 類別
      infoWritten = "";
      debugWritten = "";
      errorWritten = "";
      warnWritten = "";

      debug(text: string, obj: any) {
        this.debugWritten = text;
      }

      error(text: string, location: string, stacktrace: string) {
        this.errorWritten = text;
      }

      info(text: string) {
        this.infoWritten = text;
      }

      warn(text: string) {
        this.warnWritten = text;
      }
    }
    ...

    test("verify passing, with logger, calls logger with PASS", () => {
      const mockLog = new FakeComplicatedLogger();

      const verifier = new PasswordVerifier2([], mockLog);
      verifier.verify("anything");

      expect(mockLog.infoWritten).toMatch(/PASSED/);
    });

    test("A more JS oriented variation on this test", () => {
      const mockLog = {} as IComplicatedLogger;
      let logged = "";
      mockLog.info = (text) => (logged = text);
```

```
        const verifier = new PasswordVerifier2([], mockLog);
        verifier.verify("anything");

        expect(logged).toMatch(/PASSED/);
      });
   });
});
```

在這裡，我們再次宣告一個偽造 logger 類別（FakeComplicatedLogger），它實作了 IComplicatedLogger 介面。看看樣板碼有多少，如果我們使用強定型的物件導向語言，例如 Java、C# 或 C++，這種情況會特別明顯，這些樣板碼問題有幾種方法可以解決，下一章會討論。

4.8.3 直接使用複雜介面的缺點

在測試中使用冗長、複雜的介面還有其他缺點：

- 如果你手動保存傳來的引數，那麼在多個方法和呼叫中驗證多個引數將很不方便。

- 你很可能依賴第三方介面而不是內部介面，久而久之，這會讓測試更加脆弱。

- 即使你依賴內部介面，冗長的介面也有其他改變的理由，測試也會因而改變。

這對我們來說意味著什麼？我強烈建議僅使用滿足以下兩個條件的偽造介面：

- 你可以控制這些介面（它們不是由第三方製作的）。

- 它們符合你的工作單元或組件的需求。

4.8.4 介面隔離原則

上面的第二個條件需要進一步解釋。它與**介面隔離原則**（*interface segregation principle*，ISP）有關（*https://en.wikipedia.org/wiki/Interface_segregation_principle*）。ISP 的意思是，如果一個介面裡面的功能比你需要的還要多，你應該建立一個更簡單的小配接（adapter）介面，裡面只有你需要的功能，最好讓它的函式更少、使用更好的名稱和更少參數。

這會讓你的測試簡單得多。將真實的依賴項目抽象化之後，複雜的介面改變時，你不需要改變測試，只要改變位於某處的一個配接類別檔案即可。我們會在第 5 章中看到這方面的範例。

4.9 部分 mock

在 JavaScript 和大多數其他語言及其相關的測試框架中，我們可以接管現有的物件和函式，並且「spy（監視）」它們，因而可以檢查它們是否被呼叫、被呼叫了多少次，以及使用了哪些引數。

基本上，這可以將真實物件的一部分轉換為 mock 函式，同時以真實物件的形式來保留物件的其餘部分。雖然這可能會產生更複雜且更脆弱的測試，但有時是可行的選擇，特別是在處理遺留碼時（詳見第 12 章關於遺留碼的內容）。

4.9.1 部分 mock 的泛函範例

下面的範例展示這種測試可能長怎樣。我們建立了真的 logger，然後使用自訂的函式來覆蓋它的現有真實函式之一。

範例 4.17　部分 mock 範例

```
describe("password verifier with interfaces", () => {
  test("verify, with logger, calls logger", () => {
    const testableLog: RealLogger = new RealLogger();    ◄── 實例化一
    let logged = "";                                          個真實的
                                                              logger
    testableLog.info = (text) => (logged = text);        ◄── mock 其中
                                                              一個函式
    const verifier = new PasswordVerifier([], testableLog);
    verifier.verify("any input");

    expect(logged).toMatch(/PASSED/);
  });
});
```

在這個測試中，我實例化一個 RealLogger，並在下一行用一個偽造的函式來取代它的一個現有函式。更具體地說，我使用了一個讓我可以使用自訂變數來追蹤最新呼叫參數的 mock 函式。

重點在於，`testableLog` 變數是一個*部分 mock*（*partial mock*）。這意味著它的內部實作至少有一部分不是偽造的，可能存在真實的依賴項目和邏輯。

部分 mock 有時是有意義的，尤其是在處理遺留碼時，你可能需要將某些既有程式碼與它的依賴項目隔開。我會在第 12 章詳細討論這個主題。

4.9.2 物件導向的部分 mock 範例

物件導向的部分 mock 版本使用繼承來覆寫真實類別裡的函式，讓我們可以驗證它們是否被呼叫。下面的範例展示如何在 JavaScript 中使用繼承和覆寫來做這件事。

範例 4.18　物件導向的部分 mock 範例

```
class TestableLogger extends RealLogger {    ◀── 從真實 logger 繼承
  logged = "";
  info(text) {
    this.logged = text;       覆寫它的一個函式
  }
  // error() 與 debug() 函式
  // 仍然是「真的」
}

describe("partial mock with inheritance", () => {
  test("verify with logger, calls logger", () => {
    const mockLog: TestableLogger = new TestableLogger();

    const verifier = new PasswordVerifier([], mockLog);
    verifier.verify("any input");

    expect(mockLog.logged).toMatch(/PASSED/);
  });
});
```

我在測試中繼承了真實的記錄器類別，然後在測試中使用這個繼承的類別，而不是使用原始類別。這種技術通常稱為 Extract and Override（提取並覆寫），你可以在 Michael Feathers 的書《Working Effectively with Legacy Code》（Pearson，2004）中找到更多相關內容。

注意，我將偽造的 logger 類別命名為「TestableXXX」，因為它是實際的產品程式碼的可測試版本，包含偽造的和真實的程式碼，這個命名規範可協助程式讀者知道這件事。我也將這個類別與我的測試放在一起。我的產品程式碼不需要知道這個類別的存在。在使用這種 Extract and Override 風格時，我的產品程式碼裡面的類別必須允許繼承，函式也必須允許覆寫，在 JavaScript 裡，這不成問題，但是在 Java 和 C# 中，它們是必須明確決定的設計選項（但有一些框架可以讓你繞過這條規則，下一章會討論它們）。

在目前的情境下，我們繼承一個我們未直接測試的類別（RealLogger），並使用該類別來測試另一個類別（PasswordVerifier）。然而，這種技術可以非常有效地孤立並 stub 或 mock 你直接測試的類別中的單一函式。在本書稍後，當我們討論遺留碼和重構技術時，會更詳細地討論這個主題。

摘要

- 互動測試是檢查工作單元如何與外部依賴項目互動的方法，也就是它進行了哪些呼叫，以及使用了哪些參數。互動測試與第三類退出點有關（前兩類是回傳值和狀態變更），即第三方模組、物件或系統。

- 要進行互動測試，你應該使用 *mock*，它們是代替外出依賴項目的測試替身。*stub* 則代替入內依賴項目。在測試中，你應該驗證與 mock 的互動，但不應該驗證與 stub 的互動。與 mock 不同的是，與 stub 的互動是實作細節，不該檢查。

- 在一個測試裡可以有多個 stub，但是在一個測試裡，通常不應該有超過一個 mock，因為這意味著你在一個測試中測試了不只一個需求。

- 就像使用 stub 一樣，將 mock 注入工作單元的方法有很多種：
    — 標準做法——藉著引入參數
    — 泛函——使用部分應用或工廠函式
    — 模組化——將模組依賴關係抽象化
    — 物件導向——使用無型態物件（在 JavaScript 之類的語言中）或定型的（typed）介面（在 TypeScript 中）

- 在 JavaScript 中，你可以部分實作一個複雜的介面，這有助於減少樣板碼。你也可以使用部分 *mock*，繼承真實類別，並且只將它的部分方法換成偽造的方法。

分隔框架

本章內容
- 定義分隔框架及其幫助
- 兩種主要的框架風格
- 使用 Jest 來偽造模組
- 使用 Jest 來偽造函式
- 使用 substitute.js 來建立物件導向偽造物

在前幾章裡，我們討論了如何親手編寫 mock 和 stub，以及其中的挑戰，尤其是想要偽造的介面需要建立冗長、易錯且重複的程式碼時。我們不得不一再宣告自訂變數、建立自訂函式，或繼承使用那些變數的類別，它們基本上都讓事情沒必要地複雜化（大多數時候）。

在本章，我們將探討一些優雅的解決方案，這些解決方案以分隔框架的形式出現。分隔框架是一種可重複使用的程式庫，可以在執行期建立和設置偽造物件。這些物件稱為**動態** *stub* 和**動態** *mock*。

我將它們稱為**分隔框架**（*isolation framework*），因為它們可以將工作單元和依賴項目分隔開來。許多資源稱之為「mocking 框架」，但我避免這樣稱呼，因為它們既可以用於 mock，也可以用於 stub。本章要介紹一些 JavaScript 框架，以及如何在模組化、泛函和物件導向設計中使用它們。你將瞭解如何使用這些框架來測試各種東西，以及建立 stub、mock 和其他有趣的東西。

但在此介紹的具體框架並非重點，在使用它們的過程中，你將看到它們的 API 為測試帶來的價值（易讀性、易維護性、穩健性和長久性等），你也將看到分隔框架帶來各種好處的因素，亦或它讓測試有缺陷的因素。

5.1 定義分隔框架

我們從一個基本定義開始，這個定義聽起來有點平淡無奇，但為了涵蓋各種分隔框架，它必須是通用的：

> 分隔框架是一組可程式（*programmable*）的 *API*，它可讓你動態建立、設置和驗證 *mock* 和 *stub*，以物件或泛函形式進行。使用分隔框架來做那些工作通常比手寫的 *mock* 和 *stub* 更簡單、更快，且產生的程式碼更短。

如果開發者正確地使用分隔框架，它可以避免開發者編寫重複的程式碼來斷言或模擬物件的互動，如果它被用於合適的地方，它可以讓測試維持多年，使開發者不必在每次產品程式被改變時，就得回來修正它們。如果使用不當，它們可能造成混亂和框架的濫用，導致測試無法被閱讀或被信任，所以請小心使用。我會在本書的第三部分討論一些應該做和不應該做的事情。

5.1.1 選擇一種風格：鬆散型 vs. 定型

由於 JavaScript 支援多種程式設計範式，我們可以將框架分成兩大風格：

- 鬆散型 *JavaScript* 分隔框架──它們是適合原生 JavaScript 的鬆定型分隔框架（例如 Jest 和 Sinon）。這些框架通常比較適合泛函風格的程式，因為它們工作時，不需要那麼多儀式性操作和樣板碼。

- 型態化 *JavaScript* 分隔框架──這是比較物件導向且適合 TypeScript 的分隔框架（例如 substitute.js）。它們非常適合用來處理整個類別和介面。

在專案中，該使用哪一種風格取決於某些因素，例如個人喜好、編碼風格和易讀性，但首先要問的問題主要是，你要偽造的依賴項目大多是哪一種類型？

- 模組依賴項目（*import*、*require*）──Jest 和其他鬆散型態框架應該很適合。

- 泛函依賴項目（單一函式和高階函式，簡單的參數和值）──Jest 和其他鬆散型態框架應該很適合。

- 完整的物件、物件階層和介面──可以考慮較物件導向的框架，例如 substitute.js。

現在回到我們的 Password Verifier，看看如何使用框架來偽造前幾章的同一類依賴項目。

5.2 動態偽造模組

如果你想測試的程式碼透過 require 或 import 來直接依賴模組，那麼 Jest 和 Sinon 等分隔框架提供了動態偽造整個模組的強大功能，且只需要很少量的程式碼。由於我們選擇 Jest 作為測試框架，這一章的範例將繼續使用它。

圖 5.1 是一個具有兩個依賴項目的 Password Verifier：

- 一個組態設定服務，用來協助決定 logging 等級（INFO 或 ERROR）

- 一個 logging 服務，在驗證密碼時，我們將它當成工作單元的退出點來呼叫

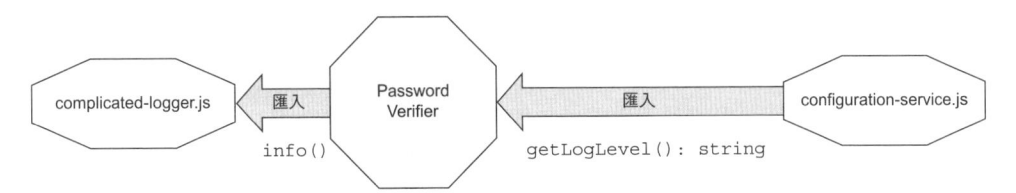

圖 5.1 Password Verifier 有兩個依賴項目，入內的用來決定 logging 等級，外出的用來建立 log 項目。

箭頭代表通過工作單元的行為流（flow of behavior）。你也可以把箭頭想成命令（*command*）和查詢（*query*）：你查詢組態設定服務（以獲得 log 等級），但傳送命令給 logger（以進行 log）。

> **命令 / 查詢分離**
>
> 有一種設計學派可歸類為「命令 / 查詢分離」思想。如果你想要進一步瞭解這些術語,強烈推薦 Martin Fowler 在 2005 年為相關主題撰寫的文章,其網址為 *https://martinfowler.com/bliki/CommandQuerySeparation.html*。這種模式在你探索不同的設計思想時很有幫助,但本書不多做說明。

以下範例展示一個硬性依賴 logger 模組的 Password Verifier。

範例 5.1　具有寫死的模組依賴關係的程式碼

```javascript
const { info, debug } = require("./complicated-logger");
const { getLogLevel } = require("./configuration-service");

const log = (text) => {
  if (getLogLevel() === "info") {
    info(text);
  }
  if (getLogLevel() === "debug") {
    debug(text);
  }
};

const verifyPassword = (input, rules) => {
  const failed = rules
    .map((rule) => rule(input))
    .filter((result) => result === false);

  if (failed.length === 0) {
    log("PASSED");
    return true;
  }
  log("FAIL");
  return false;
};
```

在這個例子裡,我們被迫做兩件事:

- 模擬(stub)configuration 服務的 getLogLevel 函式回傳的值。

- 驗證(mock)logger 模組的 info 函式已被呼叫。

圖 5.2 以圖表的形式展示這些事情。

動態偽造模組　**129**

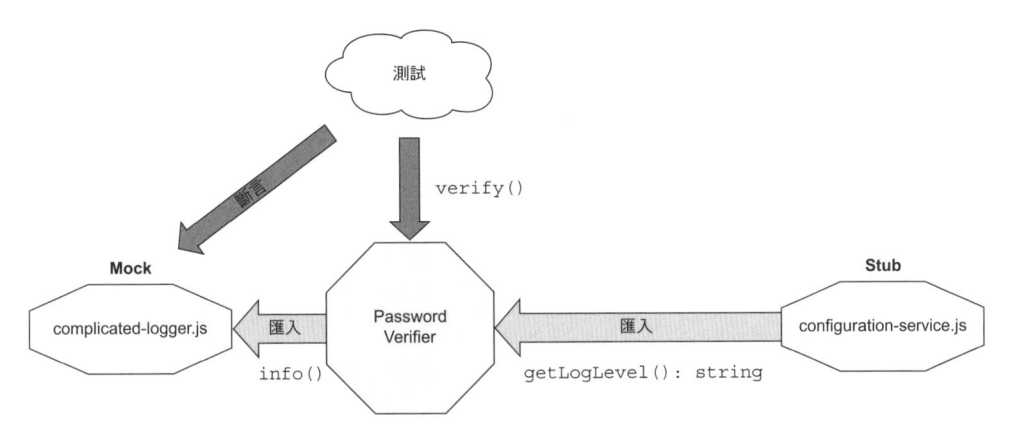

```
                    測試
                     │
              斷言    │ verify()
              ↙      ↓
        ┌────────┐        ┌──────────┐        ┌─────────────────────┐
Mock    │Password│   匯入  │ Password │  匯入   │         Stub        │
complicated│◀──────│ Verifier │◀──────│configuration-service.js
-logger.js │       │        │        │                     │
        └────────┘        └──────────┘        └─────────────────────┘
             info()              getLogLevel(): string
```

圖 5.2　這個測試 stub 入內依賴項目（組態設定服務）並 mock 外出依賴項目（logger）。

Jest 提供幾種方式來完成模擬和驗證，比較簡潔的方法是在規格（spec）檔案的最上面使用 `jest.mock([module name])`，然後在測試中 require 偽造的模組，以便設置它們。

範例 5.2　使用 `jest.mock()` 來直接偽造模組 API

```
jest.mock("./complicated-logger");        │偽造模組
jest.mock("./configuration-service");

const { stringMatching } = expect;
const { verifyPassword } = require("./password-verifier");
const mockLoggerModule = require("./complicated-logger");   │取得模組的
const stubConfigModule = require("./configuration-service"); │偽造實例

describe("password verifier", () => {                    要求 Jest 在不同
  afterEach(jest.resetAllMocks);     ◀───────            的測試之間重設
                                                         所有偽造模組
  test('with info log level and no rules,
       it calls the logger with PASSED', () => {           設置 stub 以
    stubConfigModule.getLogLevel.mockReturnValue("info"); ◀─回傳偽造的
                                                           「info」值
    verifyPassword("anything", []);

    expect(mockLoggerModule.info)                          斷言 mock 有被
      .toHaveBeenCalledWith(stringMatching(/PASS/));       正確地呼叫
  });

  test('with debug log level and no rules,
       it calls the logger with PASSED', () => {
```

```
        stubConfigModule.getLogLevel.mockReturnValue("debug");      ◀── 改變 stub
                                                                        組態設置
        verifyPassword("anything", []);

        expect(mockLoggerModule.debug)                     │ 與之前一樣斷言
           .toHaveBeenCalledWith(stringMatching(/PASS/));  │ mock logger
    });
});
```

使用 Jest 為我節省了大量的打字，且測試仍然相當易讀。

5.2.1 關於 Jest 的 API 的一些注意事項

Jest 幾乎到處使用「mock」這個詞，無論你是在 stubbing 還是在 mocking 它們，這可能帶來一些困擾。如果它能夠使用「stub」作為「mock」的別名的話，程式將更易讀。

此外，由於 JavaScript 的「hoisting」機制，偽造模組的程式（使用 jest.mock）必須放在檔案的最上面。你可以在 Ashutosh Verma 的文章「Understanding Hoisting in JavaScript」進一步瞭解這件事，該文位於 *http://mng.bz/j11r*。

Jest 還有許多其他 API 和功能，它們值得一探究竟，在 *https://jestjs.io/* 有完整的資訊。因為本書主要討論模式，而非工具，所以這個主題超出本書的範圍。

有一些其他框架也支援模組的偽造，包括 Sinon（*https://sinonjs.org*）。就分隔框架而言，Sinon 非常好用，但正如 JavaScript 領域的許多其他框架，它提供太多完成相同任務的方法了，可能造成困擾。不過，如果沒有這些框架，親自動手偽造模組可能會非常麻煩。

5.2.2 考慮將直接依賴項目抽象化

有一件關於 jest.mock API 和類似的 API 的好消息是，如果開發者想要測試的模組裡面有不易改變的依賴項目（也就是裡面有他們無法控制的程式碼），它們可以滿足需求。這個問題在遺留碼中非常普遍，我會在第 12 章討論這個主題。

關於 jest.mock API 的壞消息是，它也允許我們 mock 我們可控制的程式碼，但對於那些程式碼，我們其實可以將真實的依賴項目抽象化，隱藏在更簡單、更簡短的內部 API 之後，這種方法也稱為洋蔥架構或六角架構或 *ports and adapters*，有助於長期維護程式碼。你可以在 Alistair Cockburn 的文章「Hexagonal Architecture」進一步瞭解這種架構：*https://alistair.cockburn.us/hexagonal-architecture/*。

為什麼直接依賴可能有問題？直接使用這些 API 會迫使我們在測試中直接偽造模組 API，而不是它們的抽象，進而直接將 API 的設計與測試的實作綁在一起，這意味著如果（或者說，當）這些 API 改變，我們也要更改許多測試。

舉一個簡單的例子。假設你的程式碼依賴一個著名的 JavaScript logging 框架（例如 Winston），而且在程式碼內的數百個或數千個地方直接依賴它。可想而知，當 Winston 發表重大的升級時會帶來多少痛苦，但這些痛苦本可在失控之前解決。有一種簡單的解決之道是透過一個適配檔案來進行簡單的抽象化，且只使用那個檔案來保存對於 logger 的參考。這個抽象可以公開一個我們可以控制的、更簡單的內部 logging API，以防止程式碼大規模崩潰。我會在第 12 章回來討論這個主題。

5.3 泛函動態 mock 和 stub

我們已經介紹模組化的依賴項目了，接下來要討論簡單函式的偽造方法。在前幾章中，我們已經多次這樣做過，但都是手動完成的。對於建立 stub 來說，這種做法的效果很好，但對於 mock 來說，這種做法很快就會變得令人厭煩。

下面的範例展示之前使用的手動方法。

範例 5.3　手動 mock 函式來驗證它有被呼叫

```
test("given logger and passing scenario", () => {
  let logged = "";                                    ◀── 宣告自訂的變數來保存被傳入的值
  const mockLog = { info: (text) => (logged = text) }; ◀── 將被傳入的值存到該變數
  const passVerify = makeVerifier([], mockLog);

  passVerify("any input");

  expect(logged).toMatch(/PASSED/);                   ◀── 斷言變數的值
});
```

這種做法確實有效，我們能夠驗證 logger 函式有被呼叫，但是有很多可能會重複執行的工作。我們接下來要使用 Jest 分隔框架。jest.fn() 是擺脫這種程式的簡單手段，下面的範例是它的用法。

範例 5.4　使用 jest.fn() 來 mock 簡單的函式

```
test('given logger and passing scenario', () => {
  const mockLog = { info: jest.fn() };
  const verify = makeVerifier([], mockLog);

  verify('any input');

  expect(mockLog.info)
    .toHaveBeenCalledWith(stringMatching(/PASS/));
});
```

這段程式不像之前的範例那麼清楚，但可以節省大量的時間。在此，我們使用 jest.fn() 來取回一個由 Jest 自動追蹤的函式，以便透過 toHaveBeenCalledWith() 使用 Jest 的 API 來查詢它。這個方法很精緻，適用於任何需要追蹤特定函式呼叫的情境。stringMatching 函式是一種 *matcher*（比對器）。matcher 通常被定義成公用函式，它可以斷言函式的參數值。Jest 文件不太嚴謹地使用這個術語，但你可以在 Jest 文件中找到 matcher 的完整列表，位於 *https://jestjs.io/docs/en/expect*。

總之，jest.fn() 適合只有單一函式的 mock 和 stub。接著來看看更物件導向的挑戰。

5.4　物件導向的動態 mock 和 stub

如前所示，jest.fn() 是一種偽造單一函式的公用函式。它在泛函領域中有很好的效果，但是當你試著在包含多個函式的完整 API 介面或類別中使用它時，它的效果就不那麼理想了。

5.4.1　使用寬鬆型態框架

之前提過，分隔框架有兩種類別。首先，我們將使用第一種（鬆散型態，適合函式）框架，下面的範例試著處理上一章的 IComplicatedLogger。

範例 5.5　IComplicatedLogger 介面

```
export interface IComplicatedLogger {
   info(text: string, method: string)
   debug(text: string, method: string)
   warn(text: string, method: string)
   error(text: string, method: string)
}
```

為這個介面建立手寫的 stub 或 mock 可能非常耗時，因為你必須記得每一個方法的參數，如以下範例所示。

範例 5.6　手寫的 stub 會產生大量的樣板碼

```
describe("working with long interfaces", () => {
  describe("password verifier", () => {
    class FakeLogger implements IComplicatedLogger {
      debugText = "";
      debugMethod = "";
      errorText = "";
      errorMethod = "";
      infoText = "";
      infoMethod = "";
      warnText = "";
      warnMethod = "";

      debug(text: string, method: string) {
        this.debugText = text;
        this.debugMethod = method;
      }

      error(text: string, method: string) {
        this.errorText = text;
        this.errorMethod = method;
      }
      ...
    }

    test("verify, w logger & passing, calls logger with PASS", () => {
      const mockLog = new FakeLogger();
      const verifier = new PasswordVerifier2([], mockLog);

      verifier.verify("anything");

      expect(mockLog.infoText).toMatch(/PASSED/);
```

            });
        });
    });

真是一團糟。這個手寫的 fake 既耗時又繁瑣，如果你想讓它在測試的某處回傳一個特定值，或模擬呼叫 logger 造成的錯誤呢？雖然並非不能做到，但這段程式將立刻變得很醜陋。

使用分隔框架的話，實作這些功能的程式碼將變得非常簡單、更易讀且更短。我們使用 jest.fn() 來完成相同的任務，看看結果如何。

範例 5.7　使用 jest.fn() 來 mock 個別的介面函式

```
import stringMatching = jasmine.stringMatching;

describe("working with long interfaces", () => {
  describe("password verifier", () => {
    test("verify, w logger & passing, calls logger with PASS", () => {
      const mockLog: IComplicatedLogger = {        │
        info: jest.fn(),                           │
        warn: jest.fn(),                           │  使用 Jest 來設定 mock
        debug: jest.fn(),                          │
        error: jest.fn(),                          │
      };

      const verifier = new PasswordVerifier2([], mockLog);
      verifier.verify("anything");

      expect(mockLog.info)
        .toHaveBeenCalledWith(stringMatching(/PASS/));
    });
  });
});
```

不錯吧！在這裡，我們只是簡單地定義了我們自己的物件，並將 jest.fn() 函式附加到介面的每一個函式，節省了大量的打字。但要注意一件重要的事情：每當介面改變時（例如加入一個函式時），我們就必須回到定義這個物件的程式碼，並加入該函式。對於純 JavaScript 來說，這應該不是什麼大問題，但如果受測程式碼使用我們未在測試中定義的函式，這仍然會增加一些複雜性。

無論如何，將這種建立偽造物件的工作移到工廠輔助方法裡面，以便將「建立」的操作集中於一處，應該是合理的做法。

5.4.2 切換到型態友善框架

我們來討論第二類框架，嘗試使用 substitute.js（*www.npmjs.com/package/@fluffy-spoon/substitute*）。我們非得選擇一種框架不可，我非常喜歡這個框架的 C# 版本，並在本書的上一版使用過它。

使用 substitute.js（並假設使用 TypeScript）可以寫出以下的程式。

範例 5.8　使用 substitute.js 來偽造整個介面

```
import { Substitute, Arg } from "@fluffy-spoon/substitute";

describe("working with long interfaces", () => {
  describe("password verifier", () => {
    test("verify, w logger & passing, calls logger w PASS", () => {
      const mockLog = Substitute.for<IComplicatedLogger>();    ◀── 產生偽造物件

      const verifier = new PasswordVerifier2([], mockLog);
      verifier.verify("anything");

      mockLog.received().info(
        Arg.is((x) => x.includes("PASSED")),     ─ 驗證偽造物件
        "verify"                                   有被呼叫
      );
    });
  });
});
```

在上面的範例中，我們生成了一個偽造物件，這讓我們不必關心除了正在測試的那個函式以外的任何其他函式，即使該物件的簽章在未來發生變更。我們使用 .received() 作為驗證機制，並使用了另一個引數 matcher Arg.is，這次它來自 substitute.js 的 API，其運作方式與 Jasmine 的字串比對方式相似。這種做法的額外好處是，如果物件的簽章加入一些新函式，我們應該不需要更改測試，也不需要將這些函式加到使用相同物件簽章的任何測試中。

> **分隔框架與 Arrange-Act-Assert 模式**
>
> 注意，我們使用分隔框架的方式符合第 1 章討論的 Arrange-Act-Assert 結構。我們先安排（arrange）一個偽造物件，然後對著正在測試的東西進行操作（act），然後在測試結束時斷言某件事（assert）。

然而，以前的做法並非如此簡單。在早期（大約 2006 年），大多數的開源分隔框架都不支援 Arrange-Act-Assert 的概念，而是使用一種叫做 Record-Replay 的概念（我們談的是 Java 和 C#）。Record-Replay 是一種麻煩的機制，你必須告訴分隔 API：它的偽造物件處於記錄（*record*）模式，然後必須呼叫物件的方法，按照它們在產品程式碼裡被呼叫的方式來呼叫。接下來，你必須讓分隔 API 切換到重播（*replay*）模式，才能將偽造物件送入產品程式碼的核心。在 Baeldung 網站 www.baeldung.com/easymock 有一個範例。

相較於當今以 Arrange-Act-Assert 模式寫出來的易讀測試，這種做法導致許多開發者痛苦地花費了數百萬小時閱讀測試程式碼，以找出測試失敗的確切位置。

如果你有這本書的第一版，你可以看到我在展示 Rhino Mocks（最初有相同的設計）時，提供了一個 Record-Replay 範例。

好的，以上是 mock。那麼 stub 呢？

5.5 動態地 stubbing 行為

Jest 有一個非常簡單的 API 可用來模擬模組化和泛函依賴項目的回傳值：`mockReturnValue()` 和 `mockReturnValueOnce()`。

範例 5.9　使用 `jest.fn()` 來 stubbing 偽造函式的回傳值

```
test("fake same return values", () => {
  const stubFunc = jest.fn()
    .mockReturnValue("abc");

  // 值保持相同
  expect(stubFunc()).toBe("abc");
  expect(stubFunc()).toBe("abc");
  expect(stubFunc()).toBe("abc");
});

test("fake multiple return values", () => {
  const stubFunc = jest.fn()
    .mockReturnValueOnce("a")
    .mockReturnValueOnce("b")
    .mockReturnValueOnce("c");
```

```
  // 值保持相同
  expect(stubFunc()).toBe("a");
  expect(stubFunc()).toBe("b");
  expect(stubFunc()).toBe("c");
  expect(stubFunc()).toBe(undefined);
});
```

注意,在第一個測試中,我們設定一個保持不變的回傳值供整個測試使用。可以的話,我喜歡這種寫法,因為這可讓測試更容易閱讀和維護。如果需要模擬多個值,你可以使用 mockReturnValueOnce。

如果你需要模擬錯誤,或執行更複雜的操作,可以使用 mockImplementation() 和 mockImplementationOnce():

```
yourStub.mockImplementation(() => {
  throw new Error();
});
```

5.5.1 使用 mock 和 stub 的物件導向範例

讓我們在 Password Verifier 中加入另一個元素。

- 假設 Password Verifier 在一段特殊的維護時期中不會啟動,也就是在更新軟體時。

- 在維護時段內呼叫 verifier 的 verify() 時,它會呼叫 logger.info() 並傳入「under maintenance」。

- 否則,它會呼叫 logger.info() 並傳入「passed」或「failed」結果。

為此(以及為了展示物件導向設計決策),我們將引入一個 MaintenanceWindow 介面,該介面將被注入 Password Verifier 的建構式,如圖 5.3 所示。

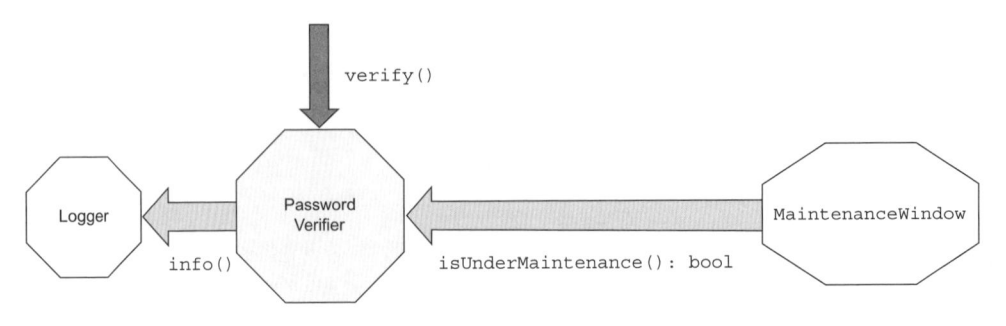

圖 5.3 使用 MaintenanceWindow 介面

下面的範例是使用新依賴項目的 Password Verifier 程式碼。

範例 5.10　具有 MaintenanceWindow 依賴項目的 Password Verifier

```
export class PasswordVerifier3 {
  private _rules: any[];
  private _logger: IComplicatedLogger;
  private _maintenanceWindow: MaintenanceWindow;

  constructor(
    rules: any[],
    logger: IComplicatedLogger,
    maintenanceWindow: MaintenanceWindow
  ) {
    this._rules = rules;
    this._logger = logger;
    this._maintenanceWindow = maintenanceWindow;
  }

  verify(input: string): boolean {
    if (this._maintenanceWindow.isUnderMaintenance()) {
      this._logger.info("Under Maintenance", "verify");
      return false;
    }
    const failed = this._rules
      .map((rule) => rule(input))
      .filter((result) => result === false);

    if (failed.length === 0) {
      this._logger.info("PASSED", "verify");
      return true;
    }
    this._logger.info("FAIL", "verify");
```

```
    return false;
  }
}
```

我們使用建構函式參數來注入 MaintenanceWindow 介面（即使用建構函式注入），該介面將被用來決定是否執行密碼驗證，並將正確的訊息傳給 logger。

5.5.2 使用 substitute.js 的 stub 和 mock

現在我們將使用 substitute.js 而不是 Jest 來建立 MaintenanceWindow 介面的 stub 和 IComplicatedLogger 介面的 mock。如圖 5.4 所示。

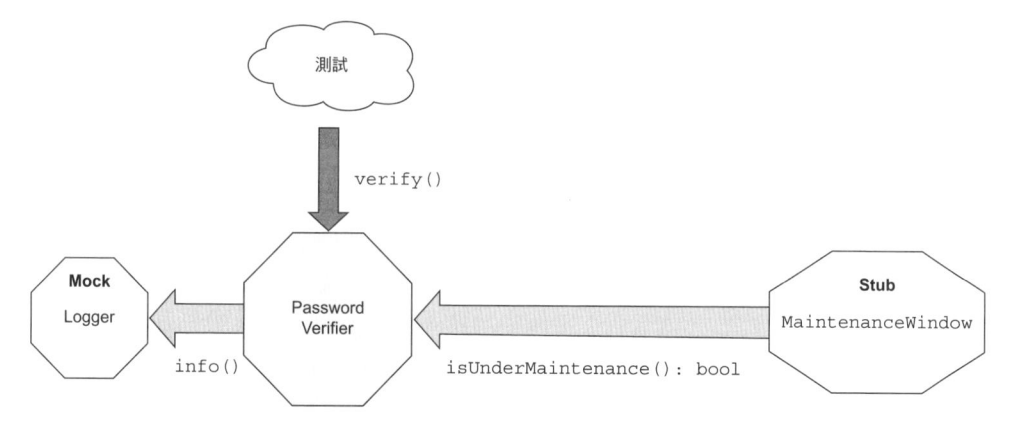

圖 5.4　MaintenanceWindow 依賴項目

使用 substitute.js 來建立 stub 和 mock 的方式相同：我們使用 Substitute.for<T> 函式。我們可以使用 .returns 函式來設置 stub，並使用 .received 函式來驗證 mock，它們都是 Substitute.for<T>() 回傳的偽造物件的一部分。

建立和設置 stub 的程式長這樣：

```
const stubMaintWindow = Substitute.for<MaintenanceWindow>();
stubMaintWindow.isUnderMaintenance().returns(true);
```

建立和驗證 mock 的程式長這樣：

```
const mockLog = Substitute.for<IComplicatedLogger>();
...
/// 在測試的結尾…
mockLog.received().info("Under Maintenance", "verify");
```

下面的範例是使用 mock 和 stub 的一些完整測試程式。

範例 5.11　使用 substitute.js 來測試 Password Verifier

```
import { Substitute } from "@fluffy-spoon/substitute";

const makeVerifierWithNoRules = (log, maint) =>
  new PasswordVerifier3([], log, maint);

describe("working with substitute part 2", () => {
  test("verify, during maintanance, calls logger", () => {
    const stubMaintWindow = Substitute.for<MaintenanceWindow>();
    stubMaintWindow.isUnderMaintenance().returns(true);
    const mockLog = Substitute.for<IComplicatedLogger>();
    const verifier = makeVerifierWithNoRules(mockLog, stubMaintWindow);

    verifier.verify("anything");

    mockLog.received().info("Under Maintenance", "verify");
  });

  test("verify, outside maintanance, calls logger", () => {
    const stubMaintWindow = Substitute.for<MaintenanceWindow>();
    stubMaintWindow.isUnderMaintenance().returns(false);
    const mockLog = Substitute.for<IComplicatedLogger>();
    const verifier = makeVerifierWithNoRules(mockLog, stubMaintWindow);

    verifier.verify("anything");

    mockLog.received().info("PASSED", "verify");
  });
});
```

我們可以成功且相對輕鬆地在測試中使用動態建立的物件來模擬值。本書只是以 substitute.js 為例，它並非唯一的框架。我們鼓勵你研究你想使用的分隔框架類型。

這個測試不需要手寫的偽造物，但請注意，它已經開始影響測試的易讀性了。泛函設計通常比這個範例更精簡，在物件導向的環境中，有時這是必要的妥協。然而，當你重構程式時，你可以將「各種 helper、mock 和 stub 的建立」輕鬆地重構為輔助函式，使測試更簡短。本書的第三部分將探討更多內容。

5.6 分隔框架的優勢和陷阱

根據本章討論的內容，分隔框架的優勢很明顯：

- **更容易進行模組化偽造** —— 模組依賴項目有時不使用樣板碼很難處理，分隔框架可幫助你消除模板碼。如前所述，這一點也可以視為缺點，因為它會鼓勵我們寫出與第三方實作密切耦合的程式碼。

- **更容易模擬值或錯誤** —— 你可能很難在複雜的介面之間手動編寫 mock，框架可提供很大的幫助。

- **更容易建立偽造物** —— 分隔框架可以幫助你輕鬆地創造 mock 和 stub。

儘管使用分隔框架有很多優勢，但它也會帶來潛在的風險。接著來看幾個注意事項。

5.6.1 在多數情況下，你不需要 mock 物件

分隔框架最大的陷阱是它可以用來模擬任何東西，並誘導你認為一開始就要 mock 物件。我並不是說你不會遇到需要使用 stub 的時候，但是對大多數的單元測試而言，mock 物件不應該成為標準操作程序。切記，一個工作單元可能有三類退出點：回傳值、狀態改變、和呼叫第三方依賴項目。在測試程式中，只有其中一種類型可以受益於 mock 物件，其他類型都不行。我發現，在我自己的測試中，mock 物件出現的比例可能只有 2% ～ 5%，其餘的測試通常是回傳值的，或改變狀態的。在泛函設計中，mock 物件的數量應該接近零，除非遇到特殊情況。

如果你發現自己在定義測試時驗證某個物件或函式是否被呼叫，請仔細想想能否在不使用 mock 物件的情況下驗證同一個功能，例如改成驗證回傳值，或是在外面驗證整個工作單元的行為變化（例如，驗證一個函式是否在以前不會丟出例外的情況下丟出例外）。Vladimir Khorikov 在《*Unit Testing Principles, Practices, and Patterns*》（Manning，2020）第 6 章有詳細介紹如何將互動式測試重構為檢查回傳值的測試，使它更簡單、更可靠。

5.6.2 難以閱讀的測試程式碼

雖然在測試中使用 mock 會讓測試更難閱讀，但仍然可以被別人看懂，並理解來龍去脈。在單一測試中使用太多 mock 或期望（expectation）會破壞測試的易讀性，導致測試難以維護，甚至難以理解內容。

如果你發現測試變得難以閱讀或難以理解，可考慮移除一些 mock 或 mock 期望，或將測試分解成幾個更易讀的小測試。

5.6.3 驗證錯誤的內容

mock 物件可讓你驗證介面的方法或函式是否被呼叫，但這不一定意味著你在測試正確的東西。很多剛接觸測試的人只因為他們可以驗證某件事而這麼做，而不是這有真正的意義。舉個例子：

- 驗證一個內部函式呼叫了另一個內部函式（而非一個退出點）。
- 驗證一個 stub 被呼叫了（不應該驗證入內依賴項目，這是一種過度規範反模式（overspecification antipattern），我們將在第 5.6.5 節討論）。
- 僅僅因為有人叫你寫測試，就去驗證某個方法是否被呼叫，但你不確定該測試的事情到底是什麼（這是檢驗你是否正確瞭解需求的好時機）。

5.6.4 在每一個測試中有不只一個 mock

一般建議每一個測試只應該測試一個關注點。測試多個關注點可能導致混淆，以及測試程式的維護問題。在一個測試中有兩個 mock 相當於測試同一個工作單元的多個最終結果（多個退出點）。

為每一個退出點寫一個單獨的測試，因為每一個退出點都可以視為一個獨立的需求。只測試一個關注點的話，測試的名稱也會更集中且易讀。如果你無法叫出測試的名稱，因為它做太多事情了，所以名字變得非常籠統（例如「XWorksOK」），那就代表該將它分成多個測試了。

5.6.5 過度規範測試

如果你的測試有太多 expectation（x.received().X()、x.received().Y()…等），它可能變得非常脆弱，只要產品程式稍有變動就會故障，儘管整體功能仍然正常運作。測試「互動（interaction）」是一把雙刃劍，測試太多互動會讓你開始忽視大局，也就是整體功能，測試太少互動則會漏掉工作單元之間的重要互動。

下面是一些平衡這個效果的方法：

- **盡量使用 *stub* 而非 *mock***——如果有超過 5% 的測試使用 mock 物件，可能代表做過頭了。雖然 stub 可以到處都有，但 mock 並非如此。一次只測試一個情境。mock 越多，在測試結束時進行的驗證就越多，但通常只有一個是最重要的，其餘的只會干擾當下的測試情境。

- **盡量避免將 *stub* 當成 *mock* 來使用**——只用 stub 來偽造被傳入受測工作單元的值，或丟出例外。不要驗證 stub 的方法是否被呼叫。

摘要

- 分隔（或 mock）框架可讓你動態地建立、設置和驗證 mock 及 stub，無論是以物件還是函式形式。相較於手寫偽造物，分隔框架可節省更多時間，尤其是在使用模組依賴項目的情況下。

- 分隔框架有兩種風格：鬆定型（如 Jest 和 Sinon）和強定型（如 substitute.js）。鬆定型框架使用的樣板碼較少，適合泛函風格，強定型框架很適合用來處理類別和介面。

- 分隔框架可以替代整個模組，但你要試著將直接依賴項目抽象化，並偽造那些抽象。這可以幫助你在模組的 API 更改時減少重構的工作量。

- 盡量採用回傳值或改變狀態的測試，而非互動測試，這樣可以讓測試盡量避免假設內部實作細節。

- 除非別無他法，否則不要使用 mock，因為一不小心，它們就會讓測試難以維護。

- 根據你正在處理的碼庫來選擇分隔框架的用法。在遺留專案中，你可能需要偽造整個模組，因為可能唯有如此，才能為這種專案加入測試。在新專案中，試著在第三方模組之上引入適當的抽象。重點是為任務選擇合適的工具，因此在考慮如何處理特定測試問題時，務必以整體視角來看待問題。

6
非同步程式的單元測試

本章內容
- 非同步、done() 和 await
- 非同步的整合測試和單元測試層級
- Extract Entry Point（提取進入點）模式
- Extract Adapter（提取配接器）模式
- stubbing、推進和重設定時器

當我們處理常規的同步程式時，「等待操作完成」是隱性的。我們不會擔心它，也不太考慮它。然而，在處理非同步程式時，等待操作完成是一個**明確**的行為，是我們可以控制的。非同步性可能使得程式碼和它的測試程式變得更難寫，因為我們必須明確地等待操作完成。

首先，我們用一個簡單的資料抓取範例來說明這個問題。

6.1 處理非同步資料抓取

假設我們用一個模組來檢查網站 example.com 是否正常運行，它將從主 URL 抓取內容並檢查特定單字「illustrative」來判斷網站是否正常。我們要看這個功能的兩種不同實作，它們都非常簡單。第一個實作使用 callback 機制，第二個使用 async/await 機制。

圖 6.1 展示進入點和退出點。請注意，callback 箭頭指往不同的方向，以突顯它是不同類型的退出點。

CHAPTER 6　非同步程式的單元測試

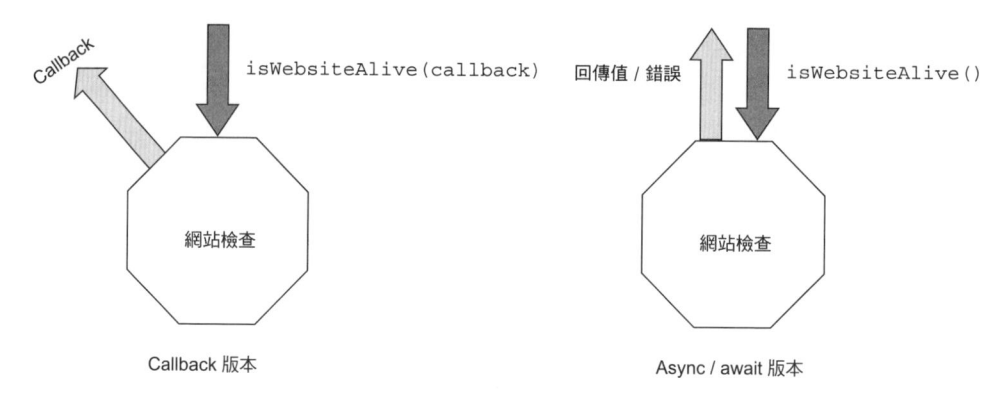

圖 6.1 `IsWebsiteAlive()` **callback** vs. `async/await` 版本

下面的範例是最初的程式。我們使用 `node-fetch` 來取得 URL 的內容。

範例 6.1　`IsWebsiteAlive()` callback 與 await 版本

```
// callback 版本
const fetch = require("node-fetch");
const isWebsiteAliveWithCallback = (callback) => {
  const website = "http://example.com";
  fetch(website)
    .then((response) => {
      if (!response.ok) {
        // 如何模擬這個網路問題？
        throw Error(response.statusText);      ◄── 丟出自訂的錯誤
      }                                             以處理程式中的
      return response;                              問題
    })
    .then((response) => response.text())
    .then((text) => {
      if (text.includes("illustrative")) {
        callback({ success: true, status: "ok" });
      } else {
        // 如何測試這個路徑？
        callback({ success: false, status: "text missing" });
      }
    })
    .catch((err) => {
      // 如何測試這個退出點？
      callback({ success: false, status: err });
    });
};
```

```
// await 版本
const isWebsiteAliveWithAsyncAwait = async () => {
  try {
    const resp = await fetch("http://example.com");
    if (!resp.ok) {
      // 如何模擬非 ok 回應？
      throw resp.statusText;         ◀── 丟出自訂的錯誤以
    }                                    處理程式中的問題
    const text = await resp.text();
    const included = text.includes("illustrative");
    if (included) {
      return { success: true, status: "ok" };
    }
    // 如何模擬不同的網站內容？
    throw "text missing";
  } catch (err) {
    return { success: false, status: err };   ◀── 將錯誤包在
  }                                                回應裡
};
```

> **注意** 上面的程式假設你已經知道 JavaScript 的 promise 是如何運作的。如果你需要更多資訊，建議你閱讀 Mozilla 文件中關於 promise 的部分，其網址為 *http://mng.bz/W11a*。

在這個範例中，我們將來自「連接失敗」或「網頁上缺少文字」的錯誤都轉換成 callback 或回傳值，來讓函式的使用者知道失敗。

6.1.1 使用整合測試來初步嘗試

在範例 6.1 裡的一切都是寫死的，該怎麼測試這段程式？你的第一個想法可能是寫一個整合測試。下面的範例展示如何為 callback 版本編寫一個整合測試。

範例 6.2　最初的整合測試

```
test("NETWORK REQUIRED (callback): correct content, true", (done) => {
  samples.isWebsiteAliveWithCallback((result) => {
    expect(result.success).toBe(true);
    expect(result.status).toBe("ok");
    done();
  });
});
```

為了測試一個「退出點是 callback 函式」的函式，我們將我們自己的 callback 函式傳給它，在這個 callback 函式中，我們可以：

- 檢查傳入值的正確性
- 透過測試框架提供的任何機制（在這個例子，它是 done() 函式）告訴測試執行器停止等待

6.1.2 等待行為完成

因為我們使用 callback 作為退出點，測試必須明確地等待平行執行完成執行。這種平行執行可能在 JavaScript 事件迴圈中，也可能在一個單獨的執行緒中，如果你使用另一種語言，它甚至可能在一個單獨的程序中。

在 Arrange-Act-Assert 模式中，act 部分是我們需要等待的操作，大多數測試框架可讓你使用特殊的輔助函式來做這件事。在這個例子中，我們可以使用 Jest 提供的 done callback 來表示測試需要等到我們明確地呼叫 done() 為止。如果 done() 沒有被呼叫，測試將在預設的 5 秒後（當然，這是可設置的）過時並失敗。

Jest 還有其他測試非同步程式碼的手段，本章稍後會介紹其中幾種。

6.1.3 async/await 的整合測試

那麼 async/await 版本呢？嚴格說來，我們可以寫一個幾乎與上一個範例完全相同的測試，因為 async/await 只是 promise 的語法糖。

範例 6.3　將測試與 callback 及 .then() 整合起來

```
test("NETWORK REQUIRED (await): correct content, true", (done) => {
  samples.isWebsiteAliveWithAsyncAwait().then((result) => {
    expect(result.success).toBe(true);
    expect(result.status).toBe("ok");
    done();
  });
});
```

然而，使用 done() 和 then() 等 callback 函式的測試比使用 Arrange-Act-Assert 模式的測試難讀許多。好消息是，我們不需要勉強自己使用 callback 函式來讓生活更複雜，我們也可以在測試中使用 await 語法，雖

然這會迫使我們在測試函式前面加上 async 關鍵字，但總體而言，我們的
測試將變得更簡單和更易讀，如下所示。

範例 6.4　將測試與 async/await 整合起來

```
test("NETWORK REQUIRED2 (await): correct content, true", async () => {
  const result = await samples.isWebsiteAliveWithAsyncAwait();
  expect(result.success).toBe(true);
  expect(result.status).toBe("ok");
});
```

透過這種可讓我們使用 async/await 語法的非同步程式碼，我們可以將
測試幾乎變成一個基於值的普通測試。就像圖 6.1 那樣，進入點也是退
出點。

儘管呼叫被簡化了，但呼叫的底層仍然是非同步的，這就是為什麼我仍然
稱之為整合測試。這種類型的測試有哪些注意事項？我們來討論一下。

6.1.4　整合測試的挑戰

就整合測試而言，我們剛才寫的測試並不糟，它們相對簡短且易讀，但它
們仍然具有整合測試的一些共同問題：

- **執行時間長**——與單元測試相比，整合測試慢很多，有時需要幾秒
  甚至幾分鐘。

- **不穩定**——整合測試可能出現不一致的結果（根據它們的執行地點
  的不同時間、失敗或成功不一致…等）。

- **測試的對象可能是無關的程式碼和環境條件**——整合測試可能測
  試多段與我們關心的事情無關的程式碼（在我們的例子中，這包括
  node-fetch 程式庫、網路條件、防火牆、外部網站功能…等）。

- **更長的調查時間**——當整合測試失敗時，我們要花更多時間來調查
  和 debug，因為失敗的潛在原因很多。

- **更難模擬**——使用整合測試來模擬負面測試（例如模擬錯誤的網站
  內容、網站當機、網路中斷…等）更困難。

- **結果更不可信**——你可能認為整合測試的失敗是外部問題，事實上
  是程式中的錯誤。我會在下一章進一步討論可信度問題。

以上所言是否意味著不該撰寫整合測試？不，我認為你絕對應該使用整合測試，只是不需要透過許多整合測試來加強你對程式碼的信心。整合測試未涵蓋的部分應該用低階測試來涵蓋，例如單元測試、API 測試或組件測試。我會在專門討論測試策略的第 10 章詳細討論這種測試策略。

6.2 讓程式更適合進行單元測試

如何使用單元測試來測試這些程式碼？接下來要告訴你一些讓程式碼更容易做單元測試的模式（即更容易注入，或避免依賴關係，以及檢查退出點）：

- *Extract Entry Point* 模式──將產品程式碼的純邏輯部分提取到它們自己的函式中，並將那些函式當成測試的進入點。

- *Extract Adapter* 模式──將本質上是非同步的東西提取出來並抽象化，以便使用同步的東西來替換它。

6.2.1 Extract Entry Point

在這個模式中，我們將一個特定的非同步工作單元分成兩部分：

- 非同步部分（保持不變）。

- 在非同步程序執行完成時呼叫的 callback。我們將它們提取出來，做成新函式，最終成為純邏輯工作單元的進入點，我們可以用純單元測試來呼叫它們。

圖 6.2 說明這個概念：在之前的圖中，我們有一個包含非同步程式碼的工作單元，那些程式碼與處理非同步結果的內部邏輯混合在一起，並透過 callback 函式或 promise 機制來回傳結果。在第 1 步，我們將邏輯提取到它自己的一個（或多個）函式中，這些函式僅使用非同步工作的結果作為輸入。在第 2 步，我們將這些函式外部化，這樣就可以將它們當成單元測試的進入點來使用。

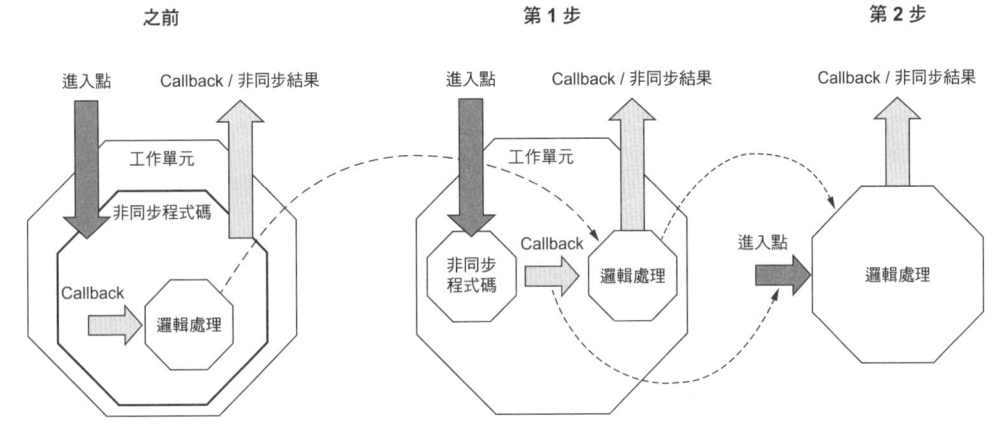

圖 6.2　將內部處理邏輯提取為一個單獨的工作單元有助於簡化測試，因為我們能夠同步驗證新的工作單元，而不涉及外部依賴項目。

這讓我們具備了測試非同步 callback 邏輯處理的關鍵能力（並且可以輕鬆模擬輸入）。同時，我們可以針對原始工作單元編寫高階的整合測試，以確保非同步協同工作（orchestration）也能夠正確運作。

如果我們僅為所有情境進行整合測試，最終會產生許多執行時間冗長且不穩定的測試。在新世界中，我們可以讓大多數的測試變得快速且一致，並在最上面加入一小層整合測試，以確保所有的協同工作都能正常運作。如此一來，我們就不會為了獲得信心，而犧牲速度和易維護性。

提取工作單元的範例

我們來將這個模式應用到範例 6.1 中的程式碼。圖 6.3 是我們將遵循的步驟：

❶ 之前狀態包含 isWebsiteAlive() 函式內的處理邏輯。

❷ 提取發生於「提取結果邊緣」的任何邏輯程式碼，並將它們放入兩個獨立的函式中：一個用來處理成功情況，另一個用來處理錯誤情況。

❸ 然後，我們將這兩個函式外部化，以便直接在單元測試中呼叫它們。

CHAPTER 6 非同步程式的單元測試

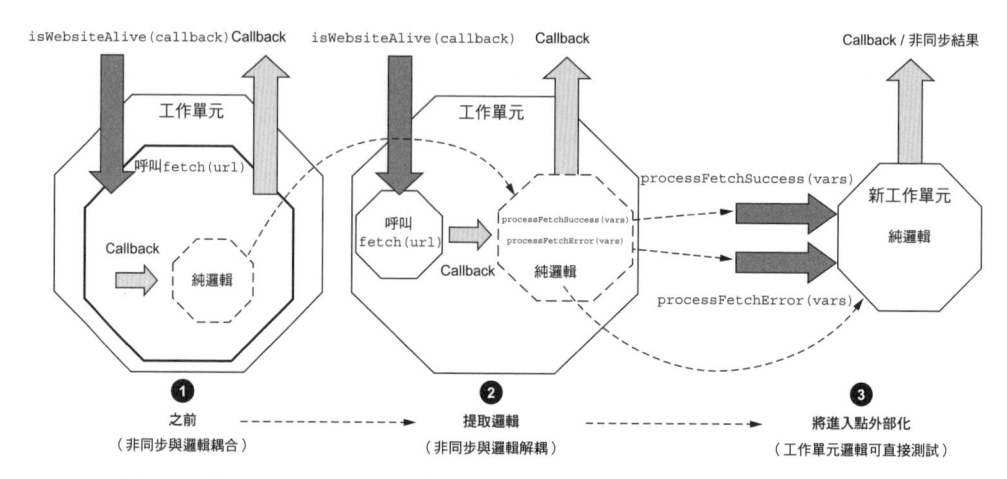

[圖示：三個階段的流程圖，顯示從 isWebsiteAlive(callback) 的重構過程]

① 之前
（非同步與邏輯耦合）

② 提取邏輯
（非同步與邏輯解耦）

③ 將進入點外部化
（工作單元邏輯可直接測試）

圖 6.3　從 `isWebsiteAlive()` 提取成功與錯誤處理邏輯，以分別測試那個邏輯

下面的範例是重構後的程式碼。

範例 6.5　使用 `callback` 來提取進入點

```
// 進入點
const isWebsiteAlive = (callback) => {
  fetch("http://example.com")
    .then(throwOnInvalidResponse)
    .then((resp) => resp.text())
    .then((text) => {
      processFetchSuccess(text, callback);
    })
    .catch((err) => {
      processFetchError(err, callback);
    });
};
const throwOnInvalidResponse = (resp) => {
  if (!resp.ok) {
    throw Error(resp.statusText);
  }
  return resp;
};
```

讓程式更適合進行單元測試

```
// 進入點
const processFetchSuccess = (text, callback) => {
  if (text.includes("illustrative")) {
    callback({ success: true, status: "ok" });
  } else {
    callback({ success: false, status: "missing text" });
  }
};

// 進入點
const processFetchError = (err, callback) => {
  callback({ success: false, status: err });
};
```

新進入點
（工作單元）

如你所見，現在最初的單元有三個進入點，而不是原本的一個。這些新進入點可以用來進行單元測試，而原始進入點仍然可以用來進行整合測試，如圖 6.4 所示。

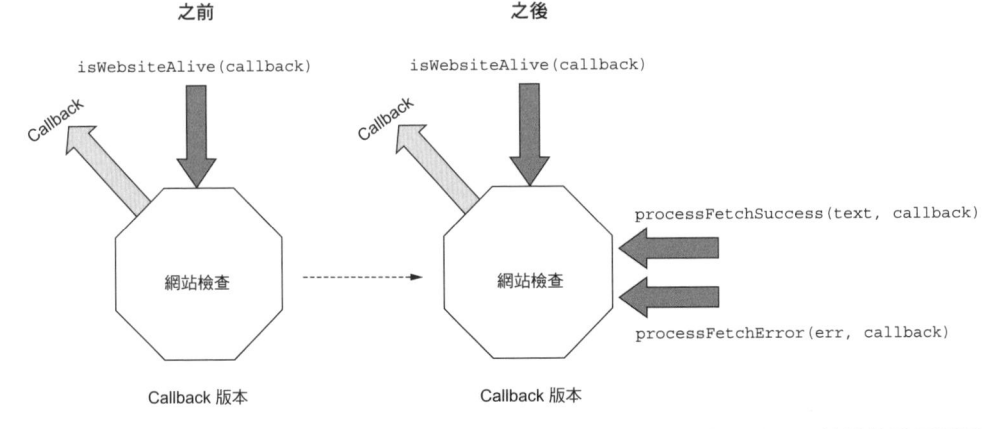

圖 6.4　在提取兩個新函式之後新增的進入點。現在新函式可以用更簡單的單元測試來測試，而不是在重構前必須使用的整合測試。

我們仍然要為原始進入點進行整合測試，但它們不會超過一兩個。任何其他情境都可以使用純邏輯進入點來模擬，既快速且簡單。

現在我們可以自由地編寫呼叫新進入點的單元測試了，例如：

範例 6.6　使用提取出來的進入點來進行單元測試

```
describe("Website alive checking", () => {
  test("content matches, returns true", (done) => {
    samples.processFetchSuccess("illustrative", (err, result) => {
      expect(err).toBeNull();
      expect(result.success).toBe(true);
      expect(result.status).toBe("ok");
      done();
    });
  });
  test("website content does not match, returns false", (done) => {
    samples.processFetchSuccess("bad content", (err, result) => {
      expect(err.message).toBe("missing text");
      done();
    });
  });
  test("When fetch fails, returns false", (done) => {
    samples.processFetchError("error text", (err,result) => {
      expect(err.message).toBe("error text");
      done();
    });
  });
});
```

← 呼叫新的進入點

← 呼叫新的進入點

← 呼叫新的進入點

注意，我們直接呼叫新的進入點，並且輕鬆地模擬各種情況。在這些測試中沒有任何非同步操作，但我們仍然需要 done() 函式，因為 callback 可能根本不會被呼叫，而我們希望抓到這種情況。

我們仍然需要至少一個整合測試，以確保非同步協同工作在進入點之間正常運作，這是使用原先的整合測試的時機，但我們再也不需要將所有測試情境都寫成整合測試了（更多內容見第 10 章）。

用 await 來提取進入點

剛才使用的模式也適用於標準的 async/await 函式結構，圖 6.5 展示這種重構。

因為有 async/await 語法，我們可以回去用線性的方式來編寫程式碼，而不需要使用 callback 引數。isWebsiteAlive() 函式最初看起來和普通的同步程式幾乎一樣，只在需要時回傳值和丟出錯誤。

範例 6.7 是它在我們的產品程式碼中的樣子。

之前　　　　　　　　　　　　之後

回傳值 / 錯誤　　isWebsiteAlive()　　回傳值 / 錯誤　　isWebsiteAlive()

processFetchSuccess(text)

網站檢查　　------>　　網站檢查

processFetchError(err)

Async / await 版本　　　　　　　Async / await 版本

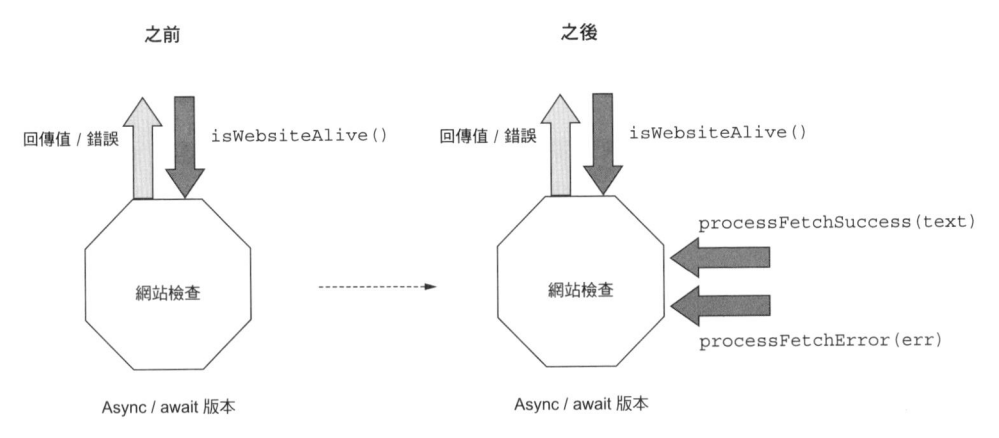

圖 6.5　使用 async/await 來提取進入點

範例 6.7　使用 async/await 而不是 callback 來編寫函式

```
// 進入點
const isWebsiteAlive = async () => {
  try {
    const resp = await fetch("http://example.com");
    throwIfResponseNotOK(resp);
    const text = await resp.text();
    return processFetchContent(text);
  } catch (err) {
    return processFetchError(err);
  }
};

const throwIfResponseNotOK = (resp) => {
  if (!resp.ok) {
    throw resp.statusText;
  }
};

// 進入點
const processFetchContent = (text) => {
  const included = text.includes("illustrative");
  if (included) {
    return { success: true, status: "ok" };      // 回傳值，而不是
  }                                               // 呼叫 callback
  return { success: false, status: "missing text" };
};
```

```
// 進入點
const processFetchError = (err) => {
  return { success: false, status: err };        ◀── 回傳值,而不是
};                                                    呼叫 callback
```

注意,有別於 callback 範例的是,我們使用 return 或 throw 來表示成功或失敗。在使用 async/await 時經常採取這種模式。

我們的測試也被簡化了,如下面的範例所示。

範例 6.8　從 async/await 提取的測試進入點

```
describe("website up check", () => {
  test("on fetch success with good content, returns true", () => {
    const result = samples.processFetchContent("illustrative");
    expect(result.success).toBe(true);
    expect(result.status).toBe("ok");
  });

  test("on fetch success with bad content, returns false", () => {
    const result = samples.processFetchContent("text not on site");
    expect(result.success).toBe(false);
    expect(result.status).toBe("missing text");
  });

  test("on fetch fail, throws ", () => {
    expect(() => samples.processFetchError("error text"))
      .toThrowError("error text");
  });
});
```

再次提醒,我們不需要加入與 async/await 有關的任何關鍵字,或明確地等待執行,因為我們已經將邏輯工作單元與讓人生更複雜的非同步部分分開了。

6.2.2 Extract Adapter 模式

Extract Adapter 模式與上一個模式的觀點相反，它將非同步程式碼當成與之前的各章討論過的任何依賴項目一樣的東西，也就是在測試程式裡，我們想要替換以獲得更多控制權的東西。我們不是將邏輯程式提取到它自己的進入點，而是將非同步程式碼（我們的**依賴項目**）提取出來，並抽象化成一個配接器，稍後，這個配接器可以像任何其他依賴項目一樣注入，如圖 6.6 所示。

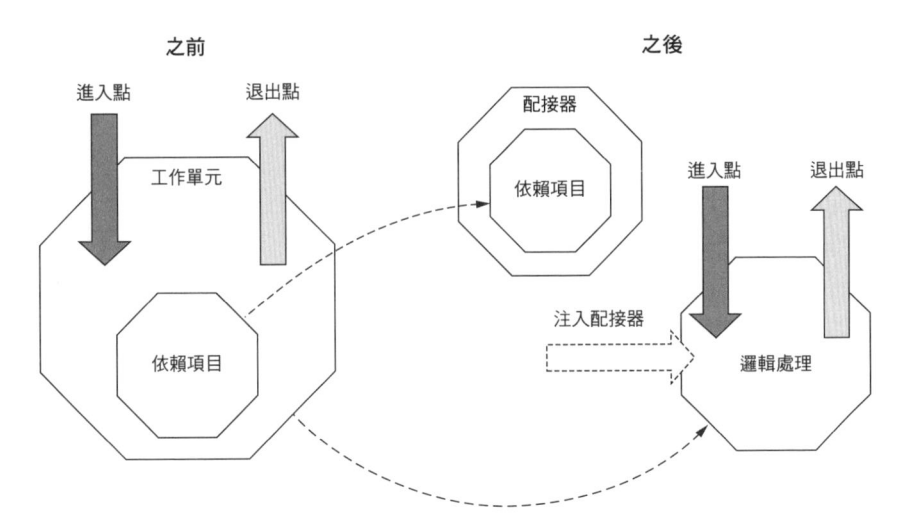

圖 6.6 提取依賴項目並將它包在配接器裡面，可協助我們簡化該依賴項目，並在測試中將它換成偽造物。

為了滿足依賴項目的使用方的需求，我們經常為配接器建立一個簡化的專用介面。這種做法的另一個名稱是**介面隔離原則**（*interface segregation principle*）。在這個例子裡，我們將建立一個 network-adapter 模組，它將隱藏實際的提取功能，並且擁有它自己的自訂函式，如圖 6.7 所示。

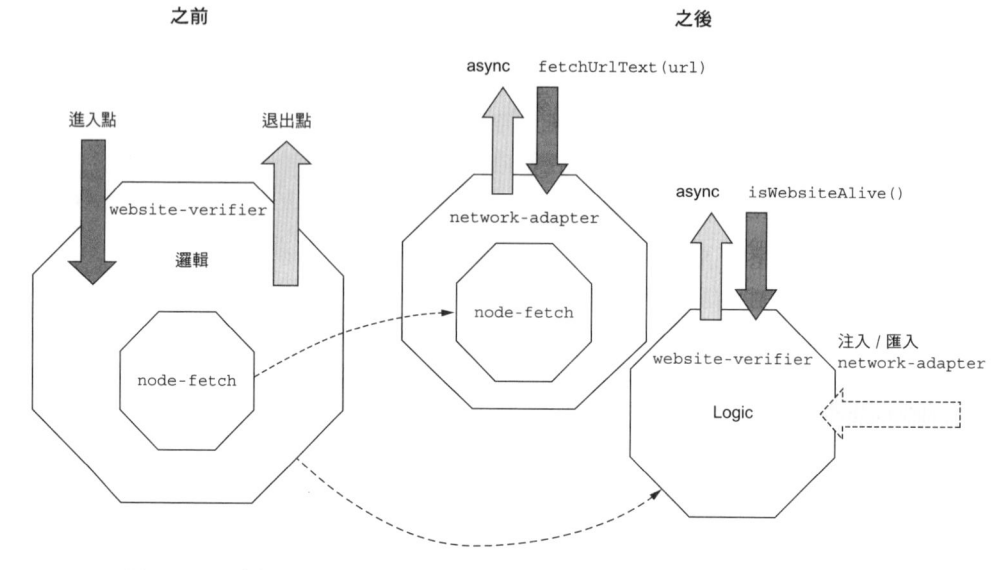

```
                 之前                                    之後
                                    async  fetchUrlText(url)

       進入點       退出點

            website-verifier                                async  isWebsiteAlive()
                                        network-adapter
                邏輯
                                                                       注入 / 匯入
                                          node-fetch            website-verifier   network-adapter
             node-fetch
                                                                   Logic
```

圖 6.7 用我們自己的 `network-adapter` 模組來包裝 `node-fetch` 模組，可讓你只公開你的應用程式需要的功能，並用最適合解決問題的語言來表達。

> **介面隔離原則**
>
> 介面隔離原則（*Interface Segregation Principle*）一詞是 Robert Martin 提出的。想像有一個資料庫依賴項目，它有許多函式隱藏在一個配接器後面，該配接器的介面可能只有幾個具有自訂名稱和參數的函式，配接器的功能是隱藏複雜性，並簡化使用者的程式碼和模擬它的測試。關於介面隔離原則的更多資訊，請參考維基百科上的相關文章：*https://en.wikipedia.org/wiki/Interface_segregation_principle*。

下面的範例展示 `network-adapter` 模組的樣子。

範例 6.9　`network-adapter` 的程式碼

```
const fetch = require("node-fetch");

const fetchUrlText = async (url) => {
  const resp = await fetch(url);
  if (resp.ok) {
    const text = await resp.text();
    return { ok: true, text: text };
  }
```

```
    return { ok: false, text: resp.statusText };
};
```

請注意，`network-adapter` 模組是專案中唯一匯入 `node-fetch` 的模組。如果將來該依賴關係有所改變，這樣做可以提高只需要修改當下檔案的可能性。我們也簡化了這個函式，無論是在名稱上，還是在功能上。我們隱藏了從 URL 抓取狀態和文本的需求，並將它們都抽象化為更容易使用的單一函式。

現在我們可以選擇如何使用這個配接器。首先，我們要用模組化的風格來使用它。然後，我們將使用泛函的方式，以及強定型介面的物件導向方法。

模組化配接器

在下面的範例中，最初的 `isWebsiteAlive()` 函式以模組化的形式使用 `network-adapter` 的做法。

範例 6.10　讓 `isWebsiteAlive()` 使用 `network-adapter` 模組

```
const network = require("./network-adapter");

const isWebsiteAlive = async () => {
  try {
    const result = await network.fetchUrlText("http://example.com");
    if (!result.ok) {
      throw result.text;
    }
    const text = result.text;
    return processFetchSuccess(text);
  } catch (err) {
    throw processFetchFail(err);
  }
};
```

在這個版本中，我們直接匯入 `network-adapter` 模組，稍後會在測試中偽造它。

下面的範例是這個模組的單元測試。由於我們使用模組化設計，我們可以在測試中使用 `jest.mock()` 來模擬這個模組。不用擔心，在後續的範例中，我們也會注入這個模組。

範例 6.11　使用 jest.mock 來偽造 network-adapter

```
jest.mock("./network-adapter");           ← 偽造 network-adapter 模組
const stubSyncNetwork = require("./network-adapter");  ←
const webverifier = require("./website-verifier");     ┤ 匯入偽造模組

describe("unit test website verifier", () => {
  beforeEach(jest.resetAllMocks);  ← 重設所有 stub 以避免其他
                                     測試裡的任何潛在問題
  test("with good content, returns true", async () => {
    stubSyncNetwork.fetchUrlText.mockReturnValue({  ← 模擬 stub 模組
      ok: true,                                        的回傳值
      text: "illustrative",
    });
    const result = await webverifier.isWebsiteAlive();  ←
    expect(result.success).toBe(true);
    expect(result.status).toBe("ok");
  });

  test("with bad content, returns false", async () => {
    stubSyncNetwork.fetchUrlText.mockReturnValue({
      ok: true,                                           在測試裡使用
      text: "<span>hello world</span>",                   await
    });
    const result = await webverifier.isWebsiteAlive();  ←
    expect(result.success).toBe(false);
    expect(result.status).toBe("missing text");
  });
```

注意，我們再次使用 async/await，因為我們回到本章一開始使用的原始進入點。但是使用 await 並不意味著測試是非同步運行的。我們的測試程式碼以及它呼叫的產品程式碼實際上是線性運行的，只是具有適合非同步操作的簽章。由於進入點的要求，我們在泛函和物件導向設計中也需要使用 async/await。

我將我們的偽造網路命名為 stubSyncNetwork，以表明測試的同步性質。否則，只觀察測試很難判斷它呼叫的程式碼是線性運行還是非同步運行的。

泛函配接器

在泛函設計模式中，network-adapter 模組的設計保持不變，但我們以不同的方式來將它注入 website-verifier 中。你可以在接下來的範例中看到，我們在進入點新增一個參數。

範例 6.12　`isWebsiteAlive()` 的泛函注入設計

```
const isWebsiteAlive = async (network) => {
  const result = await network.fetchUrlText("http://example.com");
  if (result.ok) {
    const text = result.text;
    return onFetchSuccess(text);
  }
  return onFetchError(result.text);
};
```

在這個版本中，我們預期 network-adapter 模組將經由一個通用參數注入我們的函式中。在泛函設計中，我們可以使用高階函式和 currying 來配置一個預先注入我們自己的網路依賴項目的函式。在測試中，我們可以輕鬆地透過這個參數傳入一個偽造網路。在注入的設計方面，除了我們不再匯入 network-adapter 模組之外，幾乎所有事情都與之前的範例相同。減少 import 和 require 的數量可以長期提升易維護性。

在下面的範例中，我們的測試變得更簡單，樣板碼也更少。

範例 6.13　以泛函的形式注入 `network-adapter` 的單元測試

```
const webverifier = require("./website-verifier");

const makeStubNetworkWithResult = (fakeResult) => {   ◄── 新輔助函式，用來
  return {                                                  建立一個自訂的物
    fetchUrlText: () => {                                   件，該物件符合
      return fakeResult;                                    network-adapter
    },                                                      的介面的重要部分
  };
};
describe("unit test website verifier", () => {
  test("with good content, returns true", async () => {
    const stubSyncNetwork = makeStubNetworkWithResult({
      ok: true,
      text: "illustrative",
    });
    const result = await webverifier.isWebsiteAlive(stubSyncNetwork);  ◄──
    expect(result.success).toBe(true);                                      注入自訂物件
    expect(result.status).toBe("ok");
  });

  test("with bad content, returns false", async () => {
    const stubSyncNetwork = makeStubNetworkWithResult({
      ok: true,
```

```
      text: "unexpected content",
    });
    const result = await webverifier.isWebsiteAlive(stubSyncNetwork);  ← 注入自訂物件
    expect(result.success).toBe(false);
    expect(result.status).toBe("missing text");
  });
  ...
```

注意，我們不需要像模組化設計那樣，在檔案的最上面使用大量的樣板碼。我們不需要間接地偽造模組（透過 jest.mock）、不需要為測試重新匯入它（透過 require），也不需要使用 jest.resetAllMocks 來重設 Jest 的狀態。我們只需要在每個測試中呼叫新的 makeStubNetworkWithResult 輔助函式來生成一個新的偽造網路配接器，然後將偽造網路當成參數傳給進入點來注入它。

物件導向、基於介面的配接器

看了模組化和泛函設計之後，接下來要將注意力轉向物件導向的部分。在物件導向的範式中，我們可以將之前做過的參數注入提升為建構式注入模式。在下面的範例中，我們將從網路配接器（network adapter）及其介面（公用 API 和結果簽章）看起。

範例 6.14 `NetworkAdapter` 和它的介面

```
export interface INetworkAdapter {
  fetchUrlText(url: string): Promise<NetworkAdapterFetchResults>;
}
export interface NetworkAdapterFetchResults {
  ok: boolean;
  text: string;
}
```

ch6-async/6-fetch-adapter-interface-oo/network-adapter.ts

```
export class NetworkAdapter implements INetworkAdapter {
  async fetchUrlText(url: string):
      Promise<NetworkAdapterFetchResults> {
    const resp = await fetch(url);
    if (resp.ok) {
      const text = await resp.text();
      return Promise.resolve({ ok: true, text: text });
    }
```

```
      return Promise.reject({ ok: false, text: resp.statusText });
  }
}
```

在下一個範例中,我們建立一個 WebsiteVerifier 類別,它有一個接收
INetworkAdapter 參數的建構式。

範例 6.15　WebsiteVerifier 類別,使用建構式注入

```
export interface WebsiteAliveResult {
  success: boolean;
  status: string;
}

export class WebsiteVerifier {
  constructor(private network: INetworkAdapter) {}

  isWebsiteAlive = async (): Promise<WebsiteAliveResult> => {
    let netResult: NetworkAdapterFetchResults;
    try {
    netResult = await this.network.fetchUrlText("http://example.com");
      if (!netResult.ok) {
        throw netResult.text;
      }
      const text = netResult.text;
      return this.processNetSuccess(text);
    } catch (err) {
      throw this.processNetFail(err);
    }
  };

  processNetSuccess = (text): WebsiteAliveResult => {
    const included = text.includes("illustrative");
    if (included) {
      return { success: true, status: "ok" };
    }
    return { success: false, status: "missing text" };
  };

  processNetFail = (err): WebsiteAliveResult => {
    return { success: false, status: err };
  };
}
```

這個類別的單元測試可以實例化一個偽造網路配接器,並透過建構式來注入它。下面的範例使用 substitute.js 來建立一個適合新介面的偽物件。

範例 6.16　物件導向範式的 WebsiteVerifier 的單元測試

```
const makeStubNetworkWithResult = (          ◄── 模擬網路配接器
  fakeResult: NetworkAdapterFetchResults          的輔助函式       ┐ 產生偽造
): INetworkAdapter => {                                          ┘ 物件
  const stubNetwork = Substitute.for<INetworkAdapter>();  ◄──
  stubNetwork.fetchUrlText(Arg.any())
    .returns(Promise.resolve(fakeResult));   ◄── 讓偽造物件
  return stubNetwork;                             回傳測試需
};                                                要的東西

describe("unit test website verifier", () => {
  test("with good content, returns true", async () => {
    const stubSyncNetwork = makeStubNetworkWithResult({
      ok: true,
      text: "illustrative",
    });
    const webVerifier = new WebsiteVerifier(stubSyncNetwork);

    const result = await webVerifier.isWebsiteAlive();
    expect(result.success).toBe(true);
    expect(result.status).toBe("ok");
  });

  test("with bad content, returns false", async () => {
    const stubSyncNetwork = makeStubNetworkWithResult({
      ok: true,
      text: "unexpected content",
    });
    const webVerifier = new WebsiteVerifier(stubSyncNetwork);

    const result = await webVerifier.isWebsiteAlive();
    expect(result.success).toBe(false);
    expect(result.status).toBe("missing text");
  });
```

這類的控制反轉(Inversion of Control,IOC)和依賴注入(Dependency Injection,DI)有很好的效果。在物件導向領域中,透過介面的建構式來注入很常見,且通常可以有效地將依賴項目和邏輯分開,並讓它們更容易維護。

6.3 處理定時器

setTimeout 之類的定時器是 JavaScript 特有的問題。它們是領域（domain）的一部分，而且在許多程式片段中使用，無論好壞。與其提取配接器（adapter）和進入點，有時候禁用這些功能來繞過它們也同樣有用。接著來看看兩種繞過定時器的模式：

- 直接 monkey-patching 函式
- 使用 Jest 和其他框架來禁用並控制它們

6.3.1 使用 monkey-patching 來 stubbing 定時器

monkey-patching 是一種讓程式能夠在本地擴展或修改支援系統軟體的方法（只影響正在運行的程式實例）。JavaScript、Ruby、Python 之類的程式語言和 runtime 可以輕鬆地進行 monkey-patching，但是在 C# 和 Java 這類的強定型和編譯期語言裡面，monkey-patch 就難做得多。我會在附錄中更詳細地討論 monkey-patching。

以下是在 JavaScript 中進行 monkey-patching 的方法之一。我們將從下面這段使用 setTimeout 方法的程式看起。

範例 6.17 這段程式包含我們想要 monkey-patch 的 setTimeout

```
const calculate1 = (x, y, resultCallback) => {
  setTimeout(() => { resultCallback(x + y); },
    5000);
};
```

我們可以在記憶體中設置 setTimeout 函式的原型，來將它 monkey-patch 為同步的，如下所示。

範例 6.18 簡單的 monkey-patching 模式

```
const Samples = require("./timing-samples");

describe("monkey patching ", () => {
  let originalTimeOut;
  beforeEach(() => (originalTimeOut = setTimeout));   ◀── 保存原始的 setTimeout
  afterEach(() => (setTimeout = originalTimeOut));    ◀── 恢復原始的 setTimeout

  test("calculate1", () => {
```

```
      setTimeout = (callback, ms) => callback();     ◀── monkey-patching
      Samples.calculate1(1, 2, (result) => {              setTimeout
        expect(result).toBe(3);
      });
    });
  });
});
```

由於一切都是同步的,我們不需要使用 done() 來等待 callback 調用。我們將 setTimeout 換成一個純同步的實作,它會立即呼叫收到的 callback。

這種方法的唯一缺點是它有大量的樣板碼,且比較容易出錯,因為我們必須記得正確地清理。接著來看看 Jest 之類的框架如何幫助我們處理這些情況。

6.3.2 用 Jest 來偽造 setTimeout

Jest 提供三個主要的函式來處理 JavaScript 的大多數定時器類型:

- `jest.useFakeTimers`——stub 各種定時器函式,如 setTimeout
- `jest.resetAllTimers`——將所有偽造定時器重設為真實定時器
- `jest.advanceTimersToNextTimer`——觸發任何偽造定時器,使任何 callback 都被觸發

同時使用這些函式可以處理大部分的樣板碼。以下是與範例 6.18 相同的測試,但這次使用 Jest 的輔助函式。

範例 6.19　使用 Jest 來偽造 setTimeout

```
describe("calculate1 - with jest", () => {
  beforeEach(jest.clearAllTimers);
  beforeEach(jest.useFakeTimers);

  test("fake timeout with callback", () => {
    Samples.calculate1(1, 2, (result) => {
      expect(result).toBe(3);
    });
    jest.advanceTimersToNextTimer();
  });
});
```

注意，這次同樣不需要呼叫 done()，因為一切都是同步的。同時，我們必須使用 advanceTimersToNextTimer，因為如果沒有它，偽造的 setTimeout 將永遠卡住。當受測模組設置一個 setTimeout，且後者的 callback 又再設置另一個 setTimeout 時（也就是會一直設置下去），advanceTimersToNextTimer 也很有用。在這些情境中，在時間軸上步進是很有用的功能。

使用 advanceTimersToNextTimer 可以讓所有定時器前進指定的步數，以模擬時間步進，從而觸發排隊等待的下一個計時器 callback。

相同的模式也適用於 setInterval，如下所示。

範例 6.20　使用 setInterval 的函式

```
const calculate4 = (getInputsFn, resultFn) => {
  setInterval(() => {
    const { x, y } = getInputsFn();
    resultFn(x + y);
  }, 1000);
};
```

在這個範例中，我們的函式接收兩個 callback 參數：一個提供計算的輸入，另一個使用計算結果來回呼（call back）。我們的函式使用 setInterval 來不斷取得更多輸入並計算它們的結果。

下面的範例展示一個測試，它會讓定時器前進，觸發兩次間隔（interval），並期望兩次呼叫有相同的結果。

範例 6.21　在單元測試中，讓偽造定時器前進

```
describe("calculate with intervals", () => {
  beforeEach(jest.clearAllTimers);
  beforeEach(jest.useFakeTimers);

  test("calculate, incr input/output, calculates correctly", () => {
    let xInput = 1;
    let yInput = 2;
    const inputFn = () => ({ x: xInput++, y: yInput++ });
    const results = [];
    Samples.calculate4(inputFn, (result) => results.push(result));

    jest.advanceTimersToNextTimer();
    jest.advanceTimersToNextTimer();
```

遞增一個變數以驗證 callback 的次數

呼叫 setInterval 兩次

```
    expect(results[0]).toBe(3);
    expect(results[1]).toBe(5);
  });
});
```

這個例子驗證新值是否被正確地計算和儲存。注意，我們也可以只用一次呼叫和一次期望（expect）來編寫相同的測試，並取得與這個較複雜的測試一樣的信心程度，但是當我需要更多信心時，我喜歡加入額外的驗證。

6.4 處理常見事件

在探討非同步單元測試時，基本事件流程是不得不談的主題。希望現在非同步單元測試這個主題對你來說已經相對簡單了，但我想要明確地討論事件的部分。

6.4.1 處理事件發射器

為了確保我們有一致的見解，在此引用 DigitalOcean 的「Using Event Emitters in Node.js」課程中，對於事件發射器的簡潔定義（*http://mng.bz/844z*）：

> 事件發射器是 *Node.js* 的物件，它們透過發送訊息來觸發事件，以表示某個動作已經完成。*JavaScript* 開發者可以用程式來監聽事件發射器發送的事件，以便在每次事件被觸發時執行函式。在這個情境中，事件由識別字串和傳給監聽器的所有資料組成。

考慮下面範例中的 Adder 類別，每次它加入一個東西時，都會發出一個事件。

範例 6.22　使用事件發射器的 Adder

```
const EventEmitter = require("events");

class Adder extends EventEmitter {
  constructor() {
    super();
  }
```

```
    add(x, y) {
      const result = x + y;
      this.emit("added", result);
      return result;
    }
  }
```

要寫一個單元測試來驗證事件被發射，最簡單的方法是在測試中訂閱事件，並確認當 add 函式被呼叫時，事件會被觸發。

範例 6.23　藉著訂閱事件發射器來測試它

```
describe("events based module", () => {
  describe("add", () => {
    it("generates addition event when called", (done) => {
      const adder = new Adder();
      adder.on("added", (result) => {
        expect(result).toBe(3);
        done();
      });
      adder.add(1, 2);
    });
  });
});
```

我們使用 done() 來驗證事件確實被觸發。如果不使用 done()，且事件沒有被觸發，測試會通過，因為被訂閱的程式碼從不執行。加入 expect(x).toBe(y) 也可以驗證以事件參數來傳遞的值，並且隱性地測試事件是否被觸發。

6.4.2 處理按下事件

那些麻煩的 UI 事件呢？例如按下（click）？如何透過腳本來驗證它們有被正確地綁定？考慮範例 6.24 和 6.25 中的簡單網頁及相關邏輯。

範例 6.24　具有 JavaScript click 功能的簡單網頁

```
<!DOCTYPE html>
<html lang="en">
<head>
    <meta charset="UTF-8">
    <title>File to Be Tested</title>
    <script src="index-helper.js"></script>
```

```
</head>
<body>
    <div>
        <div>A simple button</div>
        <Button data-testid="myButton" id="myButton">Click Me</Button>
        <div data-testid="myResult" id="myResult">Waiting...</div>
    </div>
</body>
</html>
```

範例 6.25　以 JavaScript 寫成的網頁邏輯

```
window.addEventListener("load", () => {
  document
    .getElementById("myButton")
    .addEventListener("click", onMyButtonClick);

  const resultDiv = document.getElementById("myResult");
  resultDiv.innerText = "Document Loaded";
});

function onMyButtonClick() {
  const resultDiv = document.getElementById("myResult");
  resultDiv.innerText = "Clicked!";
}
```

我們用一段非常簡單的邏輯來確保按鈕被按下時會設置一個特殊訊息。如何測試這個功能？

雖然我們可以在測試中訂閱「按下」事件並確保它被觸發，但這是一種反模式，對我們沒有任何價值。我們真正關心的是「按下」是否實際完成了一些有用的操作，而不僅僅是觸發事件。

更好的做法是，我們可以觸發按下事件，並確保它改變網頁裡的正確值，這將提供真正的價值，如圖 6.8 所示。

處理常見事件　　**171**

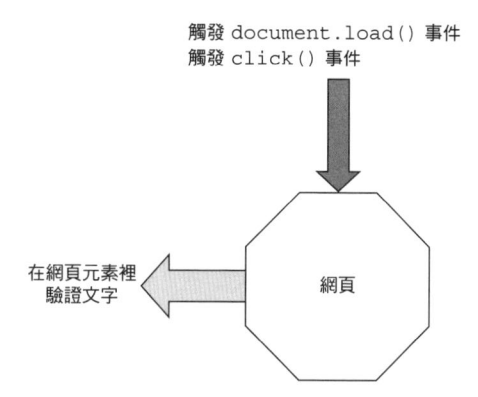

```
                    觸發 document.load() 事件
                    觸發 click() 事件
                            ↓
      ┌──────────┐
      │在網頁元素裡│  ←    ⬡ 網頁
      │驗證文字  │
      └──────────┘
```

圖 6.8 將「按下」當成進入點，將元素當成退出點

下面的範例是我們的測試。

範例 6.26　觸發一個按下事件，並測試元素的文字

```
/**
 * @jest-environment jsdom        ◄── 只為這個檔案套用
 */                                    jsdom 環境
// (在使用視窗事件時，需要上面的程式)
const fs = require("fs");
const path = require("path");
require("./index-helper.js");

const loadHtml = (fileRelativePath) => {
  const filePath = path.join(__dirname, "index.html");
  const innerHTML = fs.readFileSync(filePath);
  document.documentElement.innerHTML = innerHTML;
};

const loadHtmlAndGetUIElements = () => {
  loadHtml("index.html");
  const button = document.getElementById("myButton");
  const resultDiv = document.getElementById("myResult");
  return { window, button, resultDiv };
};

describe("index helper", () => {
  test("vanilla button click triggers change in result div", () => {
    const { window, button, resultDiv } = loadHtmlAndGetUIElements();
    window.dispatchEvent(new Event("load"));      ◄── 模擬 document.load
                                                      事件
    button.click();      ◄──│ 觸發按下的動作
```

```
        expect(resultDiv.innerText).toBe("Clicked!");   ◀── 驗證文件裡的元素
    });                                                      確實被改變
});
```

在這個例子中，我提取了 `loadHtml` 和 `loadHtmlAndGetUIElements` 這兩個工具方法，以便寫出更簡潔、更易讀的測試，如果將來 UI 項目的位置或 ID 發生變化，我也比較不需要改變測試。

在測試中，我們模擬了 `document.load` 事件，讓受測的自訂腳本可以開始運行，然後觸發 `click`，就像使用者按下按鈕一樣。最後，測試驗證文件中的一個元素確實已經改變，這意味著程式成功地訂閱了事件，並完成了它的工作。

注意，我們實際上不關心 index helper 檔案內的邏輯，僅利用在 UI 中見到的狀態變化，它是我們的最終退出點。這可以減少測試中的耦合，因此如果受測程式碼發生變化，測試比較不需要更改，除非可觀察的（公開可見的）功能確實改變了。

6.5　引入 DOM 測試庫

我們的測試有很多樣板碼，主要用於尋找元素和驗證它們的內容。推薦你研究由 Kent C. Dodds 編寫且開源的 DOM Testing Library（*https://github.com/kentcdodds/dom-testing-library-with-anything*）。這個程式庫有適用於當今大多數前端 JavaScript 框架的變體，例如 React、Angular 和 Vue.js。我們將使用名為 DOM Testing Library 的原生版本。

我喜歡這個程式庫的原因在於，它的目的是幫助我們寫出與網頁使用者的觀點更接近的測試。我們用元素文字來查詢，而不是使用元素的 ID；事件的觸發更簡潔，查詢和等待元素的出現或消失也是如此，且這些操作隱藏在語法糖之下。當你在多個測試中使用這個程式庫時，它將帶來很大的幫助。

以下是我們的測試使用這個程式庫時的樣子。

範例 6.27　在簡單的測試中使用 DOM Testing Library

```
const { fireEvent, findByText, getByText }         匯入要使用的
   = require("@testing-library/dom");              程式庫 API

const loadHtml = (fileRelativePath) => {
  const filePath = path.join(__dirname, "index.html");
  const innerHTML = fs.readFileSync(filePath);        程式 API 需要文件
  document.documentElement.innerHTML = innerHTML;     元素作為大部分工
  return document.documentElement;                    作的基礎
};

const loadHtmlAndGetUIElements = () => {
  const docElem = loadHtml("index.html");
  const button = getByText(docElem, "click me", { exact: false });
  return { window, docElem, button };
};

describe("index helper", () => {
  test("dom test lib button click triggers change in page", () => {
    const { window, docElem, button } = loadHtmlAndGetUIElements();
    fireEvent.load(window);
                                              使用程式庫的 fireEvent
    fireEvent.click(button);                  API 來簡化事件的分派

    // 等到 true 或 1 秒到了
    expect(findByText(docElem,"clicked",         這個查詢會一直等待，直到
       { exact: false })).toBeTruthy();          項目被找到，或 1 秒到了
  });
});
```

注意，這個程式庫可讓我們使用網頁項目的普通文本來取得項目，而不是它們的 ID 或測試 ID，這是程式庫幫助我們以更自然的方式從使用者的角度進行工作的方法之一。為了讓測試長期有效，我們使用了 exact: false 旗標，這樣就不必擔心大寫問題，或字串的開頭或結尾缺少字母的問題，以免為了不太重要的文字小變動而修改測試。

摘要

- 直接測試非同步程式碼會產生不穩定的測試，且執行時間較長。為了解決這些問題，你有兩種做法：提取進入點，或提取配接器。

- 提取進入點就是將純邏輯提取到一些單獨的函式中，並將那些函式當成測試的進入點。提取出來的進入點可以接收 callback 作為引數或回傳一個值。為了簡單起見，應優先考慮回傳值，而不是 callback。

- 提取配接器需要提取本質上非同步的依賴項目並將它抽象化，以便將它換成同步的東西。配接器可能有不同類型：
  — 模組化——stub 整個模組（檔案）並換掉它裡面的特定函式。
  — 泛函——將一個函式或值注入受測系統。在測試中，你可以將注入的值換成 stub。
  — 物件導向——在產品程式碼中使用介面，並在測試程式中建立實作該介面的 stub。

- 定時器（例如 setTimeout 和 setInterval）可以直接用 monkey-patching 來替換，或使用 Jest 或其他框架來停用和控制它們。

- 檢驗事件最好的方法是檢查它們產生的最終結果，也就是使用者可在 HTML 文件中看到的改變。你可以直接這樣做，或使用 DOM Testing Library 之類的程式庫。

第三部分

測試程式碼

這個部分將介紹管理和組織單元測試的技術,以及確保專案裡的單元測試具備高品質。

第 7 章探討測試的可信度,解釋如何編寫能夠可靠地回報錯誤是否存在的測試。我們也會瞭解真的測試失敗和假的測試失敗之間的區別。

在第 8 章,我們將探討優良單元測試的主要支柱——易維護性,並研究支援它的技術。為了讓測試長期有用,維護測試所需的工作量不宜過多,否則它們將難逃被冷落的命運。

可信的測試

本章內容

- 該如何知道你信任一個測試
- 檢測不可信的失敗（failing）測試
- 檢測不可信的通過（passing）測試
- 處理不穩定的測試

無論你如何組織測試，或你有多少測試，如果你不能信任它們、維護它們或閱讀它們，它們的價值將非常有限。你的測試應該具備以下三項特性才是優良的測試：

- **可信**——開發者喜歡執行可信的測試，且他們將會滿懷信心地接受測試的結果。可信的測試沒有 bug，並且針對正確的事物進行測試。

- **容易維護**——難以維護的測試是一場惡夢，因為它們可能破壞專案的進度，或是在專案進入緊鑼密鼓的階段時被打入冷宮。開發者會停止維護和修正那些需要花太多時間更改、或經常因為產品程式的小變更而需要更改的測試。

- **易讀**——這不僅是指人們看得懂測試，也是指他們能夠在測試看起來有問題時找出問題所在。如果測試難以閱讀，另外的兩個支柱將會快速崩塌。測試將更難以維護，而且你將不再信任它們，因為你無法理解它們。

本章和接下來兩章將介紹一系列與這些支柱有關的做法，這些做法可以在進行測試復審時使用。擁有這三個支柱可確保時間被充分利用，放棄任何一個都可能會浪費大家的時間。

可信是我評估單元測試時第一個考慮的支柱，所以我們將從它開始討論。如果測試不可信，運行它們有什麼意義？當它們失敗時，修復它們或修復程式碼有什麼意義？維護它們又有什麼意義？

7.1 如何知道你信任一個測試

在測試的背景下，「信任」對軟體開發者來說意味著什麼？這個概念用我們在測試失敗或通過時做或不做的事情來解釋或許比較容易。

如果發生以下的情況，代表你可能不信任一個測試：

- 測試失敗了，但你不擔心（你認為這是偽陽）。
- 你認為這個測試的結果可以忽略，或許是因為它偶爾會通過，或許是因為你覺得它無關緊要或存在 bug。
- 測試通過了，但你卻不放心（你認為這是偽陰）。
- 你仍然覺得必須手動 debug 或測試軟體，「以防萬一」。

如果發生以下的情況，代表你應該信任一個測試：

- 測試失敗會讓你真正擔心有一段程式不正常了。你不會假定測試是錯的，並繼續做下去。
- 測試通過會讓你鬆一口氣，不認為還需要手動測試或 debug。

在接下來的幾節中，我們將藉著觀察測試失敗來辨識不可靠的測試，並藉著觀察通過的測試程式來瞭解如何檢測不可信的測試程式。最後，我們將介紹一些可以加強測試可信度的通用方法。

7.2 測試為何會失敗

在理想情況下，你的測試（任何測試，而不僅僅是單元測試）只應該因為正當的理由而失敗，而這個正當的理由，當然是在底層產品程式碼中發現一個真正的 bug。

不幸的是，測試可能因為多種原因而失敗。我們可以假定，當測試程式因為任何非正當理由而失敗時，都會觸發「不可信」的警告，但並非所有測試都以相同的方式失敗，認識測試失敗的潛在原因有助於擬定每一種情況發生時的行動計畫。

以下是一些測試失敗的原因：

- 在產品程式中發現真正的 bug
- 有 bug 的測試產生假失敗
- 測試因為功能變更而過時
- 測試與另一個測試衝突
- 測試不穩定

除了第一點之外的所有原因都是測試在告訴你：它的當下形式不可信。我們來一一探討這些原因。

7.2.1 在產品程式碼中有真正的 bug 被發現了

測試失敗的第一個原因是產品程式碼有 bug，好事！這就是進行測試的原因。我們來繼續探討其他測試失敗的原因。

7.2.2 有 bug 的測試產生假失敗

如果測試本身有 bug，測試將會失敗。雖然產品程式碼可能是正確的，但如果測試本身有導致測試失敗的 bug，產品程式碼正確與否也就變得不重要了。那個失敗可能是你斷言錯誤的「退出點預期結果」，或是你錯誤地使用受測系統，也可能是你為測試設置錯誤的情境，或是你誤解了應該測試的內容。

無論是哪一種情況，有 bug 的測試可能非常危險，因為在測試中的 bug 也可能導致它通過，使你無法察覺實際情況。稍後會討論應該失敗，卻未失敗的測試。

如何認出有 bug 的測試

你有一個失敗的測試，但你可能已經對產品程式碼進行 debug 了，並且沒有發現任何 bug。此時，你就要對失敗的測試抱持懷疑的態度了，你要開始慢慢 debug 測試程式碼，沒有其他捷徑。

以下是可能導致假失敗的原因：

- 對錯誤的事情或是在錯誤的退出點進行斷言
- 對著進入點注入錯誤的值
- 錯誤地呼叫進入點

原因也可能是你在凌晨兩點寫程式時犯下的小錯誤（順便說一下，這不是長久之計，別這樣寫程式了）。

找到有 bug 的測試之後該怎麼辦？

當你找到有 bug 的測試時，先別慌，它可能是你找了無數個之後才會發現的第一個。你可能會想「我們的測試真爛」。或許沒錯，但這不意味著你要驚慌。修正 bug，運行測試，看看它現在是否通過。

如果測試通過了，別高興得太早！在產品程式碼裡面放一個應該被你剛剛修好的測試抓到的明顯 bug。例如，將一個布林值改成總是 `true` 或 `false`，然後再次執行測試，確定它失敗了；如果沒有，代表你的測試可能還有 bug，修正測試，直到它能夠找到產品程式的 bug，而且你確實看到它失敗為止。

如果你確定測試因為明顯的產品程式問題而失敗，那就修復產品程式問題，接著再次運行測試時，它應該要通過才對。測試通過代表工作完成了。你應該看到測試在該通過時通過，並且在該失敗時失敗。現在你可以提交程式碼，繼續前進了。

如果測試仍然失敗，代表它可能還有另一個錯誤。再次重複整個過程，直到你確認測試在該失敗和該通過時都正確反應。如果測試仍然失敗，代表產品程式碼可能有真正的 bug，若是如此，恭喜你！

如何避免測試在將來出現 bug

據我所知，檢測和防止測試中的 bug 最好的方法之一，是以測試驅動法來編寫程式碼。我曾經在本書第 1 章稍微解釋了這門技術，我本身也在現實中實踐這門技術。

測試驅動開發（TDD）可讓我們看到測試的兩種狀態：它在該失敗時失敗（這是最初的狀態），以及它在該通過時通過（當你撰寫被測試的產品程式碼來讓測試通過時）。如果測試繼續失敗，代表發現產品程式碼的一個 bug。如果測試最初就通過，代表測試有 bug。

要減少測試的 bug 出現的機會，另一個好方法是將它們的邏輯移除，詳情請見第 7.3 節。

7.2.3 測試因為功能的改變而過時

如果測試程式與當下測試的功能不再相容，它也可能失敗。假設你有一個登入功能，在早期的版本中，你需要提供使用者名稱和密碼才能登入，但新版本使用雙因素驗證來取代舊的登入方式，如此一來，現存的測試會開始失敗，因為它們並未提供正確的參數給登入函式。

現在你能做什麼？

你有兩個選擇：

- 配合新功能，修改測試。
- 為新功能編寫新測試，並移除舊測試，因為它已經不相關了。

在未來避免或防止這種情況

世事難料，我不相信有任何測試無論何時都不會過時。我們將在下一章討論變更，它與測試的易維護性、以及測試如何應對應用程式中的變更有關。

7.2.4 測試與另一個測試衝突

假設你有兩個測試，當其中一個失敗時，另一個會通過；並假設它們不會同時通過。你通常只會看到失敗的測試，因為通過的測試…就通過了。

例如，測試可能突然與新行為衝突而失敗。另一方面，有衝突的測試可能期望一個新行為，但找不到它。最簡單的例子是，第一個測試確認「呼叫一個具有兩個參數的函式會產生『3』」，而第二個測試預期同一函式產生「4」。

現在你能做什麼？

根本原因在於其中一個測試已經不重要了，也就是說，它必須移除。該移除哪一個？這個問題必須詢問產品負責人，因為答案與哪個行為是正確的、以及應用程式預期哪一個答案有關。

在未來避免這種情況

我認為這種情況是健康的動態，所以對我來說，不去避免這種狀況發生是可接受的。

7.2.5 測試不穩定

測試可能以不一致的方式失敗。即使受測的產品程式碼沒有改變，測試也可能會不知何故突然失敗，然後又通過，然後又失敗，我們將這種測試稱為「不穩定（flaky）」。

不穩定的測試是一種特殊的問題，我將在第 7.5 節討論它們。

7.3 避免在單元測試中加入邏輯

隨著你在測試中加入越來越多邏輯，在測試中出現 bug 的機會幾乎一定會成指數級增長。我看過許多本該很簡單的測試成為動態的、會產生隨機數、建立執行緒、寫入檔案的怪物（譯按：原文是 monster），它本身儼然是個小型的測試引擎。遺憾的是，因為它們是「測試」，所以程式的作者並未考慮它們可能有 bug，或是沒有把它們寫得容易維護。這些測試怪物需要花更多時間來 debug 和驗證，它們浪費的時間遠遠超過它們節省的時間。

但所有的怪物最初都很小，通常，公司裡的一位經驗老到的開發者會看著測試，開始想，「如果我們以迴圈來執行函式，並建立隨機數作為輸入會怎樣？這樣一定可以找到更多 bug！」你確實會找到更多 bug——尤其是在測試程式裡面！

在測試內的 bug 對開發者來說是最討厭的事情之一，因為你幾乎不會在測試程式本身裡面尋找測試失敗的原因。我不是說附帶邏輯的測試沒有任何價值，事實上，在某些特殊情況下，我自己也可能編寫這樣的測試，但我會盡量避免這種寫法。

如果你的單元測試裡面有以下的任何一項元素，代表你的測試裡面有我建議減少或完全移除的邏輯：

- `switch`、`if` 或 `else` 陳述式
- `foreach`、`for` 或 `while` 迴圈
- 連接符號（+ 符號等）
- `try`、`catch`

7.3.1 在斷言裡面的邏輯：建立動態的預期值

下面是一個關於串接（concatenation）的簡單範例，我們用這個範例來開始討論。

範例 7.1　包含邏輯的測試

```
describe("makeGreeting", () => {
  it("returns correct greeting for name", () => {
    const name = "abc";
    const result = trust.makeGreeting(name);
    expect(result).toBe("hello" + name);    ◀── 在斷言部分裡面的邏輯
  });
```

為了瞭解這個測試有什麼問題，看一下接下來的受測程式碼。注意，兩者都有 + 符號。

範例 7.2　受測程式碼

```
const makeGreeting = (name) => {
  return "hello" + name;
};
```
◀── 與產品程式碼裡面的邏輯相同

注意，將名字與字串 "hello" 連接起來的演算法（雖然非常簡單，但它仍然是一種演算法）在測試和受測程式中重複出現：

```
expect(result).toBe("hello" + name);    ◀──── 我們的測試
return "hello" + name;                  ◀─ 受測程式
```

對我來說，這個測試的問題在於，受測的演算法也在測試中重複出現。這意味著，如果演算法有 bug，測試本身也有相同的 bug。測試不會抓到 bug，反而期待受測程式產生不正確的結果。

在這個例子中，錯誤的結果是被連接的單字之間少了一個空格字元，但希望你能夠明白，隨著演算法變得更複雜，類似的問題可能會變得更麻煩。

這是信任問題，我們無法相信這個測試將告訴我們真相，因為它的邏輯與受測邏輯重複。如果在程式碼中有 bug，測試可能會通過，所以我們不能信任測試的結果。

> **警告**　避免在斷言中動態地建立預期值，盡量使用寫死的值。

比較可信的測試版本可以這樣子寫。

範例 7.3　更可信的測試

```
it("returns correct greeting for name 2", () => {
  const result = trust.makeGreeting("abc");
  expect(result).toBe("hello abc");      ◀─ 使用寫死的值
});
```

由於這個測試的輸入非常簡單，所以將預期值寫死很簡單。我的建議通常是──將測試的輸入簡單化，如此一來，你就可以非常輕鬆地製作一個寫死版的預期值。注意，這主要用於單元測試，對比較高階的測試而言，這個做法比較困難，這也是高階測試的風險比較高的另一個原因，它們經常動態建立預期結果，但這是無論何時都應該避免的事情。

你可能會說:「但是 Roy,現在我們有重複了,字串 "abc" 重複兩次,但在之前的測試中,我們能夠避免這種情況」。在迫不得已的時候,你要優先考慮可信度,而不是易維護性。就算測試非常容易維護,當你不信任它時,它有什麼用處?你可以在 Vladimir Khorikov 的文章「DRY vs. DAMP in Unit Tests」中進一步瞭解關於測試內的程式碼重複的討論(*https://enterprisecraftsmanship.com/posts/dry-damp-unit-tests/*)。

7.3.2 其他形式的邏輯

現在有一個相反的情況:因為動態建立輸入(使用迴圈),迫使我們動態決定預期的輸出是什麼。假設我們有下面的程式碼需要測試。

範例 7.4 尋找名字的函式

```
const isName = (input) => {
  return input.split(" ").length === 2;
};
```

下面的範例顯然是測試的一種反模式。

範例 7.5 在測試裡的迴圈與 if

```
describe("isName", () => {
  const namesToTest = ["firstOnly", "first second", ""];  ◀── 宣告多個輸入

  it("correctly finds out if it is a name", () => {
    namesToTest.forEach((name) => {
      const result = trust.isName(name);
      if (name.includes(" ")) {
        expect(result).toBe(true);            ┐ 產品程式的
      } else {                                │ 邏輯滲漏到
        expect(result).toBe(false);           ┘ 測試中
      }
    });
  });
});
```

注意,測試有多個輸入,這迫使我們以迴圈來迭代這些輸入,迴圈本身就會使測試更複雜。別忘了,迴圈也可能有 bug。

此外，由於我們的值有不同的情境（有空格和沒有空格），我們需要一個 if/else 來知道斷言應該期望什麼，而 if/else 也可能有 bug。我們也重複編寫生產演算法的一部分，讓我們又碰到之前的串接範例，以及它的問題。

最後，測試名稱太籠統。由於我們必須考慮多種情境和預期結果，我們只能將它命名為「it works」，使得程式不容易閱讀。

這是每一個方面都很糟的測試，比較好的做法是將它拆成兩三個測試，讓每一個測試都有自己的情境和名稱。如此一來，我們就可以使用寫死的輸入和斷言，並且將所有的迴圈和 if/else 邏輯移除。複雜的東西都會導致以下問題：

- 讓測試更難閱讀和理解。

- 讓測試難以重現。例如，想像一個使用多執行緒的測試，或一個有隨機數的測試突然失敗的情況。

- 讓測試更有機會出現 bug，或驗證錯誤的東西。

- 讓測試可能更難以命名，因為它做了很多事情。

怪物測試往往會取代比較簡單的測試，讓你更不容易發現產品程式的 bug。如果你必須建立怪物測試，你應該以新測試的形式加入它，而不是用它來取代既有測試。此外，你要將它放在一個專案或資料夾中，並且明確地標示它保存的是「非單元測試」的測試，我將它們稱為「整合測試」或「複雜測試」，並盡量將它們的數量維持在可接受的最低限度。

7.3.3 更多邏輯

邏輯不僅存在於測試中，也存在於測試輔助方法、手寫的偽造物，和測試工具類別中。記住，你在這些地方加入的每一段邏輯都會讓程式碼更難以閱讀，並且讓測試使用的工具方法更有機會出現 bug。

如果你發現由於某些原因需要在測試套件中使用複雜的邏輯（儘管我通常使用整合測試來做這件事，而不是使用單元測試），至少確保在測試專案裡，有幾個針對「工具方法的邏輯」的測試，這可以避免將來的很多麻煩。

7.4 在通過的測試中，聞到虛假的信任感

我們討論過使用失敗的測試作為工具來檢測不該信任的測試了，而那些隨處可見的、保持沉默的、綠色測試呢？該信任它們嗎？在推送至主分支之前需要進行程式碼復審的測試呢？我們該注意什麼？

我們使用「false-trust（虛假信任）」這個術語來形容「你信任一個其實不該信任的測試，但你還不知道這件事」。能夠審查測試並發現潛在的虛假信任問題有很大的價值，因為如此一來，你不但可以自己修復那些測試，也可以提升閱讀或運行測試的每一個人的信任感。如果測試有以下的情況，我會降低對它的信任度，即使那些測試通過：

- 在測試裡沒有斷言。
- 我無法理解測試。
- 單元測試與不穩定的整合測試混合在一起。
- 測試程式驗證多個關注點或退出點。
- 測試持續改變。

7.4.1 未斷言任何事情的測試

我們都認同未驗證真偽的測試沒太大幫助吧？這樣的測試不僅幫助有限，還會增加維護時間、重構成本，以及閱讀時間，有時甚至會在產品程式碼的 API 變更時帶來沒必要的干擾。

如果你看到測試裡沒有斷言，請想想有沒有斷言被隱藏在某個函式呼叫中。若是函式名稱沒有明白地解釋這件事將會導致易讀性問題。有時人們也會為了確保一段程式不會丟出例外而寫一個測試來檢查它，這種測試確實有一定的價值，如果你決定編寫這種測試，務必在測試的名稱中使用「does not throw」等說明。更具體地說，許多測試 API 能夠讓你指定某個東西不會丟出例外。以下是在 Jest 裡的做法：

```
expect(() => someFunction()).not.toThrow(error)
```

如果你有這類測試，請讓它們越少越好。我不建議將它當成標準，它只適用於非常特殊的情況。

有時人們只是因為沒有經驗而忘記編寫斷言，此時可以考慮加入缺少的斷言或刪除沒有價值的測試。人們也可能積極編寫測試以達成管理層憑空想像的測試覆蓋率目標，這些測試除了讓管理層停止干預你的工作，讓你可以進行實際的工作之外，沒有任何真正的價值。

> **提示** 測試覆蓋率絕對不能當成目標，它不代表「程式碼品質」。事實上，它經常導致開發者編寫毫無意義的測試，那些測試有更高的維護成本。你應該衡量的是「逃逸的 bug」、「修復時間」和第 11 章將會討論的其他指標。

7.4.2 不理解測試

這是很大的問題，我會在第 9 章深入討論。可能的問題有：

- 測試名稱不良
- 測試過長或程式碼複雜
- 測試包含令人混淆的變數名稱
- 測試包含隱藏的邏輯或假設，無法被人輕易理解
- 測試結果不確定（既未失敗，也未通過）
- 測試訊息未提供足夠的資訊

不論測試通過還是失敗，如果你不瞭解它，你就不知道該不該擔心。

7.4.3 混合單元測試和不穩定的整合測試

俗話說，一顆老鼠屎，壞了一鍋粥，這句話同樣適用於混合在一起的不穩定測試和穩定測試。整合測試比單元測試更容易不穩定，因為它們有更多依賴關係。如果你將單元測試和整合測試放在同一個資料夾或測試執行命令中，你要小心這件事。

人類喜歡選擇阻力最小的途徑，在編寫程式時也不例外。假設有一位開發者運行了所有測試，而且有一個失敗了，如果他們能夠歸咎於沒有做好的設定或網路問題，他們就會這樣做，他們不會花時間調查和修復真正的

問題。當他們面臨沉重的時間壓力，或無法完成承諾完成的事情時尤其如此。

此時，把失敗的測試都說成是不穩定的測試是最簡單的辦法，因為不穩定的測試和穩定的測試被放在一起，所以很容易這樣做，這也是漠視真正問題並開始進行更有趣的工作的好方法。因為有這種人為因素，我們最好排除「怪罪測試不穩定」的可能性。怎麼防止這種情況發生？我們的目標是將整合測試和單元測試分開，以維護一塊安全的綠色區域。

安全的綠色測試區域只能包含穩定且快速的測試，讓開發者知道他們可以在那裡取得最新的程式碼版本，他們可以運行該名稱空間或資料夾中的所有測試，且那些測試都應該會通過（假設產品程式沒有改變）。如果安全綠色區域裡的某些測試未通過，開發者將更有可能關注那個問題。

如此分離的另一個好處是，由於沒有整合測試，執行時間更快，所以開發者會更頻繁地運行單元測試。獲得一些回饋總比沒有任何回饋更好，不是嗎？自動化的組建管道應負責運行開發者在本地機器上無法運行、或不願意運行的任何「缺漏」回饋測試。

7.4.4 測試多個退出點

第 1 章曾經解釋退出點（我也稱之為關注點），它是工作單元的單一最終結果，可能是回傳值、系統狀態的改變，或針對第三方物件的呼叫。

在下面的簡單範例中，一個函式有兩個退出點，也就是兩個關注點。它既回傳一個值，也觸發傳入的 callback 函式：

```
const trigger = (x, y, callback) => {
  callback("I'm triggered");
  return x + y;
};
```

我們可以寫一個同時檢查這兩個退出點的測試。

範例 7.6　在同一測試中檢查兩個退出點

```
describe("trigger", () => {
  it("works", () => {
    const callback = jest.fn();
    const result = trigger(1, 2, callback);
    expect(result).toBe(3);
```

```
    expect(callback).toHaveBeenCalledWith("I'm triggered");
  });
});
```

在一個測試中測試不只一個關注點的第一個潛在問題是測試名稱會變模糊。我會在第 9 章討論易讀性，在此先簡要地說明一下命名：為測試命名對 debug 和記錄文件來說非常重要。我曾經花大量的時間來為測試想出好名字，對我來說，承認這一點並不可恥。

為測試命名看似簡單，但如果你測試不只一件事，你就很難幫測試取一個能夠指出測試內容的好名字。通常你會得到一個非常籠統的測試名稱，這將迫使讀者閱讀測試程式碼。只測試一個關注點可讓測試更容易命名。但問題不是只有命名而已。

更令人不安的是，在大多數單元測試框架中，失敗的斷言會丟出一種特殊的例外，這些例外會被測試框架執行器抓到，測試框架抓到該例外意味著測試失敗。大多數語言中的大多數例外都會讓程式碼停止執行。所以如果這一行：

```
expect(result).toBe(3);
```

讓斷言失敗，那麼這行根本不會執行：

```
expect(callback).toHaveBeenCalledWith("I'm triggered");
```

測試方法會在丟出例外的同一行退出。這樣子的斷言都可以也應該視為不同的需求，你也可以（在這個例子裡是應該要）分別且逐步地一一實作它們。

你可以將斷言失敗視為疾病的症狀，發現越多症狀就越容易診斷疾病。在失敗之後，後續的斷言都不會執行，讓你無法看到可能提供寶貴資料（症狀）的其他症狀，而那些症狀可以幫助你縮小範圍並發現根本問題。在單一單元測試中檢查多個關注點會增加複雜性，卻沒有太大的價值。你應該在獨立的、自成一體的單元測試中執行額外的關注點檢查，以便看見真正失敗的事情是什麼。

我們將它分成兩個單獨的測試。

範例 7.7　在單獨的測試中檢查兩個退出點

```
describe("trigger", () => {
  it("triggers a given callback", () => {
    const callback = jest.fn();
    trigger(1, 2, callback);
    expect(callback).toHaveBeenCalledWith("I'm triggered");
  });

  it("sums up given values", () => {
    const result = trigger(1, 2, jest.fn());
    expect(result).toBe(3);
  });
});
```

現在我們可以明確地分開關注點，讓每一個關注點都可以單獨失敗。

有時你絕對可以在同一個測試中斷言多件事情，只要它們不是多個關注點即可。以下面的函式及相關測試為例，makePerson 的設計，是用來建立一個具有某些屬性的新 person 物件。

範例 7.8　使用多個斷言來確認單一退出點

```
const makePerson = (x, y) => {
  return {
    name: x,
    age: y,
    type: "person",
  };
};

describe("makePerson", () => {
  it("creates person given passed in values", () => {
    const result = makePerson("name", 1);
    expect(result.name).toBe("name");
    expect(result.age).toBe(1);
  });
});
```

在測試中，我們斷言 name 和 age，因為它們是同一個關注點（建立 person 物件）的一部分。如果第一個斷言失敗，我們不會在意第二個斷言，因為建立物件的第一個步驟就出了大問題了。

> **提示**　這是一個判斷是否拆開測試的小提示：如果第一個斷言失敗了，你會在意下一個斷言的結果嗎？如果會，你可能要把測試分成兩個。

7.4.5　不斷變動的測試

如果測試在執行過程或斷言中使用當下的日期和時間，我們可以說這個測試在每一次執行時其實都是不同的測試。當測試使用隨機數、機器名稱，或是從測試環境外面抓取當下值的時候也一樣。這種測試可能產生不一致的結果，這意味著它們可能是不穩定的。對於開發者來說，不穩定的測試會令人不信任失敗的測試結果（我會在下一節討論這一點）。

動態生成的值有另一個巨大的潛在問題在於，如果我們事先不知道系統的輸入是什麼，我們必須計算系統的預期*輸出*，這可能會造成一個依賴重複的生產邏輯並且有 bug 的測試，如第 7.3 節所述。

7.5　處理不穩定的測試

我不知道 *flaky test*（*不穩定的測試*）這個術語是誰提出來的，但它確實很貼切。這個術語意味著測試在程式碼未改變的情況下回傳不一致的結果。這種情況可能經常發生，也可能非常罕見，但確實會發生。

圖 7.1 說明不穩定性從何而來。這張圖是根據測試程式的實際依賴項目的數量繪製的。另一種考慮方式是看看測試有多少變動因素（moving parts）。在這本書中，我們主要關注圖表的下面三分之一：單元測試和組件測試。不過，我想談一下更高階的不穩定因素，以便提示你研究的方向。

最低層的測試完全控制它的所有依賴項目，因此沒有任何變動因素，或許是因為測試偽造變動因素，或因為它們純粹在記憶體內運行，並且可被設置。我們曾經在第 3 章和第 4 章做過這些事情。在程式中的執行路徑是完全確定的，因為所有初始狀態和各種依賴項目的預期回傳值都已被預先確定了。程式碼的路徑幾乎是靜態的──如果它回傳錯誤的預期結果，代表在產品程式碼的執行路徑或邏輯裡，可能有重要的東西發生變化。

越上層，測試使用的 stub 和 mock 會越少，並使用越來越多實際依賴項目，例如資料庫、網路、組態設置…等。這意味著有更多無法完全控制的變動因素，它們可能會改變執行路徑、回傳意外的值，或完全無法執行。

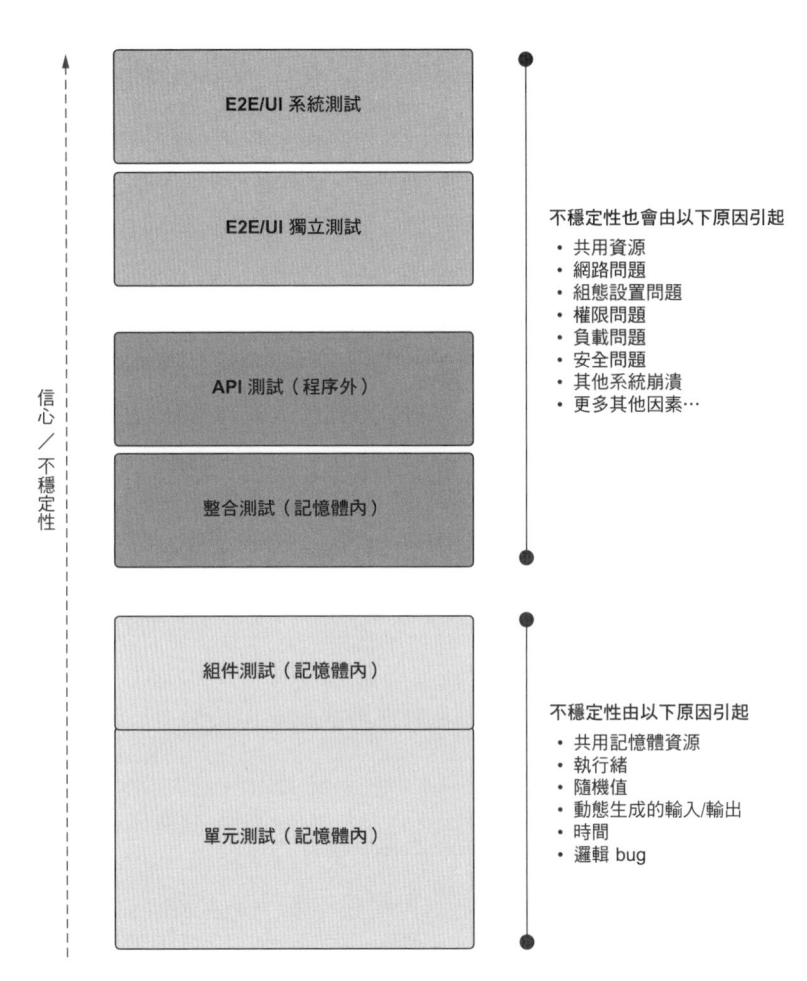

```
                    ┌─────────────────────────┐
                    │                         │
                    │    E2E/UI 系統測試       │
                    │                         │
                    └─────────────────────────┘

                    ┌─────────────────────────┐    不穩定性也會由以下原因引起
                    │                         │     • 共用資源
                    │    E2E/UI 獨立測試       │     • 網路問題
                    │                         │     • 組態設置問題
                    └─────────────────────────┘     • 權限問題
                                                    • 負載問題
                    ┌─────────────────────────┐     • 安全問題
                    │                         │     • 其他系統崩潰
  信                │    API 測試（程序外）    │     • 更多其他因素…
  心                │                         │
  ／                └─────────────────────────┘
  不
  穩                ┌─────────────────────────┐
  定                │                         │
  性                │   整合測試（記憶體內）   │
                    │                         │
                    └─────────────────────────┘

                    ┌─────────────────────────┐
                    │                         │
                    │   組件測試（記憶體內）   │
                    │                         │
                    └─────────────────────────┘    不穩定性由以下原因引起
                                                    • 共用記憶體資源
                    ┌─────────────────────────┐     • 執行緒
                    │                         │     • 隨機值
                    │                         │     • 動態生成的輸入/輸出
                    │   單元測試（記憶體內）   │     • 時間
                    │                         │     • 邏輯 bug
                    │                         │
                    └─────────────────────────┘
```

圖 7.1　測試越高階，它們實際使用的依賴項目就越多，可以讓你對整體系統的正確性更有信心，但也會導致更多不穩定性。

最高層不偽造依賴項目，測試程式依賴的一切都是真的，包括任何第三方服務、安全機制、網路層，以及組態設置。在使用這些類型的測試時，通常必須設置一個盡可能接近生產場景的環境，除非它們直接在生產環境中運行。

在測試圖表中越高層，我們越相信程式碼能夠正常運行，除非我們不信任測試結果。不幸的是，在圖表中越高的測試變得不穩定的機會也會越高，因為相關的變動因素越多。

我們可能認為最低層的測試不應該有任何不穩定性問題，因為應該沒有任何導致不穩定的變動因素。理論上的確如此，但實際上人們仍然會設法在低層測試中加入變動因素，例如使用當下的日期和時間、機器名稱、網路、檔案系統…等，它們都可能導致測試不穩定。

有時測試會在產品程式碼未被碰觸的情況下失敗。例如：

- 測試每運行三次會失敗一次。
- 測試在未知的運行次數中偶爾失敗一次。
- 測試在各種外部條件失敗時失敗，例如網路或資料庫無法使用、其他 API 無法使用、環境組態設置…等。

更痛苦的是，測試使用的每一個依賴項目（網路、檔案系統、執行緒等）通常會增加測試運行的時間。呼叫網路和資料庫需要時間，同樣地，等待執行緒完成、讀取組態設置和等待非同步任務也需要時間。

找出測試失敗的原因也需要更長的時間。找出測試中的 bug 或閱讀大量 log 令人絕望地耗時，而且會慢慢地吞噬你的精力，讓你開始想要更新履歷表。

7.5.1 發現不穩定的測試之後該怎麼做？

你必須理解，不穩定的測試可能讓組織付出昂貴的代價，你應該把「沒有任何不穩定的測試」當成長期目標。下面是降低不穩定測試的處理成本的方法：

- **定義**——你和組織應該對於何謂「不穩定」取得共識。例如，在不改變產品程式碼的情況下運行測試套件 10 次，並統計結果不一致的所有測試（亦即，不穩定就是並非 10 次都失敗或成功的測試）。
- 將任何被視為不穩定的測試放入一個特殊的類別或資料夾中，以便單獨執行。我建議將所有不穩定的測試從常規的交付 build 中移除，避免它們干擾判斷，並暫時將它們隔離到自己的小管道中。接著，逐一檢查這些不穩定的測試，並進行我最喜歡的 flaky 遊戲——「修復、轉換或刪除」。

— 修復：如果可能的話，控制測試的依賴項目來讓測試不再不穩定。例如，如果測試需要資料庫中的資料，那就在測試中將該資料插入資料庫。

— 轉換：藉著移除和控制「測試程式的一或多個依賴項目」來將測試轉換為較低層的測試以消除不穩定性。例如，用 stub 來模擬網路端點，以取代真實的端點。

— 刪除：認真考慮測試帶來的價值是否足以抵消繼續運行它和維護它的成本。有時最好將舊的不穩定測試刪除。有時舊測試已經被更好的新測試覆蓋了，它們只是可以擺脫的技術債務。不幸的是，由於沉沒成本謬誤，很多工程主管不願意刪除這些舊測試，他們認為，既然已經投入這麼多努力了，刪除它們似乎很浪費。然而，此時保留測試花費的成本可能比刪除它還要多，因此，建議你認真考慮用這種做法來處理許多不穩定的測試。

7.5.2 防止高層測試不穩定

如果你想要防止高層測試不穩定，最好的方法是確保測試程式以任何方式部署在任何環境之後都是可重複的。這可能涉及以下幾項工作：

- 將你的測試對外部共享資源進行的任何改變復原。

- 不要依賴其他測試來更改外部狀態。

- 取得一些對於外部系統和依賴項目的控制權，例如確保你有能力隨時重新建立它們（在網路上搜尋「infrastructure as code」）、建立可以控制的 dummy，或在它們上面建立特殊的測試帳號，並祈禱這些帳號能保持安全。

關於最後一點，在使用由其他公司管理的外部系統時，控制外部依賴項目可能非常困難，甚至無法做到，在這種情況下，你可以考慮以下選項：

- 如果有一些低層測試已經涵蓋一些高層測試的情境，移除那些高層測試。

- 將一些高層測試轉換為一組低層測試。

- 如果你正在編寫新測試，考慮使用適合在管道中使用的測試策略，並搭配測試配方（例如我將在第 10 章解釋的那種）。

摘要

- 如果你在測試失敗時不相信它，你可能會忽略真正的 bug；如果你在測試通過時不相信它，你最終會進行大量的手動 debug 和測試。如果你有優良的測試，這兩種結果應該會減少。如果你不試著減少這兩種結果，又花很多時間來編寫連自己都不相信的測試，那麼寫那些測試又有何意義？

- 測試可能因為多種原因而失敗，例如在產品程式碼裡的真實 bug、在測試裡的 bug 導致假失敗、由於功能改變而導致測試過時、測試互相衝突，或測試的不穩定性。只有第一個原因可以接受，其他的原因都意味著測試不可信。

- 避免測試裡的複雜性，例如建立動態預期值，或重複編寫底層產品程式碼的邏輯。這種複雜性會增加測試出現 bug 的機會，以及理解測試所需的時間。

- 如果測試沒有任何斷言、你無法瞭解一個測試在做什麼、測試與不穩定的測試一起運行（即使這個測試本身沒有不穩定）、測試驗證多個退出點，或是測試經常變動，你就不能完全相信這種測試。

- 不穩定的測試是指在非預期的情況下失敗的測試。越高層的測試使用的真實依賴項目越多，所以可讓我們相信整體系統的正確性，但也會導致更多不穩定性。為了更準確地認出不穩定的測試，你可以將它們放在一個能夠單獨運行的特殊類別或資料夾中。

- 為了減少測試的不穩定性，你應該修復測試，或是將不穩定的高層測試轉換為比較穩定的低層測試，或是刪除它們。

8 易維護性

本章內容
- 測試失敗的根本原因
- 常見但可避免的測試程式碼變更
- 讓目前未失敗的測試更容易維護

測試可以提升開發速度，除非它們因為所有必須的更改而降低速度。如果我們可以在更改產品程式碼時，避免更改現有的測試，我們就可以預期測試是有幫助的，不會踐踏我們的底線。本章的重點是測試的易維護性。

不容易維護的測試會阻礙專案進度，當專案進入緊鑼密鼓的階段時，這種測試通常會被擺到一旁，開發者會停止維護及修復那些需要花太多時間更改，或經常為了產品程式碼的小變動而需要修改的測試。

如果易維護性是衡量「我們被迫更改測試的頻率」的指標，那麼我們希望盡量減少更改測試的情況發生。這迫使我們在深入探討根本原因時，提出以下這些問題：

- 我們什麼時候會注意到測試失敗，因而可能需要修改它？
- 測試為什麼會失敗？
- 哪些失敗會迫使我們更改測試？
- 即使我們沒有被迫更改測試，我們什麼時候會更改測試？

本章將介紹一系列和易維護性有關的實踐技巧，這些實踐技巧可以在進行測試程式復審時使用。

8.1 因測試失敗而被迫進行的更改

測試失敗通常是易維護性可能出問題的第一個跡象。當然，它或許會幫助你發現產品程式碼的真實 bug，但若非如此，測試還會因為什麼原因而失敗？我將名副其實的失敗稱為**真失敗**，將除了「發現產品程式 bug」以外的原因造成的失敗稱為**假失敗**。

如果我們想要衡量測試的易維護性，我們可以先統計一段時間內的假失敗數量，及記錄每一個失敗的原因。我們已經在第 7 章討論過其中一個原因了：測試有 bug。接下來要討論可能導致假失敗的其他原因。

8.1.1 測試不相關，或與另一個測試衝突

當產品程式碼引入一個與現有測試直接衝突的新功能時，可能會引發衝突。此時，測試可能不是發現 bug，而是發現衝突或新需求。此外，可能也會存在針對產品程式碼應如何運作的新期望，且通過的測試。

此時，若不是現有的失敗測試不再相關，就是新需求是錯的。假如需求是正確的，你或許可以刪除不再相關的測試。

注意，「刪除測試」這條規則有一個常見的例外：當你使用**功能開關**時。我們將在第 10 章探討測試策略時談到功能開關。

8.1.2 產品程式碼的 API 改變了

如果受測的產品程式碼改變了，導致受測函式或受測物件的用法改變了，即使它仍然有相同的功能，測試也可能會失敗。這種假失敗屬於「應該盡量避免」的範疇。

考慮下面的範例 8.1 中的 `PasswordVerifier` 類別，它需要兩個建構函式參數：

- 一個 `rules` 陣列（每一個 `rule` 都是一個接收輸入並回傳布林值的函式）
- 一個 `ILogger` 介面

範例 8.1　具有兩個建構函式參數的 Password Verifier

```
export class PasswordVerifier {
   ...
   constructor(rules: ((input) => boolean)[], logger: ILogger) {
      this._rules = rules;
      this._logger = logger;
   }

   ...
}
```

我們可以寫幾個下面這樣的測試。

範例 8.2　未使用工廠函式的測試

```
describe("password verifier 1", () => {
  it("passes with zero rules", () => {
    const verifier = new PasswordVerifier([], { info: jest.fn() });
    const result = verifier.verify("any input");
    expect(result).toBe(true);
  });

  it("fails with single failing rule", () => {
    const failingRule = (input) => false;
    const verifier =
      new PasswordVerifier([failingRule], { info: jest.fn() });
    const result = verifier.verify("any input");
    expect(result).toBe(false);
  });
});
```

使用程式碼的現有 API 的測試

從易維護性的角度來看待這些測試，我們以後可能需要更改它們的幾個地方。

程式碼通常存在一段很長的時間

你編寫的程式碼會在碼庫中存在至少 4 ～ 6 年，有時甚至 10 年以上，在這段時間內，PasswordVerifier 的設計改變的機率有多大？隨著時間過去，即使是簡單的事情，例如讓建構函式接受更多參數，或參數型態改變，都會越來越有可能發生。

我們來列出一些將來可能發生在 Password Verifier 的更改：

- 我們可能為 PasswordVerifier 的建構函式加入或移除參數。
- PasswordVerifier 的某個參數可能要改成不同的型態。
- ILogger 函式的數量或簽章可能改變。
- 因為使用模式改變了，所以不需要實例化新的 PasswordVerifier，而是直接使用它裡面的函式。

如果以上的情況發生了，我們需要更改多少測試？目前需要更改會將 PasswordVerifier 實例化的所有測試。我們能否防止一些這樣的更改？

假裝未來已經到來，我們的擔心成真了，有人改了產品程式碼的 API。假設建構函式簽章被改成使用 IComplicatedLogger 而不是 ILogger，如下所示。

範例 8.3　在建構函式裡的重大變更

```
export class PasswordVerifier2 {
  private _rules: ((input: string) => boolean)[];
  private _logger: IComplicatedLogger;

  constructor(rules: ((input) => boolean)[],
      logger: IComplicatedLogger) {
    this._rules = rules;
    this._logger = logger;
  }
  ...
}
```

在這種情況下，我們必須更改將 PasswordVerifier 實例化的任何測試。

工廠函式可解耦受測物件的建立

為了避免將來發生這種痛苦的情況，有一個簡單的方法是將「測試物件的建立」解耦或抽象化，讓建構函式的更改只需在同一個地方處理。專門用來建立和預先設置物件實例的函式通常稱為**工廠函式**或方法。Object Mother 模式是這種工廠函式的高級版本（在此不予討論）。

工廠函式可以幫助緩解這個問題。接下來的兩個範例展示在簽章被更改之前，我們可以怎麼編寫測試，以及在這個例子裡，我們如何輕鬆地配合簽章的變更。在範例 8.4 中，`PasswordVerifier` 的建立已被提取至其專屬的集中化工廠函式中。我也用同樣的方式來處理 `fakeLogger`──它現在也是用它自己的獨立工廠函式來建立的。如果未來發生之前列出的任何更改，我們只要更改工廠函式即可，通常不需要修改測試。

範例 8.4　重構為工廠函式

```
describe("password verifier 1", () => {
  const makeFakeLogger = () => {          ◀── 在此集中建立
    return { info: jest.fn() };              fakeLogger
  };

  const makePasswordVerifier = (
    rules: ((input) => boolean)[],
    fakeLogger: ILogger = makeFakeLogger()) => {   ◀── 在此集中建立
      return new PasswordVerifier(rules, fakeLogger);   PasswordVerifier
  };

  it("passes with zero rules", () => {
    const verifier = makePasswordVerifier([]);   ◀── 使用工廠函式來建立
                                                    PasswordVerifier
    const result = verifier.verify("any input");

    expect(result).toBe(true);
  });
});
```

在下面的範例中，我因為簽章的變更重構了測試。注意，這次的更改並未更改測試，而是只更改工廠函式。這就是在實際的專案中，我能接受的那種可管理的變更。

範例 8.5　重構工廠方法以配合新的簽章

```
describe("password verifier (ctor change)", () => {
  const makeFakeLogger = () => {
    return Substitute.for<IComplicatedLogger>();
  };

  const makePasswordVerifier = (
    rules: ((input) => boolean)[],
    fakeLogger: IComplicatedLogger = makeFakeLogger()) => {
      return new PasswordVerifier2(rules, fakeLogger);
  };
```

```
    // 測試維持相同
});
```

8.1.3 在其他測試內的變更

測試未隔離是導致測試阻塞（test blockage）的主因——我在擔任顧問和編寫單元測試時看過測試阻塞的情況。有一個必須記住的基本概念是，測試應該在它自己的小世界裡運行，與其他測試隔開，即使它們檢驗的功能相同。

> **大喊「失敗」的測試**
>
> 在我參與的一個專案中，單元測試的行為很奇怪，而且隨時間變得越來越奇怪。有一個測試本來失敗了，後來突然連續幾天通過，再過一天，它又看似隨機地失敗，但是在其他時候，即使我們修改程式碼以刪除它或更改它的行為，測試也會通過。這種情況非常嚴重，以致於開發者會互相這樣說：「沒關係啦，如果測試有時可以通過，那就意味著它通過了」。
>
> 調查後，我們發現測試在它的程式碼的一部分中呼叫了另一個（且不穩定的）測試，當另一個測試失敗時，它會破壞第一個測試。
>
> 在花了一個月來嘗試各種解決辦法之後，我們又花了三天來解開這個亂局，終於讓測試正常運作之後，我們又在程式碼中發現一堆真正的 bug。由於測試本身的 bug 和問題，我們忽略了那些真正的 bug。童話故事「狼來了」的教訓，在開發領域中也會發生。

當測試未被妥善分隔時，它們會互相干擾，讓你開始後悔使用單元測試，並發誓再也不會用它了，我真的看過這種情況。如果開發者不尋找測試中的問題，等到問題出現時，他們可能要花費大量的時間來找出問題所在。最簡單的症狀就是我所說的「constrained test order」。

constrained test order

constrained test order（受約束的測試順序）是指某個測試假定有另一個測試會先執行或不會先執行，因為它依賴一個由其他測試設定或重設的共用狀態。比如說，如果有一個測試改變了記憶體內的共享變數或某個外部資

源，例如資料庫，而且在第一個測試執行之後，有另一個測試依賴那個變數的值，那麼測試之間就有順序依賴關係。

再加上大多數的測試執行器不保證（也不會，或許也不應該！）測試會以特定順序運行，這意味著，如果你今天運行了所有測試，並在一週後使用測試執行器的新版本來運行所有測試，測試可能以不同的順序運行。

為了說明這個問題，我們來看一個簡單的情境。圖 8.1 是一個使用 `UserCache` 物件的 `SpecialApp` 物件。user cache 保存了一個實例（一個單例，singleton）作為應用程式的共用快取機制，巧合的是，它也被測試使用。範例 8.6 是 `SpecialApp`、使用者快取（user cache）和 `IUserDetails` 介面的實作。

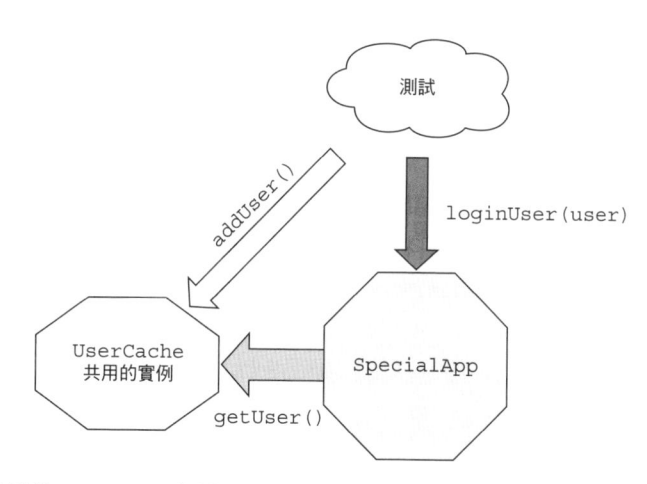

圖 8.1　共用的 `UserCache` 實例

範例 8.6　共用的使用者快取和相關的介面

```
export interface IUserDetails {
  key: string;
  password: string;
}

export interface IUserCache {
  addUser(user: IUserDetails): void;
  getUser(key: string);
  reset(): void;
}
export class UserCache implements IUserCache {
```

```
  users: object = {};
  addUser(user: IUserDetails): void {
    if (this.users[user.key] !== undefined) {
      throw new Error("user already exists");
    }
    this.users[user.key] = user;
  }

  getUser(key: string) {
    return this.users[key];
  }

  reset(): void {
    this.users = {};
  }
}
let _cache: IUserCache;
export function getUserCache() {
  if (_cache === undefined) {
    _cache = new UserCache();
  }
  return _cache;
}
```

下面的範例是 SpecialApp 的實作程式碼。

範例 8.7　SpecialApp 的實作

```
export class SpecialApp {
  loginUser(key: string, pass: string): boolean {
    const cache: IUserCache = getUserCache();
    const foundUser: IUserDetails = cache.getUser(key);
    if (foundUser?.password === pass) {
      return true;
    }
    return false;
  }
}
```

對這個範例而言，這是一個簡單的實作，所以不用太擔心 SpecialApp。我們來看測試。

範例 8.8　需要按照特殊順序來執行的測試

```
describe("Test Dependence", () => {
  describe("loginUser with loggedInUser", () => {
    test("no user, login fails", () => {
      const app = new SpecialApp();
      const result = app.loginUser("a", "abc");      │使用者快取
      expect(result).toBe(false);                     │必須是空的
    });

    test("can only cache each user once", () => {
      getUserCache().addUser({         ◀── 將使用者
        key: "a",                           加入快取
        password: "abc",
      });

      expect(() =>
        getUserCache().addUser({
          key: "a",
          password: "abc",
        })
      ).toThrowError("already exists");
    });

    test("user exists, login succeeds", () => {
      const app = new SpecialApp();
      const result = app.loginUser("a", "abc");      │快取裡面必須
      expect(result).toBe(true);                      │有使用者
    });
  });
});
```

注意，第一個和第三個測試都依賴第二個測試。第一個測試依賴第二個測試尚未執行，因為它需要空的使用者快取。另一方面，第三個測試依賴第二個測試將預期使用者填入快取。如果我們使用 Jest 的 test.only 關鍵字只執行第三個測試，該測試將會失敗：

```
test.only("user exists, login succeeds", () => {
  const app = new SpecialApp();
  const result = app.loginUser("a", "abc");
  expect(result).toBe(true);
});
```

CHAPTER 8　易維護性

這種反模式通常在你試圖重複使用測試的一部分,而沒有將它提取出來做成輔助函式的時候發生。你會期待另一個測試先執行,以便節省一些設置工作。這種方法在有效時看似可行,但終究會出問題。

我們可以用以下的步驟來重構它:

- 提取一個用來加入使用者的輔助函式。
- 在多個測試中重複使用這個函式。
- 在測試之間重設使用者快取。

下面的範例展示如何重構測試以避免這個問題。

範例 8.9　重構測試,以移除順序依賴關係

```
const addDefaultUser = () =>                ◄── 提取出來的函式,
  getUserCache().addUser({                      用來建立使用者
    key: "a",
    password: "abc",
  });

const makeSpecialApp = () => new SpecialApp();  ◄── 提取出來的
                                                    工廠函式

describe("Test Dependence v2", () => {
  beforeEach(() => getUserCache().reset());   ◄── 在不同的測試之間
                                                  重設使用者快取
  describe("user cache", () => {              ◄──┐
    test("can only add cache use once", () => {  │
      addDefaultUser();                          │
                                                 │
      expect(() => addDefaultUser())             │
        .toThrowError("already exists");         │ 嵌套的新
    });                                          │ describe 函式
  });                                            │
                                                 │
  describe("loginUser with loggedInUser", () => { │
    test("user exists, login succeeds", () => { ◄┘
      addDefaultUser();
      const app = makeSpecialApp();

      const result = app.loginUser("a", "abc");
      expect(result).toBe(true);
    });

    test("user missing, login fails", () => {
      const app = makeSpecialApp();
```

呼叫可重複使用的輔助函式

```
        const result = app.loginUser("a", "abc");
        expect(result).toBe(false);
      });
    });
});
```

這裡有幾個重點。首先，我們提取了兩個輔助函式：一個是 makeSpecialApp 工廠函式，另一個是可以重複使用的 addDefaultUser 輔助函式。接下來，我們建立一個非常重要的 beforeEach 函式，它會在每一個測試之前重設使用者快取。當我遇到這樣的共用資源時，幾乎都會寫一個 beforeEach 或 afterEach 函式，在測試運行之前或之後，用來將共用資源重設為原始狀態。

現在，第一個測試和第三個測試在它們自己的嵌套 describe 結構中運行。它們都使用 makeSpecialApp 工廠函式，其中一個使用 addDefaultUser，以確保它不需要依賴其他測試先執行。第二個測試也在它自己的嵌套 describe 函式中運行，並重複使用 addDefaultUser 函式。

8.2 讓維護工作更輕鬆的重構

到目前為止，我討論了迫使我們進行更改的測試失敗。接下來要討論我們選擇進行的更改，目的是為了讓測試更容易長期維護。

8.2.1 避免測試 private 或 protected 方法

這一節與物件導向語言和 TypeScript 比較有關。對開發者而言，private 或 protected 方法通常因為充分的理由而設為私用。有時這是為了隱藏實作細節，以便在不改變可觀察行為的情況下，隨時更改實作。也可能是出於安全或智慧財產權相關的原因（例如故意混淆程式碼）。

當你測試一個 private 方法時，你其實是在測試系統內部的合約。內部的合約是動態的，當你重構系統時，它們可能會改變。當它們改變時，即使系統的整體功能保持不變，你的測試仍然可能會失敗，因為有一些內部的運作方式改變了。就測試而言，你只要關注公共合約（即可觀察的行為）即可。測試 private 方法的功能可能會破壞測試，即使可觀察的行為是正確的。

這樣想吧：沒有 private 方法是獨立存在的，最終總會有某段程式呼叫它，否則它永遠不會被觸發。通常會有一個公用方法呼叫這個 private 方法，即使不是直接呼叫，在呼叫鏈上，也一定會有一個公用方法間接呼叫它。這意味著任何 private 方法都是系統中更大的工作單元或使用案例的一部分，這些使用案例始於公用 API，並以以下的三種結果之一結束：回傳值、改變狀態，或呼叫第三方（或全部都有）。

所以，如果你看到一個 private 方法，那就找出在系統中執行它的公共用例。如果你只測試 private 方法，而且它正常運作，這種結果並不意味著系統的其餘部分有正確地使用這個 private 方法、或正確處理它提供的結果。也許你擁有一個內部完美運作的系統，但完善的內部機制，卻透過公用 API 被錯誤地使用。

如果有一個 private 方法值得測試，它可能值得你將它設為 public、static，或至少是 internal，並且為使用它的任何程式碼定義一個公共合約。在某些情況下，把這個方法全部放到不同的類別中，可能會讓設計更簡潔。稍後會介紹這些方法。

這是否意味著碼庫中不該有 private 方法？不！在進行測試驅動設計時，你通常會針對 public 方法編寫測試，之後將這些 public 方法重構成呼叫較小的 private 方法。在整個過程中，針對 public 方法進行的測試都會通過。

將方法設為 public

將方法設為 public 不一定不好，在偏向泛函的領域中，這甚至不是個問題。雖然這種做法看似違反許多人接受的物件導向原則，但有時並非如此。

你想要測試一個方法可能意味著該方法對呼叫它的程式而言有已知的行為或合約，將它設為 public 就是將這一點正式化。讓方法維持 private 就是在告訴後來的開發者：他們可以更改方法的實作，不需要考慮使用它的未知程式碼。

將方法提取到新類別或模組

如果你的方法有很多可以獨立存在的邏輯，或它在類別或模組中使用了該方法專屬的狀態變數，你或許可以將該方法提取到一個具有特定角色的新類別或它自己的模組中，以便單獨測試那個類別。Michael Feathers 的

《Working Effectively with Legacy Code》（Pearson，2004）裡面有這種技術的一些好範例，Robert Martin 的《Clean Code》（Pearson，2008）可以幫助你判斷何時適合這種做法。

將無狀態的 private 方法設為 public 和 static

如果方法是完全無狀態的，有些人會將它重構為 static（在支援此功能的語言中）。這可讓方法更容易測試，也可以表明該方法是一種工具（utility）方法，且用名稱定義了一個公共合約。

8.2.2 讓測試保持 DRY

在單元測試中的重複程式碼對你造成的影響可能與產品程式碼中的重複程式碼一樣大，甚至可能更大。這是因為對於任何重複程式碼的更改，都會迫使你更改所有重複的部分。當你處理測試時，更有可能出現的風險是：開發者為了避免麻煩，選擇刪除或忽略那些測試，而不是修復它們。

DRY（don't repeat yourself）原則在測試程式中與產品程式碼中一樣有效。重複的程式碼意味著一旦被你測試的某一個層面改變，你就要更改更多程式碼。更改建構函式或更改「使用類別的語義（semantic）」可能會嚴重地影響具有大量重複程式碼的測試。

如本章稍早的例子所示，使用輔助函式有助於減少測試中的重複。

> **警告** 移除重複也可能會做過頭，降低易讀性。我們會在下一章討論易讀性時談到這個主題。

8.2.3 避免使用 setup 方法

我不太喜歡 beforeEach 函式（也稱為 *setup* 函式），這個函式會在每一個測試前執行一次，通常被用來消除重複性。我比較喜歡使用輔助函式。setup 函式太容易被濫用，開發者往往在不合適的地方使用它們，導致測試變得不易閱讀且難以維護。

許多開發者以各種方式來亂用 setup 方法：

- 在 setup 方法中初始化只在檔案中的某些測試裡使用的物件
- 寫出冗長且難以理解的 setup 程式碼
- 在 setup 方法中設置 mock 和偽造物件

此外，setup 方法有一些限制，使用簡單的輔助方法就可以解決這些限制：

- setup 方法只能在你需要初始化某些東西時提供幫助。
- setup 方法不一定是消除重複的最佳選項。消除重複不一定要建立和初始化新的物件實例。有時消除重複是消除斷言邏輯中的重複，或以特定的方式呼叫程式碼。
- setup 方法不能有參數或回傳值。
- setup 方法不能像工廠方法那樣回傳值。它們是在測試執行之前運行的，所以它們的運作方式非得更通用不可。然而，有時測試需要請求特定的內容，或用特定的參數來呼叫共享程式碼（例如，檢索一個物件，並將它的屬性設為特定值）。
- 在 setup 方法裡面只應該有適用於當下測試類別裡的所有測試的程式碼，否則方法會變得更難閱讀和理解。

我幾乎完全不會在我寫的測試中使用 setup 方法。測試程式碼應該像產品程式碼一樣簡潔，但如果你的產品程式碼看起來很糟，切勿以此為藉口編寫難以閱讀的測試。請使用工廠方法和輔助方法，為 5 年或 10 年之後維護你的程式碼的開發者世代創造更好的環境。

> **注意** 我們曾經在第 8.2.3 節（範例 8.9）以及第 2 章中看過一個將 beforeEach 改成使用輔助方法的例子。

8.2.4 使用參數化的測試來消除重複

如果你的所有測試看起來都一樣，換掉 setup 方法的另一個選擇是使用參數化測試。在不同程式語言裡有不同的測試框架支援參數化測試，如果你使用 Jest，你可以使用內建的 test.each 或 it.each 函式。

讓維護工作更輕鬆的重構 211

參數化可以將原本會重複的，或是位於 beforeEach 區塊內的設定邏輯移到測試的 arrange 部分。它也有助於避免斷言邏輯重複，如下例所示。

範例 8.10　使用 Jest 將測試參數化

```
const sum = numbers => {
    if (numbers.length > 0) {
        return parseInt(numbers);
    }
    return 0;
};

describe('sum with regular tests', () => {
    test('sum number 1', () => {
        const result = sum('1');
        expect(result).toBe(1);
    });
    test('sum number 2', () => {
        const result = sum('2');
        expect(result).toBe(2);
    });
});
```
　　　　　　　　　　　　　　　　　　　　重複的設定和斷言邏輯

```
describe('sum with parameterized tests', () => {
    test.each([
        ['1', 1],          用來設定和斷言
        ['2', 2]           的測試資料
    ])('add ,for %s, returns that number', (input, expected) => {
        const result = sum(input);           無重複的設定
        expect(result).toBe(expected);        和斷言
    }
    )
});
```

在第一個 describe 區塊中有兩個測試，它們是互相重複的，但有不同的輸入值和預期輸出。在第二個 describe 區塊中，我們使用 test.each 來提供一個陣列的陣列，其中的每一個子陣列都列出測試函式需要的所有值。

參數化的測試有助於減少測試之間的大量重複，但小心，這種技術只能在我們有完全相同的重複情境、而且只更改輸入和輸出時使用。

8.3 避免過度規範

過度規範是指測試假設了受測單元（產品程式碼）如何實現它的內部行為，而非單純檢查可觀察的行為（退出點）是否正確。

以下是單元測試常見的過度規範情況：

- 測試針對受測物件的純內部狀態進行斷言。
- 測試使用多個 mock。
- 測試將 stub 當成 mock 來使用。
- 測試假設特定的執行順序，或字串完全相符，即使這些並非必要。

我們來看一些過度規範的測試的範例。

8.3.1 使用 mock 來過度規範內部行為

有一種很常見的反模式是驗證類別或模組的內部函式是否被呼叫，而不是檢查工作單元的退出點。下面的 password verifier 呼叫了內部函式，而內部函式不是測試應該關心的重點。

範例 8.11　呼叫 protected 函式的產品程式

```
export class PasswordVerifier4 {
  private _rules: ((input: string) => boolean)[];
  private _logger: IComplicatedLogger;

  constructor(rules: ((input) => boolean)[],
      logger: IComplicatedLogger) {
    this._rules = rules;
    this._logger = logger;
  }

  verify(input: string): boolean {
    const failed = this.findFailedRules(input);    ◀── 呼叫內部函式

    if (failed.length === 0) {
      this._logger.info("PASSED");
      return true;
    }
    this._logger.info("FAIL");
    return false;
```

```
    }

    protected findFailedRules(input: string) {        ◀━ 內部函式
      const failed = this._rules
        .map((rule) => rule(input))
        .filter((result) => result === false);
      return failed;
    }
}
```

注意,我們呼叫 protected 的 findFailedRules 函式來取得它的結果,然後使用結果來進行計算。

下面是我們的測試。

範例 8.12　過度規範的測試,驗證針對 protected 函式的呼叫
```
describe("verifier 4", () => {
  describe("overspecify protected function call", () => {
    test("checkfailedFules is called", () => {
      const pv4 = new PasswordVerifier4(
        [], Substitute.for<IComplicatedLogger>()
      );
      const failedMock = jest.fn(() => []);          │ mock 內部函式
      pv4["findFailedRules"] = failedMock;           │

      pv4.verify("abc");

      expect(failedMock).toHaveBeenCalled();         ◀━ 驗證內部函式呼叫。
    });                                                 別這麼做。
  });
});
```

這段程式的反模式是它驗證一個非退出點的東西。我們檢查程式碼是否呼叫某個內部函式,但是這能夠證明什麼?我們並未檢查計算結果是否正確,只是為了測試而測試。

如果函式回傳一個值,這通常強烈地指示你不應該 mock 該函式,因為函式呼叫本身不是退出點,退出點是 verify() 函式回傳的值。我們甚至不該關心內部函式是否存在。

驗證一個本身不是退出點的 protected 函式的 mock，就是將「測試實作」與「受測程式碼的內部實作」耦合起來，這樣做沒有真正的好處。當內部呼叫發生變化（而且它們一定會改變）時，我們還要更改與這些呼叫有關的所有測試，這不是愉快的體驗。你可以在 Vladimir Khorikov 的《*Unit Testing Principles, Practices, and Patterns*》（Manning，2020）的第 5 章看到關於 mock 以及它們與測試脆弱性之間的關係的更多資訊。

我們該怎麼做？

尋找退出點，真正的退出點取決於你想要執行的測試類型：

- **基於值的測試**——我強烈建議在可能的情況下採用基於值的測試，在這種測試中，我們要尋找被呼叫的函式回傳的值。在這個例子裡，verify 函式回傳一個值，因此它是基於值的測試的理想候選對象：pv4.verify("abc")。

- **基於狀態的測試**——在基於狀態的測試中，我們尋找與進入點同一層、且因為呼叫 verify() 函式而被影響的兄弟函式或兄弟屬性。例如，firstname() 和 lastname() 可以視為兄弟函式，它們是斷言的對象。在這個碼庫中，沒有同一層的可見元素因為呼叫 verify() 而被影響，所以它不是基於狀態的測試的好對象。

- **第三方測試**——第三方測試要用 mock 來處理，這需要在程式碼內找到「射後不理」的部分。findFailedRules 函式不是這樣的部分，因為它會回傳資訊給 verify() 函式。在這個例子裡，沒有真正的第三方依賴項目需要我們接管。

8.3.2 過度規範精確的輸出和順序

測試程式過度規範回傳值的順序和結構是一種常見的反模式。在斷言中指定整個集合和它的每一個項目通常比較簡單，但這種方法會帶來潛在的負擔：當集合的任何細節有所改變時，我們必須修復測試。與其使用一個龐大的斷言，我們應該將驗證的不同方面拆成更小的、更明確的斷言。

下面的範例有一個 verify() 函式，它接收多個輸入並回傳一個結果物件串列。

範例 8.13　一個回傳輸出串列的 verifier

```typescript
interface IResult {
  result: boolean;
  input: string;
}

export class PasswordVerifier5 {
  private _rules: ((input: string) => boolean)[];

  constructor(rules: ((input) => boolean)[]) {
    this._rules = rules;
  }

  verify(inputs: string[]): IResult[] {
    const failedResults =
      inputs.map((input) => this.checkSingleInput(input));
    return failedResults;
  }

  private checkSingleInput(input: string): IResult {
    const failed = this.findFailedRules(input);
    return {
      input,
      result: failed.length === 0,
    };
  }
}
```

這個 `verify()` 函式回傳一個包含 `IResult` 物件的陣列，其中的每一個物件都有 `input` 和 `result`。下面的範例是一個測試，它隱性地檢查 `result` 的順序，和每一個 `result` 的結構與值。

範例 8.14　過度規範結果的順序和結構

```typescript
test("overspecify order and schema", () => {
  const pv5 =
    new PasswordVerifier5([input => input.includes("abc")]);

  const results = pv5.verify(["a", "ab", "abc", "abcd"]);

  expect(results).toEqual([
    { input: "a", result: false },
    { input: "ab", result: false },     ← 龐大的斷言
    { input: "abc", result: true },
    { input: "abcd", result: true },
  ]);
});
```

這個測試在未來可能會發生哪些變化？以下是幾個可能導致變化的原因：

- 當 results 陣列的長度改變時
- 當每個 result 物件增加或移除屬性時（即使測試不在乎那些屬性）
- 當結果的順序改變時（即使它對當下的測試來說可能不重要）

如果將來發生以上的任何一個變化，但你的測試只檢查 verifier 的邏輯及其輸出的結構，那麼維護這個測試將會非常痛苦。

只驗證我們重視的部分可以減少一些痛苦。

範例 8.15　忽略結果的結構

```
test("overspecify order but ignore schema", () => {
  const pv5 =
    new PasswordVerifier5([(input) => input.includes("abc")]);

  const results = pv5.verify(["a", "ab", "abc", "abcd"]);

  expect(results.length).toBe(4);
  expect(results[0].result).toBe(false);
  expect(results[1].result).toBe(false);
  expect(results[2].result).toBe(true);
  expect(results[3].result).toBe(true);
});
```

我們可以僅針對輸出中特定屬性的值進行斷言，而不是提供完整的預期輸出。然而，當結果的順序改變時，我們仍然會遇到麻煩。如果不在乎順序，我們只要檢查輸出是否包含特定結果即可，如下所示。

範例 8.16　忽略順序和結構

```
test("ignore order and schema", () => {
  const pv5 =
    new PasswordVerifier5([(input) => input.includes("abc")]);

  const results = pv5.verify(["a", "ab", "abc", "abcd"]);

  expect(results.length).toBe(4);
  expect(findResultFor("a")).toBe(false);
  expect(findResultFor("ab")).toBe(false);
```

```
    expect(findResultFor("abc")).toBe(true);
    expect(findResultFor("abcd")).toBe(true);
});
```

我們在這裡使用 findResultFor() 來尋找特定輸入的特定結果。現在結果的順序可以改變，或可以添加額外的值，但測試只會在計算出來的 true 或 false 改變時失敗。

另一個常犯的反模式是對單元的回傳值或屬性中的寫死字串進行斷言，即使只需要檢查字串的一部分。你應該自問：「我能不能檢查字串是否**包含**某個內容，而不是完全**符合**某個內容？」。下面的 password verifier 會回傳一條訊息，描述在驗證過程中，違反了多少規則。

範例 8.17　回傳字串訊息的 verifier

```
export class PasswordVerifier6 {
  private _rules: ((input: string) => boolean)[];
  private _msg: string = "";

  constructor(rules: ((input) => boolean)[]) {
    this._rules = rules;
  }

  getMsg(): string {
    return this._msg;
  }

  verify(inputs: string[]): IResult[] {
    const allResults =
      inputs.map((input) => this.checkSingleInput(input));
    this.setDescription(allResults);
    return allResults;
  }

  private setDescription(results: IResult[]) {
    const failed = results.filter((res) => !res.result);
    this._msg = `you have ${failed.length} failed rules.`;
  }
}
```

下面的範例展示兩個使用 getMsg() 的測試。

範例 8.18　使用相等檢查來過度規範字串

```
describe("verifier 6", () => {
  test("over specify string", () => {
    const pv5 =
      new PasswordVerifier6([(input) => input.includes("abc")]);

    pv5.verify(["a", "ab", "abc", "abcd"]);

    const msg = pv5.getMsg();
    expect(msg).toBe("you have 2 failed rules.");    ◀┤ 太過具體的字串期望
  });

  // 這是比較好的測試寫法
  test("more future proof string checking", () => {
    const pv5 =
      new PasswordVerifier6([(input) => input.includes("abc")]);

    pv5.verify(["a", "ab", "abc", "abcd"]);

    const msg = pv5.getMsg();
    expect(msg).toMatch(/2 failed/);    ◀┤ 更好的字串斷言方式
  });
});
```

第一個測試檢查字串是否完全等於另一個字串。這種做法經常適得其反，因為字串是一種使用者介面，經過一段時間之後，往往會被稍微修改和潤飾。例如，我們是否真的在乎字串結尾是否有句號？測試要求我們在乎，但斷言的本質應該是正確的數字有被顯示出來（尤其是因為字串在不同的電腦語言或文化中可能會有所變化，但數字通常保持不變）。

第二個測試只檢查訊息是否包含「2 failed」字串，所以測試更能夠適應未來的改變，雖然字串可能稍微改變，但核心訊息將保持不變，我們不會被迫修改測試。

摘要

- 測試會跟著受測系統一起成長和變化。如果我們不關注易維護性，測試可能會讓我們進行太多更改，以致於不值得更改。最終，我們可能會刪除它們，導致辛苦創造它們的心血付諸流水。為了讓測試長期有用，它們只應該因為我們真正關心的原因而失敗。

- **真失敗**是指測試在產品程式碼中發現 bug 而失敗。**假失敗**是指測試因為任何其他的原因而失敗。

- 為了評估測試的易維護性，我們可以統計假測試失敗的次數和每次失敗的原因一段時間。

- 測試可能因為多種原因而產生假失敗，例如與其他測試衝突（在這種情況下，你要直接移除它）、產品程式碼的 API 改變了（這可以使用工廠和輔助方法來緩解）、其他測試發生變化（這種測試應該彼此解耦）。

- 避免測試 private 方法。private 方法是實作細節，測試它的程式很脆弱。測試應該驗證**可觀察的行為**，也就是與最終使用者有關的行為。會去測試 private 方法可能意味著缺少抽象，這代表該方法應設成 public，甚至提取到一個單獨的類別中。

- 讓測試保持 DRY。使用輔助方法來將非必要的 arrange 細節與 assert 部分抽象化，這可以簡化測試，而不會讓它們互相耦合。

- 避免使用設定方法，例如 beforeEach 函式，同理，改用輔助方法。另一個選擇是將測試參數化，從而將 beforeEach 區塊的內容移到測試的 arrange 部分。

- 避免過度規範。過度規範的例子包括對受測程式碼的 private 狀態進行斷言、對於針對 stub 的呼叫進行斷言，或假定結果集合中的元素有具體順序，或是在不需要時進行精確的字串比對。

第四部分

設計和流程

接下來的最終章節涵蓋將單元測試引入現有組織或碼庫時遇到的問題和需要運用的技術。

第 9 章將探討測試的易讀性。我們將討論測試的命名規則及其輸入值,並介紹測試結構化的最佳實踐法,以及如何寫出更好的斷言訊息。

第 10 章解釋如何制定測試策略。我們將瞭解在測試新功能時應該優先選擇的測試層級,討論測試層級中的常見反模式,並探討測試配方策略。

在第 11 章,我們將處理在組織中實施單元測試的棘手問題,並介紹一些可以讓工作更輕鬆的技術。本章將回答在初次實施單元測試時常見的一些難題。

在第 12 章,我們將探討與遺留碼有關的常見問題,並研究一些處理它的工具。

易讀性

本章內容
- 單元測試的命名規範
- 編寫易讀的測試

如果你寫出來的測試程式不易讀，它對後來閱讀它們的人來說幾乎沒有任何意義。容易閱讀是聯繫著測試程式的原作者、和幾個月或幾年後必須閱讀它的可憐靈魂的絲線。測試程式是你想告訴專案的下一代程式設計師的故事，可讓開發者準確地看到應用程式是用什麼組成的，以及它的起源。

本章的目的是確保後來的開發者能夠維護你寫好的產品程式碼和測試。他們必須瞭解他們在做什麼，以及該在哪裡做。

易讀性有多個層面：

- 單元測試的命名
- 變數的命名
- 將斷言與操作分開
- 設置和拆除

我們接下來要一一探討這些層面。

9.1 單元測試的命名

命名標準很重要，因為它們提供容易依循的規則和範本，概述你應該為測試解釋的事情。我會確保測試名稱或測試的檔案結構裡具備以下三項重要的資訊，無論它們的順序如何，或使用什麼特定的框架或語言：

- 工作單元的進入點（或受測功能的名稱）
- 測試進入點的情境
- 工作單元退出點的預期行為

進入點（或工作單元）的名稱是不可或缺的，它可以讓人輕鬆地瞭解受測邏輯的起始範圍。將它當成測試名稱的第一部分也可以幫助你在測試檔案裡輕鬆地巡覽，和使用即時輸入完成（as-you-type）功能（如果你的 IDE 支援它的話）。

測試的情境可當成名稱中的「with」部分：「當我使用（with）null 值來呼叫進入點 X 時，它應該執行 Y 工作」。

測試應該用一般英文來說明工作單元在當下的情境下，退出點的預期行為，或它應該如何表現：「當我使用 null 值來呼叫進入點 X 時，它應該做 Y，且可在工作單元的退出點看見該行為」。

這三個元素必須讓讀者一望即知。有時可以將它們一起放入測試的函式名稱中，有時可以使用嵌套的 describe 結構來加入。有時你可以在測試的參數或註釋（annotation）中，簡單地使用字串來描述。

下列的幾個例子都包含相同的資訊，只是以不同的方式來列出。

範例 9.1　相同的資訊，不同的版本

```
test('verifyPassword, with a failing rule, returns error based on
    rule.reason', () => { ... }

describe('verifyPassword', () => {
  describe('with a failing rule', () => {
    it('returns error based on the rule.reason', () => { ... }

verifyPassword_withFailingRule_returnsErrorBasedonRuleReason()
```

當然，你可以用其他方式來組織這些資訊（沒有人規定一定要使用底線，這只是我個人的偏好，用來提醒我和別人這裡有三項資訊）。重點是，如果這些資訊中的任何一個被移除，就會迫使測試的讀者閱讀測試裡的程式碼來尋找答案，浪費他們的寶貴時間。

下面是缺少資訊的測試案例。

範例 9.2 以下的測試名稱缺少一些資訊

```
                                                        被測試的是什麼？
test('failing rule, returns error based on rule.reason', () => { ... })

test('verifyPassword, returns error based on rule.reason', () => { ... })
這應該在什麼時候發生？
test('verifyPassword, with a failing rule', () => { ... })  屆時應該發生
                                                            什麼事情？
```

對你而言，關於易讀性的主要目標是讓下一位開發者不需要費心閱讀測試程式碼就能理解測試的內容。

將以上所有資訊放入測試名稱的另一個重要原因是，名稱通常是自動化組建管道失敗時唯一顯示的內容。你可以在失敗的組建 log 中看到失敗的測試的名稱，但不會看到測試的任何註解或程式碼。如果名稱取得好，你可能不需要閱讀測試程式碼或 debug 它們，只要閱讀失敗的組建程序的 log 即可洞悉失敗的原因，這可以節省寶貴的 debug 和閱讀時間。

優良的測試名稱也可以促成「可執行文件」的概念，如果你能夠讓團隊的新開發者透過閱讀測試來瞭解特定組件或應用程式的運作方式，那就是易讀的好兆頭。如果他們無法只憑測試即可理解應用程式或組件的行為，那可能代表你的易讀性亮起了紅燈。

9.2 魔法值和變數命名

你聽過「magic value（魔法值）」嗎？它聽起來很棒很厲害，但事實相反，為了表達使用它時帶來的負面影響，它應該稱為「witchcraft value（巫術值）」才對。你會問，它們是什麼？它們是寫死的、未列入紀錄的，或被未充分理解的常數或變數。magic 意味著雖然那些值有效，但你不知道為何如此。

考慮以下測試。

範例 9.3　使用魔法值的測試

```
describe('password verifier', () => {
  test('on weekends, throws exceptions', () => {
    expect(() => verifyPassword('jhGGu78!', [], 0))       ◀── 魔法值
      .toThrowError("It's the weekend!");
  });
});
```

這個測試有三個魔法值。沒有寫這個測試且不瞭解受測 API 的人，能夠輕鬆地理解 0 值的含義嗎？ [] 陣列呢？該函式的第一個參數看起來應該是一個密碼，但它也有一種 magic 特質。我們來討論一下：

- 0 可能代表很多事情。身為讀者，我可能要在程式碼中尋找，或是跳到被呼叫的函式的簽章，才能瞭解它代表星期幾。

- [] 使我必須查看被呼叫的函式的簽章，才能瞭解函式預期接收一個密碼驗證規則陣列，這意味著此測試是在驗證沒有規則的情況。

- jhGGu78! 看起來應該是一個密碼值，但身為讀者，我最大的疑問是，為什麼要用這一個特定值？這個特定的密碼有什麼重要性？顯然測試非得使用這個值不可，而不是使用任何其他值，因為它看起來太具體了。雖然實際上並非如此，但讀者不知道這件事，為了保險起見，他們可能會在其他測試中使用這個密碼值。魔法值往往在測試中擴散出去。

下面的範例是修正魔法值之後的同一個測試。

> **範例 9.4　修正魔法值**

```
describe("verifier2 - dummy object", () => {
  test("on weekends, throws exceptions", () => {
    const SUNDAY = 0, NO_RULES = [];
    expect(() => verifyPassword2("anything", NO_RULES, SUNDAY))
      .toThrowError("It's the weekend!");
  });
});
```

將魔法值放入有意義的變數名稱中，可以消除讀者在閱讀測試時可能出現的疑問。我將密碼值改成一個直接了當的值，以告訴讀者，在這個測試中哪些事情**不重要**。

變數名稱和值不僅應該解釋什麼**是**重要的，也要解釋什麼**不需要關心**的。

9.3 將斷言與操作分開

為了提升易讀性，以及把程式寫到最好，請勿將斷言和方法呼叫寫在同一個陳述式裡，你可以從下面的範例看出我的意思。

> **範例 9.5　將斷言與操作分開**

```
expect(verifier.verify("any value")[0]).toContain("fake reason");    ← 不好的例子

const result = verifier.verify("any value");
expect(result[0]).toContain("fake reason");                          好例子
```

有沒有看到這兩個範例之間的差異？在真實測試的背景下，由於單行程式的長度，和操作與斷言部分互相嵌套，第一個範例較難閱讀和理解。

如果你想要專注於呼叫後的結果值，第二個範例也比第一個更容易 debug 許多。不要忽略這個小技巧，當你的測試不會讓後來的開發者一頭霧水時，他們會在心中默默感謝你。

9.4 設置和卸除

在單元測試裡的設置和卸除方法可能被濫用，導致測試程式或設置及卸除方法難以閱讀。設置方法造成的難讀情況比卸除方法更嚴重。

下面的範例展示一種常見的濫用：使用設置方法（或 beforeEach 函式）來設置 mock 或 stub。

範例 9.6 使用設置（beforeEach）函式來設置 mock

```
describe("password verifier", () => {
  let mockLog;
  beforeEach(() => {
    mockLog = Substitute.for<IComplicatedLogger>();   ← 設置 mock
  });

  test("verify, with logger & passing, calls logger with PASS",() => {
    const verifier = new PasswordVerifier2([], mockLog);   ← 使用 mock
    verifier.verify("anything");

    mockLog.received().info(   ← 使用 mock
      Arg.is((x) => x.includes("PASSED")),
      "verify"
    );
  });
});
```

在設置方法中設置 mock 和 stub 意味著你沒有在實際的測試中設置它們，這也意味著測試的讀者甚至可能沒有意識到測試使用了 mock 物件，或不知道測試對它們有什麼預期。

範例 9.6 的測試使用 mockLog 變數，該變數在 beforeEach 函式（設置方法）中初始化。想像一下在你的檔案裡有幾十個這種測試的情況。設置函式位於檔案的開頭，在檔案中，你非得從上到下閱讀不可。當你遇到 mockLog 變數時，你不得不自問：「它是在哪裡初始化的？」、「它在測試中會有什麼行為？」…等。

如果同一檔案的不同測試使用多個 mock 和 stub，另一個可能出現的問題是，設置函式變成所有測試所使用的各種狀態的垃圾桶，它會變成一團亂，一鍋包含多個參數的大雜燴，其中有些參數被一個測試使用，有些被其他測試使用。這種設置函式將變得難以管理和理解。

易讀性較高的做法是直接在測試中初始化 mock 物件,並設置它們的所有期望值。下面的範例展示在每一個測試中初始化 mock 的例子。

範例 9.7　避免使用設置函式

```
describe("password verifier", () => {
  test("verify, with logger & passing,calls logger with PASS",() => {
    const mockLog = Substitute.for<IComplicatedLogger>();    ◄── 在測試中
                                                                 初始化
    const verifier = new PasswordVerifier2([], mockLog);         mock
    verifier.verify("anything");

    mockLog.received().info(
      Arg.is((x) => x.includes("PASSED")),
      "verify"
    );
  });
```

這個測試清楚明瞭。我可以看到 mock 何時建立、它的行為,以及我需要知道的任何其他資訊。

如果你擔心它是否容易維護,你可以將 mock 的建立過程重構成一個輔助函式,讓每一個測試呼叫。如此一來,你就可以在多個測試中呼叫同一個輔助函式,避免泛用(generic)的設置函式。你可以在保留易讀性的同時,提升易維護性。如以下範例所示。

範例 9.8　使用輔助函式

```
describe("password verifier", () => {
  test("verify, with logger & passing,calls logger with PASS",() => {
    const mockLog = makeMockLogger();              ◄── 使用輔助函式來
                                                        初始化模擬物件
    const verifier = new PasswordVerifier2([], mockLog);
    verifier.verify("anything");

    mockLog.received().info(
      Arg.is((x) => x.includes("PASSED")),
      "verify"
    );
  });
```

是的，如果你遵守這個邏輯，我完全接受在測試中不使用**任何**設置函式。我經常在編寫完整的測試套件時不使用設置函式，而是在每一個測試中呼叫輔助方法，這是為了讓測試更容易維護。這些測試仍然很容易閱讀和維護。

摘要

- 在為測試命名時，請加入受測單元的名稱、當下的測試情境，以及受測單元的預期行為。

- 不要在測試中留下魔法值。將它們包在具備有意義的名稱的變數中，如果它是字串，那就把敘述寫在值裡面。

- 將斷言與操作分開。雖然合併兩者可以縮短程式碼，但也會讓它難以理解許多。

- 盡量不要使用測試設置函式（例如 beforeEach 方法）。使用輔助方法來簡化測試的 arrange 部分，並在每一個測試中使用這些輔助方法。

制定測試策略

本章內容
- 測試階層的優缺點
- 常見的測試階層反模式
- 測試配方策略
- 會阻礙交付的測試和不會阻礙交付的測試
- 交付 vs. 發現管道
- 測試平行化

單元測試只是你可以編寫且應該編寫的測試類型之一。本章將討論如何將單元測試融入組織的測試策略中。一旦你開始考慮其他類型的測試，你就會開始問一些非常重要的問題：

- 你想在哪個階層測試各種功能？（UI、後端、API、單元…等）
- 如何決定該在哪個階層測試某功能？你是否在多個階層測試該功能不只一次？
- 要不要有更多的端到端的功能測試，或更多的單元測試？
- 如何在不犧牲可信度的情況下優化測試速度？
- 由誰負責撰寫每一種類型的測試？

這些問題及其他許多問題的答案，就是我說的*測試策略*。

我們的第一步是從測試類型的角度來界定測試策略的範圍。

10.1 常見的測試類型和階層

不同的產業可能有不同的測試類型和階層。圖 10.1 是我們在第 7 章初次討論時的通用測試類型，我認為它至少很適合我指導的 90% 的組織。測試階層越高，它使用的真實依賴項目越多，可讓我們非常相信整個系統是正確的，但缺點是比較慢且容易不穩定。

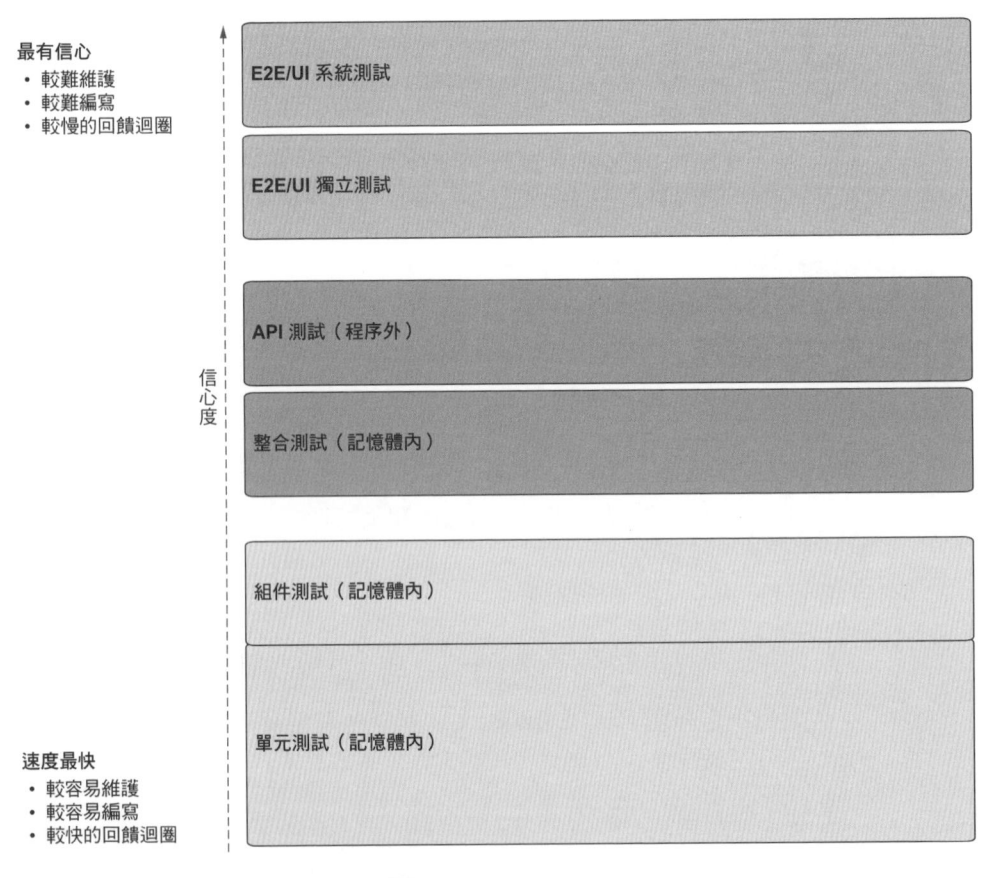

最有信心
- 較難維護
- 較難編寫
- 較慢的回饋迴圈

E2E/UI 系統測試

E2E/UI 獨立測試

信心度

API 測試（程序外）

整合測試（記憶體內）

組件測試（記憶體內）

單元測試（記憶體內）

速度最快
- 較容易維護
- 較容易編寫
- 較快的回饋迴圈

圖 10.1　常見的軟體測試層級

這張圖表很好，但該如何使用？在我們設計一個框架來決定應該撰寫哪種測試時使用。我喜歡列出一些準則（讓工作更容易或更困難的因素），這些準則可幫助我決定該使用哪種類型的測試。

10.1.1 評估測試的準則

當我面臨超過兩個選項時，幫助我做出決定的最佳方法之一，就是釐清當下問題對我而言的**明確價值**。這些明確價值就是我們在做出決定時，幾乎都會認為有用或應該避免的事情。表 10.1 是測試對我而言的明確價值。

表 10.1　通用測試評分表

標準	評分範圍	說明
複雜度	1–5	編寫、閱讀測試或對它進行 debug 的複雜程度。分數越低越好。
不穩定性	1–5	測試因為不可控因素（例如其他團隊的程式碼、網路、資料庫、配置等）而失敗的可能性。分數越低越好。
通過時的信心度	1–5	測試通過時，我們的信心程度。分數越高越好。
易維護性	1–5	測試多久需要修改一次，以及修改的難易程度。分數越高越好。
執行速度	1–5	測試執行完畢的速度。分數越高越好。

所有值的評分範圍都是 1 到 5。你可以看到，用這些標準來評分圖 10.1 中的每一層可以突顯它們的優缺點。

10.1.2 單元測試和組件測試

單元測試和組件測試是目前為止本書討論的測試類型。它們屬於同一類，唯一的差異是組件測試可能有更多功能、類別或組件，其中的組件是工作單元的一部分。換句話說，組件測試的進入點和退出點之間有更多「東西」。

我們用兩個測試範例來說明它們的差異：

- 測試 *A*——記憶體內的自訂 UI 按鈕物件的單元測試。你可以實例化它，按下它，並檢查它是否觸發某種形式的按下事件。

- 測試 *B*——組件測試，它會實例化一個高階表單組件，並加入按鈕，作為結構的一部分。這個測試會驗證高階的表單，按鈕在高階情境中扮演一個小角色。

這兩個測試仍然是單元測試，它們都在記憶體中執行，我們可以完全控制它們使用的所有東西；它們不依賴檔案、資料庫、網路、組態設置，或其他我們無法控制的事情。測試 A 是較低層的單元測試，測試 B 是組件測試，或較高層的單元測試。

需要如此區分的原因是，很多人問我如何稱呼不同抽象層的測試？答案是，要判定一個測試究竟屬於單元測試還是組件測試，應該根據它有沒有依賴項目，而不是根據它使用的抽象層。表 10.2 是單元 / 組件測試層的評分表。

表 10.2　單元 / 組件測試評分表

複雜度	1/5	由於範圍較小，而且我們可以控制測試的所有內容，這是所有類型的測試中最不複雜的。
不穩定性	1/5	它是所有測試類型中最穩定的，因為我們可以控制測試的所有內容。
通過時的信心度	1/5	雖然單元測試通過令人開心，但我們無法真正相信應用程式可以正常運作，只能知道它的一小部分能夠正常運作。
易維護性	5/5	這是所有測試類型中最容易維護的，因為它相對易讀，且容易理解。
執行速度	5/5	這是所有測試類型中最快的，因為一切都在記憶體中運行，沒有硬性依賴檔案、網路或資料庫。

10.1.3 整合測試

整合測試看起來幾乎與常規的單元測試一樣，但有一些依賴項目沒有被 stub 化。例如，我們可能使用真實的組態設置、真實的資料庫、真實的檔案系統，或以上所有東西。但為了呼叫測試，我們仍然在記憶體中實例化一個產品程式碼物件，並直接在該物件裡呼叫進入點函式。表 10.3 是整合測試的評分表。

表 10.3　整合測試評分表

複雜度	2/5	這些測試會稍微增加或大幅增加複雜度，取決於我們在測試中未偽造的依賴項目數量。
不穩定性	2–3/5	這些測試會稍微增加或大幅增加不穩定性，取決於我們使用的真實依賴項目的數量。
測試通過的信任程度	2–3/5	當整合測試通過時，我們的感覺會好很多，因為我們使用我們無法控制的東西來驗證程式，例如資料庫或組態檔案。
易維護性	3–4/5	這些測試比單元測試更複雜，因為有依賴項目。
執行速度	3–4/5	這些測試比單元測試要慢一些或慢很多，因為它們依賴檔案系統、網路、資料庫或執行緒。

10.1.4 API 測試

在前面的低層測試中，我們不需要部署受測應用程式，或使其正確運行來進行測試。在 API 測試階層，我們終於至少要部署部分的受測應用程式，並透過網路來呼叫它。單元、組件和整合測試可以歸類為記憶體測試，但 API 測試是程序外（out-of-process）測試，不會直接在記憶體中實例化受測單元，這意味著這種測試加入一個依賴項目：網路，以及某些網路服務的部署。表 10.4 是 API 測試的評分表。

表 10.4　API 測試評分表

複雜度	3/5	這些測試稍微增加或大幅增加複雜度，取決於所需的部署複雜性、組態設置，和 API 設置。有時我們需要在測試中加入 API 架構，這需要付出額外的工作和心力。
不穩定性	3–4/5	網路增加更多的不穩定性。
通過時的信心度	3–4/5	當 API 測試通過時有棒的感覺。我們可以相信別人在部署後能夠有信心地呼叫我們的 API。
易維護性	2–3/5	網路增加更多設置複雜性，必須在更改測試或添加 / 更改 API 時更加小心。
執行速度	2–3/5	網路會大幅降低測試速度。

10.1.5 E2E/UI 獨立測試

在獨立的端到端（E2E）和使用者介面（UI）測試層，我們會從使用者的角度測試應用程式。我使用「獨立」這個詞來指明我們只測試自己的應用程式或服務，而不會部署我們的應用程式依賴的任何應用程式或服務。這種測試會偽造第三方身分驗證機制、偽造於同一個伺服器部署的其他應用程式的 API，以及偽造非受測主應用程式所屬的程式碼（包括相同組織的其他部門的應用程式，它們也會被偽造）。

表 10.5 是 E2E/UI 獨立測試的評分表。

表 10.5　E2E/UI 獨立測試評分表

複雜度	4/5	這些測試比之前的測試複雜得多，因為我們處理的是使用者流程、與 UI 有關的變更，並且需要捕抓或爬取 UI 以進行整合和斷言。等待和逾時（timeout）經常發生。
不穩定性	4/5	由於參與其中的依賴項目很多，測試可能因為很多原因而變慢、逾時，或無法運作。
通過時的信心度	4/5	當這類測試通過時會令人大大地鬆一口氣，可讓我們對應用程式充滿信心。

易維護性	1–2/5	越多依賴項目會讓設置越複雜,而且在修改測試或加入或更改工作流程時,需要更加注意。測試程式很長,通常有多個步驟。
執行速度	1–2/5	這些測試可能非常緩慢,因為我們需要巡覽使用者介面,有時包括登入、快取、多頁巡覽…等。

10.1.6 E2E/UI 系統測試

在系統 E2E 和 UI 測試層,**沒有東西**是偽造的。執行環境會盡可能接近生產部署環境,所有的依賴程式和服務都是真的,但可能用不同的方式設置,以便測試不同的情境。表 10.6 是 E2E/UI 系統測試的評分表。

表 10.6　E2E/UI 系統測試評分表

複雜度	5/5	由於依賴項目很多,這是設置起來和寫起來最複雜的測試。
不穩定性	5/5	這些測試可能因為數千種原因而失敗,且通常是因為不只一種原因。
通過時的信心度	5/5	由於這些測試在執行時測試了所有程式碼,所以它帶來最高的信心。
易維護性	1/5	因為有許多依賴項目和冗長的工作流程,這些測試難以維護。
執行速度	1/5	這些測試非常緩慢,因為它們使用 UI 和真實的依賴項目。它們可能要用幾分鐘到幾小時來執行。

10.2 測試階層的反模式

測試階層的反模式並非發生在技術面,而是發生在組織面。或許你已經親身經歷過這些反模式了。身為一位顧問,我可以說,它們非常普遍。

10.2.1 「僅有端到端」反模式

很多組織幾乎都使用 E2E 測試,甚至只使用 E2E 測試(包括獨立和系統測試)。圖 10.2 是它在測試階層圖和類型圖裡面的樣子。

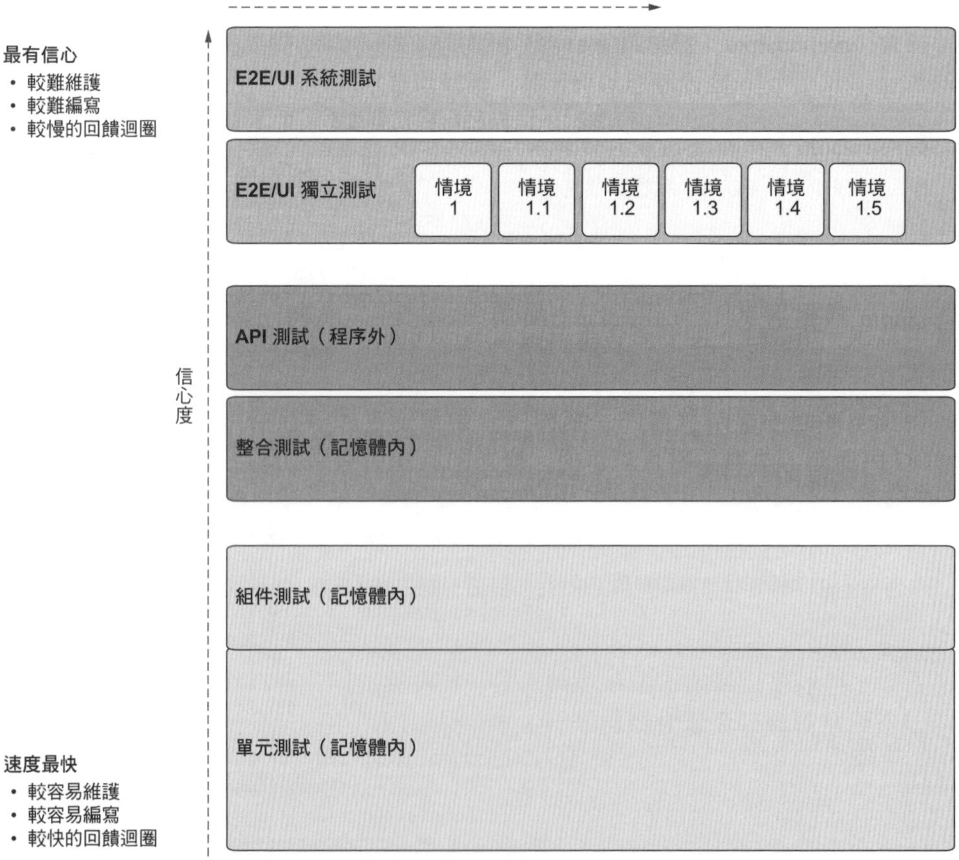

最有信心
- 較難維護
- 較難編寫
- 較慢的回饋迴圈

信心度

速度最快
- 較容易維護
- 較容易編寫
- 較快的回饋迴圈

E2E/UI 系統測試

E2E/UI 獨立測試 | 情境 1 | 情境 1.1 | 情境 1.2 | 情境 1.3 | 情境 1.4 | 情境 1.5

API 測試(程序外)

整合測試(記憶體內)

組件測試(記憶體內)

單元測試(記憶體內)

圖 10.2 「僅有端到端」反模式

為什麼這是一種反模式？這一層的測試非常緩慢、難以維護、難以 debug，而且非常不穩定。這些成本將保持不變，而每一個新的 E2E 測試帶來的價值卻逐漸下降。

E2E 測試回報遞減

你寫出來的第一個 E2E 測試會帶來最大的信心，因為該情境包含許多其他程式路徑，而且該測試會使用黏合碼（glue，用來協調你的應用程式和其他系統之間的工作）。

那第二個 E2E 測試呢？它通常是第一個測試的改版，這意味著它可能只會帶來一小部分的價值。也許它的下拉選單和其他 UI 元素有所差異，但所有依賴項目，例如資料庫和第三方系統，仍然維持相同。

第二個 E2E 測試帶來的信心只比第一個 E2E 測試帶來的信心多一點而已。然而，debug、修改、閱讀和運行該測試的成本卻絲毫不減，基本上與之前的測試一樣。你為了獲得極少量的額外信心，卻承擔了大量的額外工作，這就是為什麼我喜歡說 E2E 測試帶來的回報會迅速遞減。

如果我想要使用第一個測試的變體，比較務實的做法是在較低層進行測試，而不是使用之前的測試。我在第一次測試中已經確認大部分的（甚至全部的）層與層之間的黏合效果。如果可以在較低層證明下一個情境，用少很多的代價來獲得幾乎相同的信心，那就沒必要付出增加另一個 E2E 測試帶來的代價。

build whisperer

E2E 測試不僅回報會遞減，它也會在組織內部創造一個新的瓶頸。因為高階測試通常不穩定，它可能因為許多不同的原因而失敗，其中一些原因與測試無關。於是，你需要和組織內部的特殊人員（通常是 QA 主管）一起坐下來分析每一個失敗的測試，並追查原因，確定它們究竟真的是問題，還是較不重要的問題。

我將這些可憐的靈魂稱為 *build whisperers*（組建造謠者）。因為當組建是紅色的（通常都是如此），build whisperers 必須進來，解析資料，在經過數小時的檢查後，違背良心地說道：「它看起來是紅色的，實際上卻是綠色的」。

通常，組織會把 build whisperer 帶到一旁，勸他們說組建是綠色的，因為「我們必須把這個版本發布出去」。他們是發布的守門人，這是一個吃力不討好、壓力巨大，通常是手動且令人沮喪的工作。whisperer 通常會在一兩年內耗盡心力，被迫跳槽到下一個組織，在那裡重新進行這項吃力不討好的工作。你經常會在高階 E2E 測試的反模式很多時看到 build whisperer。

避免 build whisperer

有一種方法可以解決這種亂象，那就是建構並發展穩健、自動化的測試管道，用那些管道來自動判斷組建是不是綠色的，即使你有不穩定的測試。Netflix 曾在部落格公開他們創造了自己的工具來計算實際環境裡的一次組建的統計表現，以便自動批准完整的釋出部署（http://mng.bz/BAA1）。這個管道是可行的，但需要時間和文化來實現。我的部落格 https://pipelinedriven.org 有更多關於這類管道的文章。

「扔過牆」心態

只有 E2E 測試會傷害組織的另一個原因是，負責維護和監控這些測試的是 QA 部門。這意味著組織的開發者可能不關心甚至不知道這些組建的結果，他們不會一起修復這些測試，或關心它們，這些測試不是他們的責任。

這種「扔過牆（throw it over the wall）」心態會導致大量的溝通不順暢和品質問題，因為組織的一部分與他們的行動後果無關，另一部分則承擔後果，卻無法控制問題的源頭。這也難怪在許多組織中，開發者和 QA 人員勢如水火。圍繞著他們的系統往往挑撥他們成為死敵，而不是合作夥伴。

這種反模式在何時發生

以下是我認為這種反模式發生的一些原因：

- 職責分離——很多組織有獨立的 QA 和開發部門，它們分別有獨立的管道（自動化組建任務和儀表板）。當 QA 部門有它自己的管道時，他們通常會寫更多相同類型的測試。此外，QA 部門傾向只寫特定類型的測試，也就是他們習慣編寫、而且是別人期望他們編寫（有時基於公司政策）的測試。

- 「如果可行，那就別改」心態——團隊可能從 E2E 測試做起，發現他們喜歡測試的結果，於是繼續以同樣的方式加入所有新測試，因為那是他們知道並且證實有用的做法。當測試的執行時間變得太長時，想要改變方向就為時已晚了（這與下一個重點相關）。

- 沉沒成本謬誤——「這種測試很多，改掉它們或將它們換成低階測試，豈非代表花在這些測試上的時間和精力都浪費了？」。這是一個謬誤，因為維護、debug 和瞭解測試失敗的成本將浪費大量的人力時間。事實上，刪除那類測試（只保留一些基本情境）並取回那些時間的成本更低。

該完全避免 E2E 測試嗎？

不，我們無法完全避免 E2E 測試，它們的好處之一是讓你相信應用程式能夠正常運行。E2E 測試與單元測試提供的信心程度不是同一個等級，因為它從使用者的角度來測試整個系統及其所有子系統和組件的整合情況。當 E2E 測試通過時，你會鬆一大口氣，因為你證明了使用者可能遇到的主要情境確實沒問題。

所以，不要完全避免它們。我強烈建議將 E2E 測試的數量降至最低。我們將在第 10.3.3 節中討論這個最少數量是幾個。

10.2.2 「只有低階測試」反模式

「只有 E2E 測試」的相反是「只有低階測試」。雖然單元測試可提供快速回饋，但它們無法提供足夠的信心，讓你完全相信應用程式可以作為一個整合的單元運行（見圖 10.3）。

在這種反模式中，組織的自動化測試大多是或全部是低階測試，例如單元測試或組件測試。你可能會看到一些整合測試的痕跡，但看不到 E2E 測試。

這種情況最大問題在於，這類測試的通過，不足以讓你相信應用程式能夠正常運行。這意味著人們將運行測試，然後繼續手動 debug 和測試，以獲得發布程式所需的最終信心。除非你要發布的是一個程式庫，且使用它的方式與單元測試使用它的方式相同，否則只有這種測試並不夠。你確實可以快速運行測試，但你仍然會花費大量時間來進行手動測試和驗證。

CHAPTER 10　制定測試策略

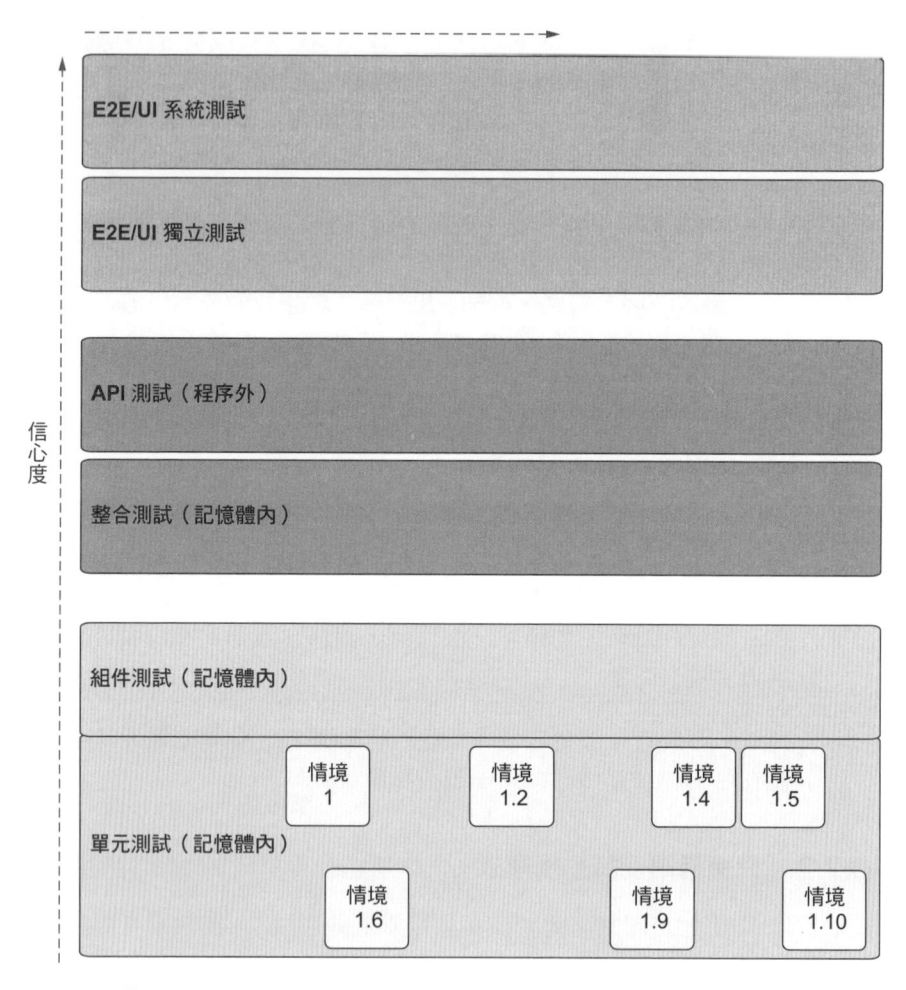

```
信心度 ───────────────────────────────▶

┌─────────────────────────────────────────┐
│ E2E/UI 系統測試                          │
└─────────────────────────────────────────┘

┌─────────────────────────────────────────┐
│ E2E/UI 獨立測試                          │
└─────────────────────────────────────────┘

┌─────────────────────────────────────────┐
│ API 測試（程序外）                       │
└─────────────────────────────────────────┘

┌─────────────────────────────────────────┐
│ 整合測試（記憶體內）                     │
└─────────────────────────────────────────┘

┌─────────────────────────────────────────┐
│ 組件測試（記憶體內）                     │
│                                         │
│   ┌────┐   ┌────┐   ┌────┐   ┌────┐    │
│   │情境│   │情境│   │情境│   │情境│    │
│   │ 1  │   │1.2 │   │1.4 │   │1.5 │    │
│   └────┘   └────┘   └────┘   └────┘    │
│ 單元測試（記憶體內）                     │
│       ┌────┐        ┌────┐   ┌────┐    │
│       │情境│        │情境│   │情境│    │
│       │1.6 │        │1.9 │   │1.10│    │
│       └────┘        └────┘   └────┘    │
└─────────────────────────────────────────┘
```

圖 10.3　「只有低階測試」反模式

當你的開發者只習慣編寫低階測試時，或他們不習慣編寫高階測試時，或他們期望 QA 人員編寫這類測試時，這種反模式會經常發生。

這是否意味著你應該避免單元測試？顯然不是。但我強烈建議你**不僅要有單元測試，也要有高階測試**。我們會在第 10.3 節討論這個建議。

10.2.3 低階測試和高階測試脫節

這種模式乍看之下可能很健康，但實際上並非如此。它看起來可能像圖 10.4。

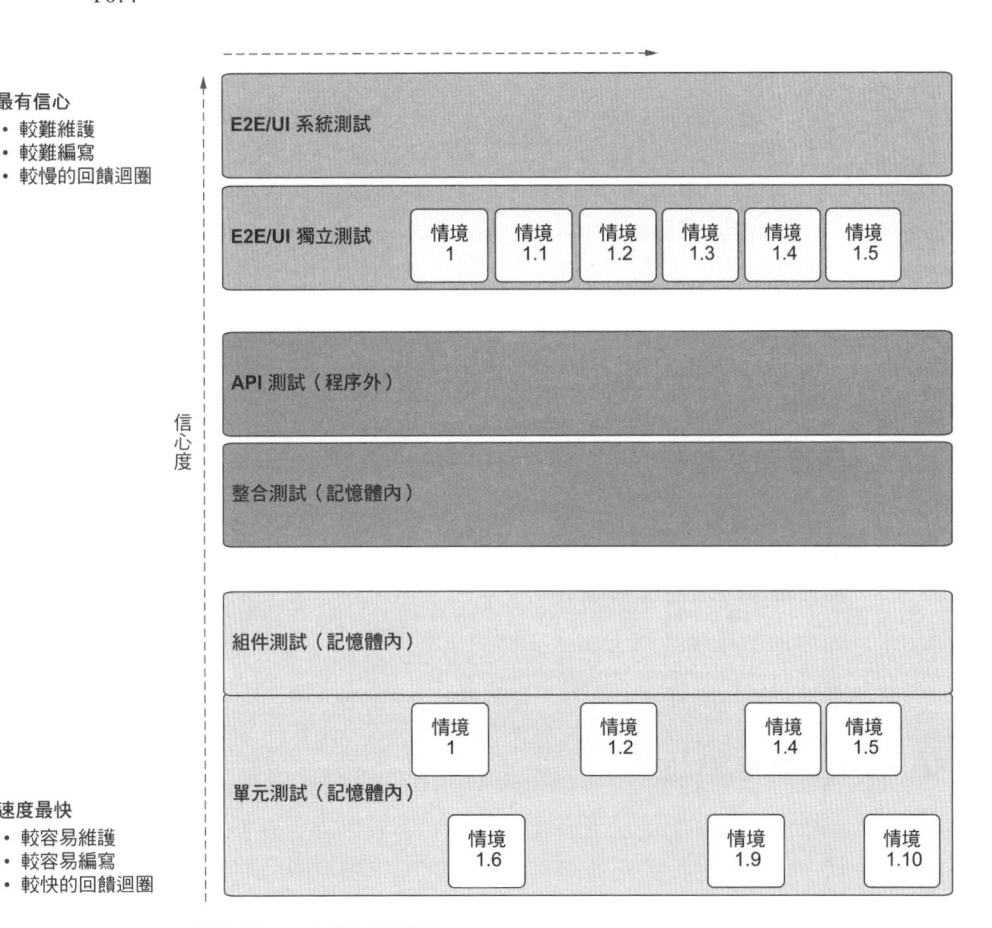

最有信心
- 較難維護
- 較難編寫
- 較慢的回饋迴圈

信心度

| E2E/UI 系統測試 |
| E2E/UI 獨立測試：情境1、情境1.1、情境1.2、情境1.3、情境1.4、情境1.5 |
| API 測試（程序外） |
| 整合測試（記憶體內） |
| 組件測試（記憶體內） |
| 單元測試（記憶體內）：情境1、情境1.2、情境1.4、情境1.5、情境1.6、情境1.9、情境1.10 |

速度最快
- 較容易維護
- 較容易編寫
- 較快的回饋迴圈

圖 10.4　低階測試和高階測試脫節

是的，你希望同時擁有低階測試（為了速度）和高階測試（為了信心）。但是當你在一個組織裡看到這種情況時，你可能也會遇到以下的一種或多種負面行為：

- 許多測試在多個階層中重複出現。

- 編寫低階測試的人與編寫高階測試的人不同。這意味著他們不在乎彼此的測試結果，可能用不同的管道來執行不同類型的測試。當一個管道是紅色的時，另一組人可能甚至不知道或不關心那些測試失敗。

- 我們遭遇雙輸的局面：在高階，我們有測試跑太久、難以維護、build whisperer 和不穩定的困擾；在低階，我們缺乏信心。而且由於缺乏溝通，我們無法從低階測試中獲得速度優勢，因為它們在高階測試中重複出現。我們也無法從高階測試中獲得信心，因為有大量的測試不穩定。

當我們有不同的測試和開發組織，而且那些開發組織有不同的目標和指標，以及不同的任務、管道、權限，甚至程式版本庫時，這種模式經常發生。公司規模越大，這種情況越有可能發生。

10.3 測試配方策略

為了讓組織使用的測試類型可以平衡，我提出使用*測試配方*這個策略。概念上，它就是為特定的功能建立非正式的測試計畫，這個計畫不但包含主要情境（也稱為*快樂路徑（happy path）*），也包含它的所有重要的變體（也稱為*邊緣情況（edge case）*），如圖 10.5 所示。清楚的測試配方可以明確地指出適合每一個情境的測試層。

10.3.1 如何撰寫測試配方

測試配方最好由兩個人一起擬定，其中一位從開發者的觀點，另一位從測試者的觀點。如果沒有測試部門，你可以指定兩位開發者，或一位開發者與一位資深開發者。將每一個情境對映到測試層是非常主觀的任務，因此安排兩對眼睛有助於互相檢查隱性的假設。

你可以將配方存成待辦事項清單裡的額外文字，或是任務追蹤板上的功能故事，不需要使用額外的工具來規劃測試。

建立測試配方的最佳時間是在開始製作一個功能之前。如此一來，測試配方就會成為該功能的「完成」定義的一部分，這意味著該功能在整個測試配方通過之前還不完整。

當然，配方可能逐漸改變，團隊可能在裡面加入或刪除情境。配方不是僵化的產物，而是持續進行的工作，就像軟體開發中的其他一切一樣。

測試配方代表一系列情境，那些情境會給創作者「非常高的信心」，相信該功能可行。根據經驗，我喜歡讓不同的測試階層之間維持 1 比 5 或 1 比 10 的比例。每一個高階的 E2E 測試都可能會讓我安排 5 個低階測試。或者，由下往上考慮時，假設你有 100 個單元測試，你通常不需要超過 10 個整合測試和 1 個 E2E 測試。

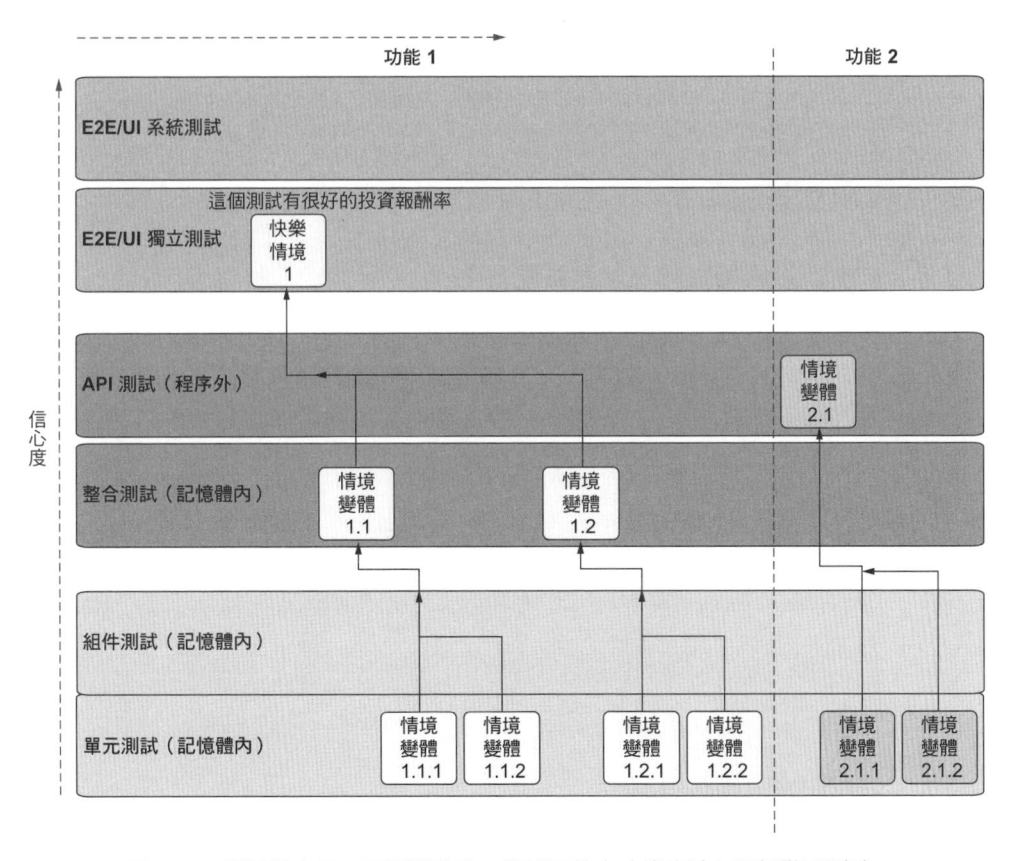

圖 10.5　測試配方是一套測試計畫，概述了特定功能應該在哪個階層測試。

然而，不要將測試配方視為正式的文件。測試配方不是具有約束力的承諾，也不是測試規劃軟體中的測試案例清單。不要把它當成公開報告、使用者故事，或對於利益關係人的任何承諾。本質上，配方是一個簡單的清單，裡面有 5 到 20 行文字，用來詳細說明在某個層級上自動測試的簡單情境。這個清單可以隨時修改、增補，或刪減。請將它視為備註。我通常喜歡將它直接放在 Jira 中的使用者故事或功能描述裡，或是在我使用的其他軟體中。

這是一個可能的範例：

```
User profile feature testing recipe

E2E - Login, go to profile screen, update email, log out, log in with new
    email, verify profile screen updated

API - Call UpdateProfile API with more complicated data
Unit test - Check profile update logic with bad email
Unit test - Profile update logic with same email
Unit test - Profile serialization/deserialization
```

10.3.2 什麼時候該編寫和使用測試配方？

在開始編寫功能或使用者故事的程式碼之前，找一個人一起坐下，試著想出需要測試的各種情境，討論這些情境應該在何種階層進行測試。這場討論通常不會超過 5 到 15 分鐘，結束後再開始寫程式，包括編寫測試（如果你在進行 TDD，你會先寫測試程式）。

在有自動化或 QA 角色的組織中，開發者會編寫較低層的測試，而 QA 會專門編寫較高層的測試，與編寫功能的工作一起進行。兩組人馬會同時工作，其中一組人不會等另一組人完成工作才開始編寫測試。

如果你使用功能開關，它們也應該當成測試的一部分來檢查，所以如果某個功能被關閉了，它的測試將不會運行。

10.3.3 測試配方的編寫規則

在編寫測試配方時需要遵守幾項規則：

- **更快**——優先編寫低階測試，除非高階測試是你確信功能有效的唯一手段。

- **信心**──當你能夠告訴自己「如果這些測試都通過了，我就十分相信這個功能可以正確運行」時，配方就完成了。如果你說不出口，那就編寫更多情境來讓你說得出口。

- **修訂**──在編寫程式的同時，你可以隨時加入或刪除測試。但務必告訴和你一起編寫配方的另一個人。

- **及時**──在你知道誰要編寫程式，並在他開始編寫程式之前，撰寫這個配方。

- **配對**──盡量不要獨自編寫。每個人有不同的思考方式，重點是藉著討論情境來瞭解彼此對測試的想法和思維方式。

- **不要與其他功能重複**──如果一個情境已經被現有的測試覆蓋了（可能是以前的功能的 E2E 測試），那就不需要在該階層重複該情境。

- **不要與不同階層重複**──盡量不要讓重複的情境出現在多個階層裡。如果你在 E2E 階層檢查一次成功的登入，那麼較低層的測試就只能檢查該情境的變體（使用不同提供者（provider）來登入、不成功的登入結果⋯等）。

- **更多、更快**──根據經驗，在階層之間的最終比例至少是一比五（一個 E2E 測試可能要有五個以上的低層測試）。

- **務實**──不必認為需要為特定功能在每一個階層編寫測試。有些功能或使用者故事可能只需要單元測試，其他的可能只需要 API 或 E2E 測試。基本上，當配方中的情境都通過時，你應該很有信心才對，無論它們在哪一層；若非如此，就將情境移到不同層，直到你更有信心且不會犧牲太多速度或增加維護負擔為止。

遵守這些規則可讓你獲得快速回饋，因為大多數測試都是低階的，同時不會犧牲信心，因為少數最重要的情境仍被高階測試涵蓋。測試配方也可以幫你避免大部分的測試重複，因為它將情境變體放在低於主情境的階層中。最後，如果 QA 也一起撰寫測試配方，你將在組織內部建立一個新的溝通管道，有助於提升對於軟體專案的相互理解。

10.4 管理交付管道

那麼，效能測試、安全測試、負載測試呢？那些可能需要跑更久的其他測試呢？該在哪裡和何時運行它們？它們在哪一層？它們應該成為自動化管道的一部分嗎？

許多組織將這些測試做成整合自動化管道的一部分，在每次發布或 pull request 時運行。然而，這會大大地延遲回饋，而且那些回饋通常是「失敗」的，即使這種失敗不會讓版本無法發布。

我們可以將這些測試分成兩大類：

- **會阻礙交付的測試**——這些測試決定了即將發布和部署的變更是否可以進行。單元、E2E、系統和安全測試都屬於這一類。它們的回饋是二元的：要嘛通過，代表變更沒有引入任何 bug；要嘛失敗，代表要先修復程式碼才能發布。

- **瞭解一下無妨的測試**——這些測試是為了發現並持續監控關鍵績效指標（KPI）而建立的。例如程式碼分析和複雜度掃描、高負載效能測試，以及其他提供非二元回饋且長時間運行的非功能測試。當這些測試失敗時，我們可能會在下一次衝刺時加入新的工作項目，但軟體仍然可以發布。

10.4.1 交付與發現管道

我們不希望「瞭解一下無妨的測試」占用交付過程的寶貴回饋時間，所以我們也有兩種類型的管道：

- **交付管道**——用於「會阻礙交付的測試」。當管道是綠色時，我們可以充滿信心地將程式碼自動發布到生產環境中。在這個管道裡的測試應該提供相對快速的回饋。

- **發現管道**——用於「瞭解一下無妨的測試」。這個管道與交付管道平行運行，但持續運行，且不會被當成發布準則。因為沒必要等待這個管道的回饋，在它裡面的測試可以執行得很久。如果它發現錯誤，那些錯誤可能成為團隊下一次衝刺時的新工作項目，但不會阻礙發布。

圖 10.6 說明這兩種管道的特點。

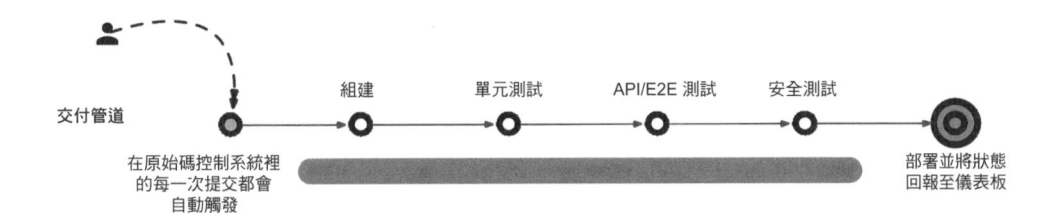

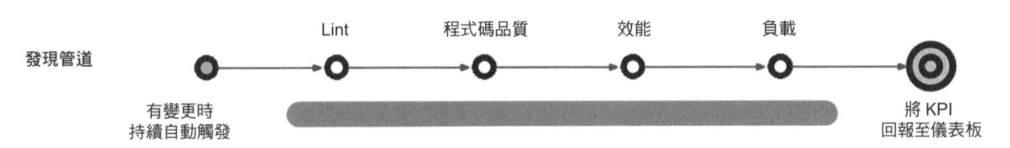

交付管道　　組建　　單元測試　　API/E2E 測試　　安全測試

在原始碼控制系統裡
的每一次提交都會
自動觸發

部署並將狀態
回報至儀表板

發現管道　　Lint　　程式碼品質　　效能　　負載

有變更時
持續自動觸發

將 KPI
回報至儀表板

圖 10.6　交付管道與發現管道

交付管道的目的是進行檢查並提供通過 / 不通過的結果，如果一切正常，它也會部署程式碼，甚至可能部署到生產環境。發現管道的目的是為團隊提供重構目標，例如處理已經變得過於複雜的程式碼。它也可以顯示這些重構工作經過一段時間之後是否仍然有效。除非是為了運行專門的測試，或分析程式碼及其各種 KPI 指標，否則發現管道不會部署任何東西。它的最終結果就是儀表板上的數字。

速度是提高團隊參與度的重要因素，將測試分成發現管道和交付管道是你可以採用的另一種技術。

10.4.2 測試層平行化

因為快速回饋非常重要，你可以也應該在許多情境中採用另一種常見模式：平行地執行不同的測試層，以加快管道的回饋速度，如圖 10.7 所示。你甚至可以使用動態建立的平行環境，並在測試結束時銷毀。

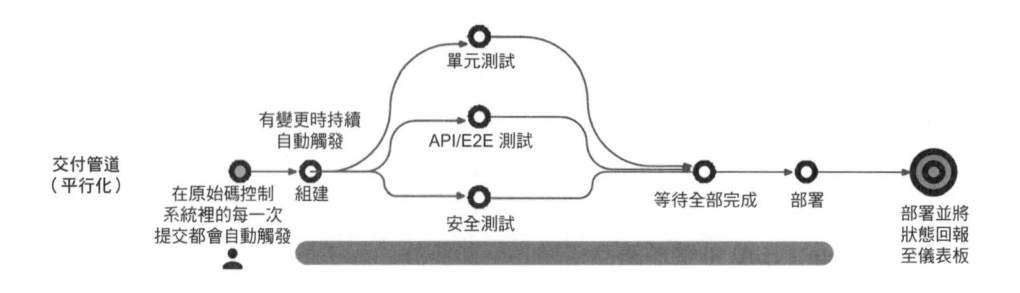

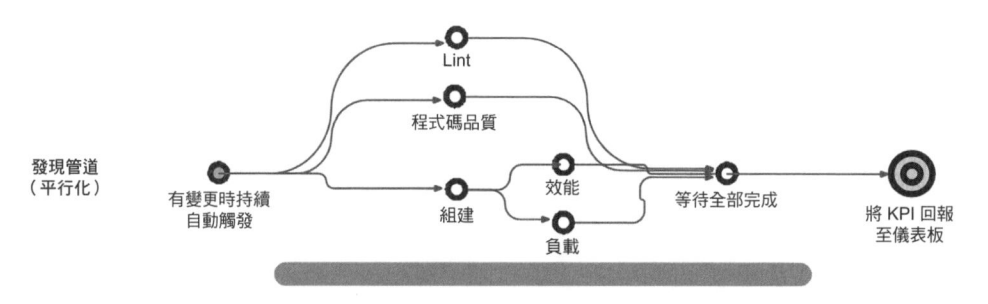

圖 10.7 為了加快交付，你可以平行運行管道，甚至在管道中平行運行各個階段。

動態環境對這個做法大有助益。花錢建構環境與自動平行測試幾乎都會比花錢請更多人來做更多手動測試還要有效率，也比直接讓人們在獲得回饋時等久一點（因為環境當時被占用了）有效率。

手動測試不可能持續進行，因為這種手動工作只會越來越多，且變得越來越脆弱並容易出錯。花更長的時間來等待管道回饋會讓所有人浪費大量的時間。等待時間乘以等待的人數和每天的組建次數，累積起來的每月時間損失可能遠遠超過動態環境和自動化的投資成本。打開 Excel 檔案，使用簡單的公式來計算給主管看，來獲得這筆預算吧！

你不但可以平行化管道內的階段，也可以進一步平行運行個別的測試。例如，如果你被大量的 E2E 測試塞住，你可以將它們分成平行的測試套件，這可以大大縮短回饋迴路的時間。

不要在夜間組建

最好在每次提交程式碼之後運行交付管道，而不是在某個固定的時間點運行。相較於累積前一天的所有變更並在夜間組建軟體，在每次改變程式碼之後執行測試可以獲得更精細且更快速的回饋。但是，如果你因為某些原因而必須按時運行管道，你至少要連續執行它們，而不是每天只執行一次。

如果交付管道的組建時間很長，不要等到某個神奇的觸發事件或時間才執行它。想像一下，身為一名開發人員，如果必須等到明天才能知道自己是否破壞了什麼功能，那將令人多麼沮喪。如果測試是持續運行的，雖然仍然需要等待，但至少只要等待幾個小時，而不是整整一天。這樣豈不是更有生產力？

另外，不要只在需要時才運行組建。如果可以在前一次組建完成後立即自動運行下一次組建，回饋迴路將會更快，當然，假設自從上一次組建以來有程式碼被改變的情況下。

摘要

- 測試有多個階層：單元、組件、在記憶體中運行的整合測試、API、獨立端到端（E2E），以及在程序之外運行的系統 E2E 測試。

- 每一個測試都可以用五個標準來評分：複雜度、不穩定性、通過時的信心度、易維護性和執行速度。

- 單元和組件測試的易維護性、執行速度、不複雜性和穩定性最好，但它們提供的信心最低。整合和 API 測試在信心和其他指標之間取得平衡。E2E 測試與單元測試相反：它們提供最好的信心，代價是不容易維護、速度緩慢、複雜，且不穩定。

- 「僅有端到端」反模式是指你的系統僅由 E2E 測試組成。每增加一個 E2E 測試，它們的邊際價值就越低，且每一個測試的維護成本都相同。使用少量的 E2E 測試來覆蓋最重要的功能可帶來最多回報。

- 「只有低階測試」反模式是指你的版本僅由單元和組件測試組成。低階測試無法提供足夠的信心來讓你相信整體功能可以正常運作，必須輔以高階測試。

- 低階測試和高階測試脫節是一種反模式,因為它強烈地象徵你的測試是由兩組不肯互相溝通的人編寫的。這些測試通常互相重複,且維護成本高昂。

- 測試配方是一個簡單的清單,只有 5 到 20 行文字,詳細說明哪些簡單的情境應該以自動化的方式來測試,以及在哪個階層進行測試。測試配方會讓你相信,如果列出來的測試都通過,那個功能就能夠像預期一樣運作。

- 將組建管道拆成**交付**管道和**發現**管道。交付管道用於「會阻礙交付的測試」,當它們失敗時,就停止交付受測程式碼。發現管道用於「瞭解一下無妨的測試」,並與交付管道平行運行。

- 你不但可以平行化管道,還可以平行化管道內的階段,甚至階段內的測試。

11 讓單元測試於組織中扎根

本章內容
- 成為改革代理人
- 從上到下或從下到上實施改革
- 準備回答關於單元測試的棘手問題

作為顧問，我曾經幫助幾家或大或小的公司將持續交付流程和各種工程實踐法（例如測試驅動開發和單元測試）整合到他們的組織文化中。這項任務不一定成功，但成功的公司有幾項共同點。在任何一種類型的組織中，改變習慣與心理的關係較密切，而不是技術。人不喜歡改變，改變通常伴隨著大量的 FUD（恐懼（fear）、不確定（uncertainty）和懷疑（doubt））。就像你將在本章中看到的，對大多數人來說，這不是件容易的事。

11.1 成為改革代理人的步驟

如果你即將成為組織中的改革代理人，首先你要接受這個角色。無論你是否願意，人們都會認為你要為所發生事情負責（有時還會被追究責任），逃避毫無用處。事實上，逃避會讓事情變得非常糟糕。

當你開始實施或推動改革時，人們會開始提出與他們關心的問題有關的棘手問題：這會「浪費」多少時間？這樣做對我這樣的 QA 工程師有什麼影響？怎麼知道它有效？請做好回答這些問題的準備。第 11.5 節會討論常見問題的答案。你將發現，在進行改革之前先說服組織裡的其他人，會在你需要做出艱難決定並回答以上的問題時，帶來很大的幫助。

最後，一艘船總得有人掌舵，以確保改革不會缺乏動力而中止，那個舵手就是你。你將在接下來的部分中看到，有一些方法可以讓改革維持下去。

11.1.1 為棘手問題做好準備

做好研究，閱讀本章結尾的問題和答案，並查詢相關資源。閱讀論壇、郵件列表和部落格，並與同事討論。如果你能夠回答自己提出來的棘手問題，你應該也能夠回答別人的問題。

11.1.2 說服內部人員：擁護者和抵制者

在組織裡，沒有什麼事情比決定逆流而行更令人感到孤獨。如果認為你在推動的事情很好的人只有你自己，別人就不會有任何理由去努力實踐你提倡的改革。想一下誰能夠幫助和阻礙你，他們是擁護者和抵制者。

擁護者

當你開始推動改革時，找出你認為最有可能幫助你的人。他們將成為你的**擁護者**。他們通常是早期採納者，或者足夠開放、願意嘗試你提倡的事情。他們或許已經半信半疑了，但還在尋找改變的動機。他們甚至可能自己嘗試過卻失敗了。

搶先在別人接觸他們之前先接觸他們，問他們對你想做的事情的看法。他們可能告訴你一些你沒有想過的事情，包括：

- 適合先執行這項計畫的團隊
- 哪些地方的人更願意接受這種改革
- 在你的探索過程中需要注意的事情（和人）

接觸他們有助於確保他們是這個過程的一部分，有歸屬感的人通常會試著協助成功。讓他們成為你的擁護者：問他們能不能幫助你，並成為別人諮詢的對象。讓他們為這些事件做好準備。

抵制者

接下來，找出抵制者，他們是組織中最有可能抵制你的改革的人。例如，主管可能反對加入單元測試，說它們會增加開發時間，並增加必須維護的程式量。試著給他們機會在過程中扮演積極角色（至少是那些願意且能夠的人），讓他們成為過程的一部分，而不是抵制者。

人們抵制改革的原因各不相同。第 11.4 節的*影響力量*有一些回答反對意見的說法。有些人擔心工作保障，有些人只是非常樂於維持現狀。我發現，接觸潛在的抵制者，並細數他們原本可以將哪些事情做得更好通常沒有幫助，沒有人喜歡別人說他的「孩子」醜。

相反，你應該請抵制者在過程中幫助你，例如，讓他們負責定義單元測試的編寫標準，或與同事搭檔，每隔一天進行程式碼和測試復審，或是讓他們加入挑選課程教材或外部顧問的團隊。賦予他們新的責任可讓他們感到被依賴，以及和組織有關。你要讓他們成為改革的一部分，否則他們幾乎一定會破壞它。

11.1.3 識別可能的起點

找出可在組織內的何處開始實施改革。大多數成功的案例都採取穩定的路線，先在一個小團隊裡面進行試行專案（pilot project），看看會發生什麼事情，等一切順利時，再推廣到其他團隊和其他專案。

以下是可以在過程中幫助你的提示：

- 選擇較小的團隊。
- 建立子團隊。
- 考慮專案的可行性。
- 使用程式碼和測試復審作為教具。

這些提示可以在充滿敵意的環境中幫助你走很長的一段路。

選擇較小的團隊

找出起始團隊應該很簡單。通常你要尋找一個處理低關注度、低風險專案的小團隊。風險很小的話，比較容易說服人們嘗試你提出來的改革。

需要注意的是，團隊必須有一些成員願意改變工作方式與學習新技能。諷刺的是，比較沒有經驗的團隊成員通常更有機會接受改革，經驗豐富的人往往堅持自己的做事方式。如果你可以找到一位願意接受改革且經驗豐富的團隊主管，他也有一些經驗較少的開發者，該團隊的阻力可能比較少。接觸那個團隊，詢問他們對於試行專案的看法，他們會告訴你那裡是不是合適的起始點。

成立子團隊

另一個進行試行測試的候選對象是在現有團隊中成立一個子團隊。幾乎每一個團隊都有一個需要維護的「黑洞」組件，雖然它可以正確地處理很多事情，但也有很多漏洞。為這種組件添加功能是艱鉅的任務，這種痛苦也許會驅動人們嘗試進行試行專案。

考慮專案的可行性

不要讓試行專案貪多嚼不爛。進行比較困難的專案需要更多經驗，因此你可能至少需要兩個選項，一個複雜的專案和一個簡單的專案，以便在它們之間做出選擇。

將程式碼復審和測試復審當成教具

如果你是小團隊（最多 8 人）的技術負責人，最好的教學方法之一就是建立程式碼復審制度，其中也包括測試復審。其概念在於，當你復審其他人的程式碼和測試時，你也在教他們你會在測試中尋找哪些東西，以及你在編寫測試或實現 TDD 時的思考方式。以下是一些提示：

- 面對面進行復審，而不是透過遠端軟體。人與人之間的連結可以傳遞更多非語言資訊，因此學習效果更好、更快。

- 在最初的幾週內，復審每一行被 check in 的程式碼。這可以幫助你避免「我們認為這段程式不需要審查」的問題。

- 讓第三人參與程式碼復審過程，讓他在旁邊學習你如何審查程式碼，使其日後有能力自己復審程式碼並教導他人，避免你是團隊中唯一有能力審查的人，因而成為團隊的瓶頸。這個概念是培養他人進行程式碼復審的能力，以及承擔更多責任。

如果你想要進一步瞭解這門技術的資訊，可參考我為技術主管編寫的部落格文章：「What Should a Good Code Review Look and Feel Like?」，網址是 *https://5whys.com/blog/what-should-a-good-code-review-look-and-feel-like.html*。

11.2 成功之道

組織或團隊可以用兩種主要的方式來改革：自下而上或自上而下（有時兩者兼具）。你將看到這兩種方式非常不同，任何一種方式都可能適合你的團隊或公司。這兩種方式都不是唯一正確的方式。

在過程中，你要學會說服管理層，讓他們認同你的功勞也是他們的功勞，或是在需要聘請外部人士來協助時說服他們。讓大家看到進展非常重要，設定可以衡量的明確目標也是如此。辨識和避免障礙也是你應該優先考慮的事項。你會面臨許多戰鬥，請選擇正確的戰場。

11.2.1 游擊式實踐（自下而上）

游擊式實踐的重點是從一個團隊開始實踐，獲得成果，然後說服別人這些做法是值得的。通常，游擊式實踐的驅動者是厭倦了按規定行事的團隊。他們決定以不同的方式做事，自行學習並促成改革。當那個團隊展現成果，組織的其他人可能會決定在自己的團隊中實施類似的改革。

在某些情況下，游擊式實踐是開發者先採取，管理層才跟進，有時則由開發者先提倡這個程序，管理層才支持。兩者的不同之處在於，你可以私下完成前者，不需要讓高層知道，而後者則是在管理層的配合下完成的。你要釐清哪種方法比較有效。有時進行改革的唯一方法是採取祕密行動。如果可能的話，盡量避免這種做法，但如果沒有其他選擇，而且你相信改革勢在必行，你就可以直接去做。

別怕這個建議會限制你的職涯發展。開發者經常在未經許可的情況下做事：debug、閱讀郵件、撰寫程式碼註解、繪製流程圖⋯等，這些都是開發者的日常工作。單元測試也是如此，其實大多數的開發者都已經在編寫某種類型的測試了（無論是否自動化）。這個改革的概念是將「花在測試上的時間」用在能夠提供長期好處的事情上。

11.2.2 說服管理層（由上而下）

由上而下的改革通常始於兩種做法之一，可能是由一位主管或開發者啟動流程，並逐步驅動整個組織朝著這個方向發展。或者，可能是中階主管聽了一場演講，看了一本書（例如這本書），或是與同事討論改變工作的方式帶來的好處。該主管通常會向其他團隊進行簡報，或利用他們的威權來啟動與推動改革。

11.2.3 從試驗開始

這種做法很適合在大組織中啟動單元測試（也適合其他類型的改革或新技能）。宣布一項為期兩到三個月的試驗，只由一個預先選定的團隊進行該試驗，且該試驗僅涉及真實應用程式裡的一兩個組件。確保這項試驗沒有太大的風險，就算失敗也不會影響公司的生存或重要的客戶。但試驗也不能毫無價值，它必須提供實際的價值，而不僅僅是當成試驗場。它必須是最終會被推送至碼庫、並且在生產環境中使用的東西，而不是一段寫好即丟的程式碼。

「試驗」意味著改革是臨時性的，如果它沒有效果，團隊可以恢復到以前的狀態。此外，這個努力是有時間限制的，因此團隊知道試驗何時完成。

這種做法可以幫助人們對重大改革更放心，因為試驗可以降低組織的風險，減少受影響的人數（因而減少反對的人數），也可以減少因為害怕事情被「永遠」改變而引發的反對意見。

給你另一個提示，當你面臨多個試驗選項時，或是有人反對你推動另一種工作方式時，可以問一下自己：「我們想要**先**試驗哪個想法？」。

付諸實踐

你喜歡的試驗選項可能不會雀屏中選，請做好心理準備。當這件事發生時，你必須根據領導層的共識來進行試驗，無論你是否喜歡。

執行別人的試驗有一個好處：它們和你的試驗一樣有時間限制，而且是臨時性的！最好的結果是另一種做法可解決你想要解決的問題，而且你希望別人的試驗繼續執行下去。然而，如果你不喜歡那個試驗，你只要記得它是臨時的就好，你還可以推動下一個試驗。

指標與試驗

確保在試驗之前和之後記錄一組基準指標，這些指標應該與你試圖改變的事情有關，例如移除組建的等待時間、縮短推出產品的前置時間，或減少在生產環境中發現的 bug 數量。

若要深入瞭解可使用的指標有哪些，可以看一下我在部落格上的演說「Lies, Damned Lies, and Metrics」，位於 *https://pipelinedriven.org/article/video-lies-damned-lies-and-metrics*。

11.2.4 尋找外部支持者

強烈建議你尋找一位外部人士來協助改革。聘請外部顧問來協助進行單元測試及相關事務的好處，比尋找公司內部人員還要多：

- 暢所欲言──顧問可以說出內部人員不想聽的話（「程式碼的完整性很差」、「我看不懂你的測試」…等）。

- 經驗豐富──顧問對於如何應對內部阻力、回答棘手問題，以及推動事務更有經驗。

- 專用時間──對顧問來說，這是他們的工作，相較於有更重要的事情要做（例如編寫軟體）的內部員工，他們會用全部的工作時間來實現目標。

根據我看過的案例，改革失敗經常是因為過勞的擁護者沒有時間參與改革過程。

11.2.5 讓進展可被看見

讓改革的進展和狀態可被看見非常重要。在走廊或人們聚集的零食區掛上白板或海報。你公告的數據應該和你試圖實現的目標有關。例如：

- 顯示上一次夜間組建通過或失敗的測試數量。

- 用一張圖表來展示有哪些團隊已經在運行自動化組建程序。

- 張貼 Scrum 燃盡圖以報告迭代進度或測試碼覆蓋率（如圖 11.1 所示），如果那是你的目標的話（你可以在 www.controlchaos.com 進一步瞭解關於 Scrum 的資訊）。

- 貼出你的聯繫方式以及所有擁護者的聯繫方式，以便回答出現的任何問題。

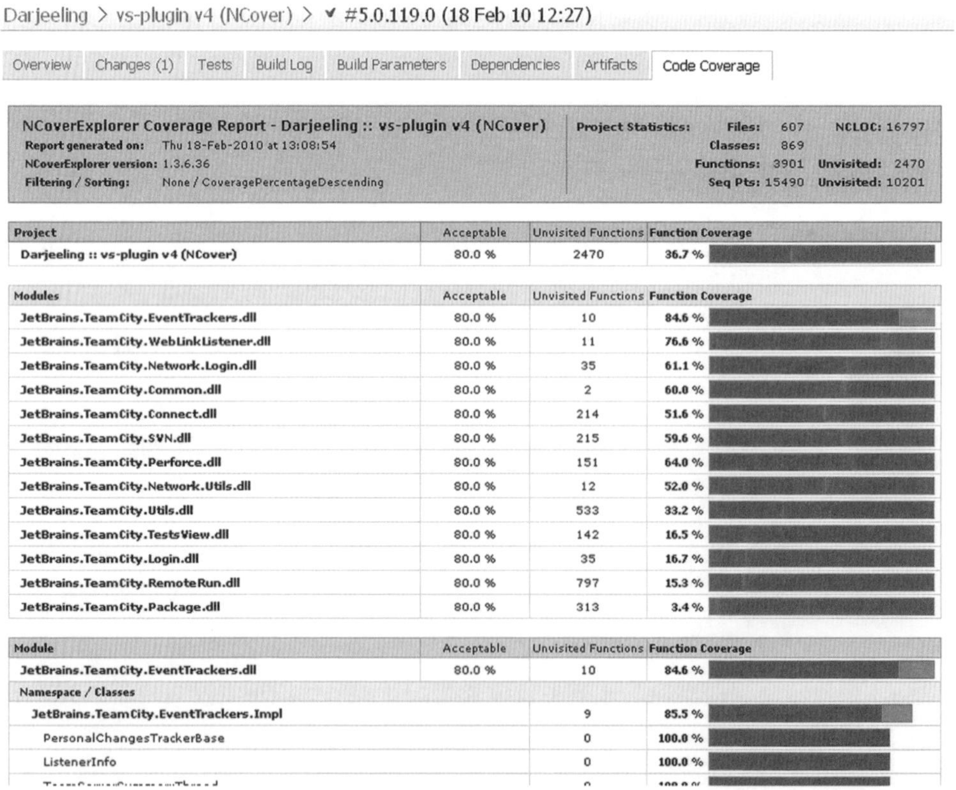

圖 11.1　TeamCity 使用 NCover 來展示的測試碼覆蓋率報告

- 設置一個大螢幕，隨時用醒目的大圖表顯示組建的狀態、目前正在運行的內容，以及失敗的東西。將它放在所有開發者都看得到的明顯位置，例如在一條人來人往的走廊上，或在團隊辦公室主牆的最上面。

使用這些圖表的目標是連結兩個群體：

- **正在經歷改變的群體**——這個群體的成員會隨著圖表（所有人都看得到）的更新而獲得更大的成就感和自豪感，並且因為所有人都看得到圖表，他們更有動力完成過程，這也可以讓他們持續比較他們和其他團隊的表現。當他們知道實踐特定方法的另一個團隊更快時，他們可能會更加努力。

- **在組織中不參與過程的人**——你會引起這些人的興趣和好奇心，引發對話和討論，並創造一個他們可以決定加入的氛圍。

11.2.6 具體的目標、指標和 KPI

如果沒有目標，改革將難以衡量，以及傳達給他人。它會變成模糊的「某件事」，一旦出現問題，就會輕易地被終止。

落後指標

在組織層面上，單元測試通常是一群更大目標的一部分，通常與持續交付有關。如果對你來說也是如此，強烈建議你使用四種常見的 DevOps 指標：

- **部署頻率**——組織成功發布到生產環境的頻率。

- **變更的前置時間**——功能需求進入生產環境所需的時間。請注意，許多地方錯誤地把這個指標定義成提交（commit）進入生產環境所需的時間，但從組織的角度來看，這段時間只是功能的完成過程中的一部分。從提交時間開始測量比較類似測量功能從提交到特定點的「循環時間」，而前置時間是由多個循環時間組成的。

- 遺漏的 *bug* / 變更失敗率──在生產環境裡的每一個單位（通常是發布、部署或時間）裡面發現的失敗數量。你也可以使用導致生產環境失敗的部署比例。

- 恢復服務的時間──組織從生產環境故障恢復正常所需的時間。

我們將這四個指標稱為**落後指標**，它們非常難以偽造（但是在大多數地方都很容易測量），可以避免我們自欺欺人。

領先指標

我們往往想要獲得更快的回饋，以確保自己走在正確的道路上，這就是領先指標的作用。領先指標是我們可以在日常控制的事情──程式碼覆蓋率、測試數量、組建運行時間…等。它們比較容易偽造，但結合落後指標，通常能夠在早期讓我們知道，我們應該走在正確的道路上。

圖 11.2 是一個示範結構，以及你可以在組織中使用的落後和領先指標。在 *https://pipelinedriven.org/article/a-metrics-framework-for-continuous-delivery* 可以看到高解析度的彩色圖片。

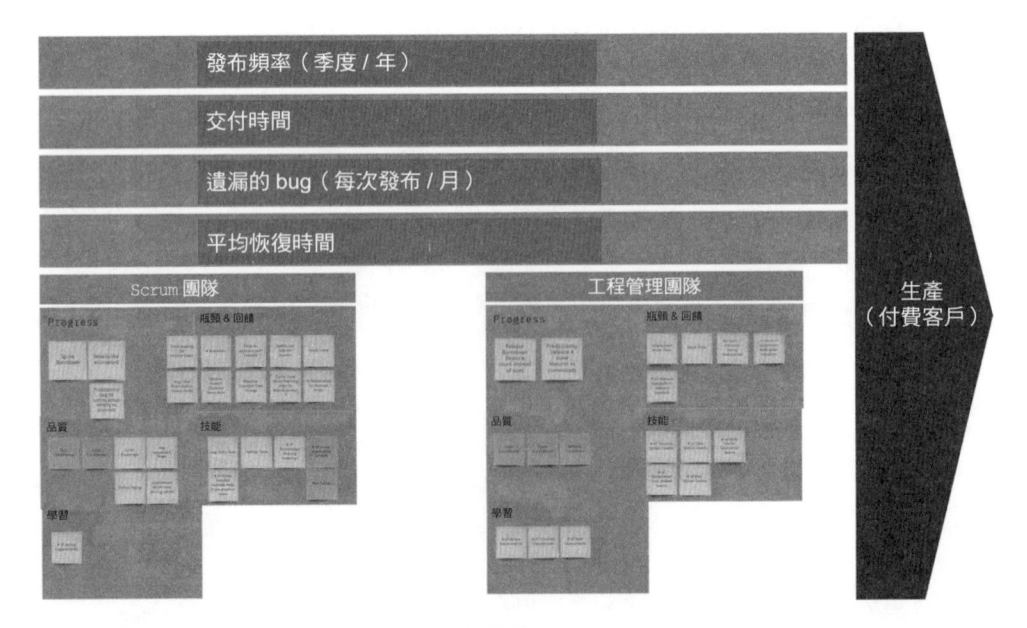

圖 11.2　用於持續交付的指標框架範例

指標類別和群組

我通常將領先指標分為兩組：

- 團隊等級——個別團隊可以控制的指標
- 工程管理等級——需要跨團隊合作的指標，或跨多個團隊的綜合指標

我也喜歡根據它們解決的問題來分類：

- 進度——用來解決計畫的可見性和決策
- 瓶頸和回饋——顧名思義，毋須解釋
- 品質——在生產環境中的遺漏 bug
- 技能——追蹤我們是否逐漸消除團隊內部或跨團隊的知識障礙
- 學習——像學習型組織一樣行動

質性指標

上面的指標大多是量化的（可以測量的數字），但有一些指標是質性（qualitative）的，也就是詢問人們對於某事的感受或看法。我使用的質性指標有：

- 你有多麼相信測試能夠且將會找出程式中的 bug（1 到 5 分）？取團隊成員或多個團隊的平均分數。
- 程式碼是否做它該做的事情（1 到 5 分）？

這些是你可以在每次回顧會議中調查的問題，回答這些問題只需要五分鐘。

趨勢線是你的好夥伴

在觀察所有的領先指標和落後指標時，你要看的是趨勢線，而不僅僅是數字的快照。經過一段時間後，你可以用趨勢線來看出你變得更好、還是更糟。

不要陷入「用華麗的儀表板來顯示大數字」的陷阱。沒有背景資訊的數字不能代表事情的好壞，但趨勢線可以告訴你這星期是否比上星期更好。

11.2.7 明白你會遇到障礙

障礙總是會發生。大多數的障礙來自組織結構內部，有些障礙則是技術性的。技術性的障礙比較容易解決，因為只要找到正確的解決方案即可。組織性的障礙則需要特別關心和注意，以及採取心理層面的方法。

當一次迭代不順利、測試跑得比預期還要慢時，千萬不要因為暫時失敗而放棄。有時啟動計畫很困難，你至少要堅持幾個月才能開始適應新過程並解決所有問題。讓管理層承諾即使事情不如人意，也至少要繼續執行三個月。事先獲得他們的同意很重要，你不會想要在壓力重重的第一個月裡四處說服人們。

此外，好好吸收 Tim Ottinger 在 Twitter（@Tottinge）上分享的這個簡短的心得：「即使你的測試無法抓到所有缺陷，它們也可以讓你更輕鬆地修復它們未抓到的缺陷。這是一個深奧的道理」。

瞭解確保事情順利進行的方法之後，接著要來看一些可能導致失敗的事情。

11.3 失敗之道

在本書的序中，我提到一個我參與的失敗專案，該專案失敗的部分原因是未正確實施單元測試。未正確實施單元測試是專案失敗的可能原因之一。在這裡，我要討論其他幾種情況，包括讓我付出整個專案作為代價的一個原因，以及一些可以採取的應對措施。

11.3.1 缺乏驅動力

據我所見，在改革失敗的地方中，缺乏驅動力是最大的因素。成為持續改革的驅動力需要付出代價，你將不得不花時間教導他人、幫助他們，並為了改革發動內部政爭。你必須為這些工作付出時間，否則改革就不會發生。如第 11.2.4 節所述，邀請外部人員有助於維持你的驅動力。

11.3.2 缺乏政治支持

如果你的主管明確地告訴你不要改變，此時除了試圖說服管理層瞭解你的觀點之外，你能夠做的事情並不多。但有時缺乏支持可能更加隱晦，關鍵在於你要意識到自己正在面臨反對意見。

例如，你可能會聽到：「好！那就去完成那些測試吧，我們給你 10% 的額外時間來做這件事」。用低於 30% 的時間來啟動單元測試是不切實際的做法，這是管理者試著阻擋潮流的方法之一——透過扼殺它來讓它不存在。

你要意識到自己正在面臨反對意見，但一旦你知道該注意哪些跡象，它就很容易辨別。當你說他們的限制不切實際時，你可能會聽到「那就別做了」之類的回應。

11.3.3 即興實施和第一印象

如果你還不知道如何寫出優良的單元測試就打算實行單元測試，幫幫自己，邀請有經驗的人一起進行，並遵守良好的實踐法則（如本書中概述的那些）。

我看過開發者在尚未充分瞭解該做什麼，或從哪裡做起的情況下，貿然跳入深水區，這不是好現象。這不僅會讓你浪費大量時間學習如何進行適合當下情況的變更，也會因為在一開始就採用糟糕的實施方法，而失去大量的信譽，最終可能導致試行專案被終止。

如果你看過本書的前言，你就知道我遇過這種事。你只有幾個月的時間來加快進度並說服高層你正在透過試驗取得成果。讓這段時間發揮作用，並消除你能夠消除的任何風險。如果你不知道如何寫出好測試，那就去看書或聘請顧問，如果你不知道如何讓程式碼可測試，也請這樣做。別浪費時間重新發明測試方法。

11.3.4 團隊不支持

如果你的團隊不支持你的努力，你就幾乎不可能成功，因為你會很難將新流程的額外工作與日常工作整合起來。你應該努力讓你的團隊成為新流程的一部分，至少不要干擾新流程。

與你的團隊成員討論這些變化。有時——獲得他們的支持是很好的開始，但與他們一起討論你的努力，並回答他們的難題，可能也很有價值。無論你做什麼，不要把團隊的支持視為理所當然。確保你知道自己在做什麼，他們是每天都要合作的對象。

11.4 影響因素

我在我的書《*Elastic Leadership*》（Manning，2016）中，用完整的一章來討論影響行為。如果你對這個主題有興趣，建議你讀一下這本書，或是在 5whys.com 瞭解更多資訊。

我發現比單元測試更令人著迷的東西是人，以及他們為何如此行事。試著讓一個人開始做某事（例如 TDD）可能令人備感挫折，無論你多麼努力，他們就是不想做，你可能已經試著講道理，卻發現他們對你無動於衷。

在 Kerry Patterson、Joseph Grenny、David Maxfield、Ron McMillan 和 Al Switzler 合著的《*Influencer: The Power to Change Anything*》（McGraw-Hill，2007）一書中，你可以找到以下箴言（意譯）：

> 對於你看到的每一個行為，這個世界都完美地為它設計了使其發生的條件。這意味著，除了個人想做一件事或有能力去做之外，還有其他因素影響他們的行為。然而，我們很少跳脫這兩個因素來思考。

這本書介紹六個影響因素：

- 個人能力——個人是否具備完成所需任務的所有技能或知識？

- 個人動機——個人是否因為正確的行為而感到滿足，或討厭錯誤的行為？當一個行為做起來很難的時候，他能否強迫自己去做？

- 社會能力——你或別人是否提供那個人需要的幫助、資訊和資源，尤其是在關鍵時刻？

- 社會動機——他周圍的人是否積極鼓勵正確的行為，並阻止錯誤的行為？你或別人是否有效地示範正確的行為？

- **結構（環境）能力**——在環境裡的某些層面（建築、預算…等）是否讓行為更方便、容易和安全？是否有足夠的提示和提醒來保持正確的方向？

- **結構動機**——當你或別人做出正確或錯誤的行為時，是否有明確且有意義的獎勵（例如薪水、獎金或獎勵）？短期獎勵是否和你想要鞏固或避免的長期結果和行為相符？

你可以用上面的影響因素做成一個檢查表，用來檢查為何事情不如所願，然後考慮另一個重要的事實：也許有很多因素發揮作用。要改變行為，應該要改變所有相關因素，如果只改變其中一個，行為可能不會改變。

表 11.1 是一個關於某人不執行 TDD 的假想檢查表範例（注意，每一個組織裡的每一個人都有不同的結果）。

表 11.1　影響因素檢查表

影響因素	問題	回答範例
個人能力	這個人是否擁有執行所需行為的一切技能或知識？	有。他們參加了 Roy Osherove 的三日 TDD 課程。
個人動機	這個人會不會因為正確的行為而感到滿足，或討厭錯誤的行為？在面臨最困難的情況時，他們是否有自制力去進行正確的行為？	我和他們談過，他們喜歡做 TDD。
社會能力	你或別人是否提供那個人需要的幫助、資訊和資源，尤其是在關鍵時刻？	有。
社會動機	他們周圍的人是否積極鼓勵正確的行為並阻止錯誤的行為？你或別人是否以有效的方式示範了正確的行為？	有盡量做到。

結構（環境）能力	在環境中的某些層面（建築、預算…等）是否讓行為更方便、容易和安全？是否有足夠的提示和提醒來保持正軌？	他們沒有購買組建機器的預算。*
結構動機	當你或別人做出正確或錯誤的行為時，是否有明確且有意義的獎勵（例如薪水、獎金或激勵措施）？短期獎勵是否符合你想要鞏固或避免發生的長期結果和行為？	當他們試著花時間進行單元測試時，他們的主管跟他們說，這是在浪費時間。如果他們提前出貨且品質不良的話，他們會獲得獎金。*

在右欄項目裡的星號代表那個項目需要處理。我在這裡找出兩個需要解決的問題。只解決組建機器預算問題不會改變行為。他們必須獲得組建機器，並且讓他們的主管不要在他們迅速推出劣質產品時發出獎金。

我在《Notes to a Software Team Leader》（Team Agile Publishing，2014）裡寫了關於這個主題的其他內容，這是一本討論運營技術團隊的書，你可以在 5whys.com 找到它。

11.5 棘手問題和答案

本節介紹我在各處遇到的一些問題。這些問題通常出自有人假定實施單元測試可能損害他們的利益，例如在乎截止日期的主管，或擔心影響自己飯碗的 QA 人員。當你瞭解問題的緣由之後，務必直接或間接地解決該問題，否則你一定會被暗中抵制。

11.5.1 單元測試會讓當下的流程增加多少時間？

會經常詢問單元測試會讓流程增加多少時間的人是團隊主管、專案主管和用戶端，他們是與時間的關係最密切的人。

我們先來看一些事實。研究指出，提升整體程式品質可以提高生產力並縮短時間。那該怎麼解釋「編寫測試程式會降低程式編寫速度」這件事？主要是透過易維護性和修復 bug 的便捷性。

> **注意** 關於程式碼品質和生產力的研究,可參見 Capers Jones 所著的《*Programming Productivity*》(McGraw-Hill College,1986)和《*Software Assessments, Benchmarks, and Best Practices*》(Addison-Wesley Professional,2000)。

當團隊主管問你時間問題時,他可能其實在問:「當我們遠遠超過截止日期時,我該怎麼跟專案主管解釋?」。他們也許認同這個程序是有用的,正在為即將到來的戰鬥尋找火力支援。或者,他們可能不是為整個產品提出這個問題,而是為特定的一組功能。另一方面,當專案主管或客戶詢問時間問題時,他們通常是從整個產品發布的角度提問的。

因為每個人關心的範圍不同,你的答案可能隨之而變。例如,單元測試可能導致特定功能的實作時間加倍,但整個產品的發布時程可能會縮短。為了說明這一點,我們來看看我參與過的一個真實例子。

兩個功能的故事

聘請我擔任顧問的一家大公司希望在過程中實施單元測試,並從一個試行專案開始做起。那個試行專案是由一組開發者在一個大型的現有應用程式裡加入新功能。該公司的主要收入是建立這個大型計費應用程式,並為各種客戶量身訂製部分內容。該公司在全球有數千名開發者。

為了檢驗試行專案是否成功,我們使用以下的統計數據:

- 團隊在每一個開發階段花費的時間
- 專案釋出給用戶端的總時間
- 用戶端在釋出後發現的 bug 數量

我們也蒐集了不同團隊為不同客戶建立的相似功能的同一組統計數據。兩種功能的規模大致相當,團隊的技能和經驗水準也在伯仲之間。這兩項任務都是客製化工作,但其中一個有單元測試,另一個沒有。表 11.2 是兩者的時間差異。

表 11.2　團隊在有無測試的情況下的進展和輸出

階段	沒有測試的團隊	有測試的團隊
實作（編寫程式）	7 天	14 天
整合	7 天	2 天
測試和修復 bug	測試，3 天 修復，3 天 測試，3 天 修復，2 天 測試，1 天 總計：12 天	測試，3 天 修復，1 天 測試，1 天 修復，1 天 測試，1 天 總計：7 天
總釋出時間	26 天	23 天
在生產環境中發現的 bug	71	11

整體而言，有測試的團隊的釋出時間比沒有測試的還要短。然而，有單元測試的團隊的主管原本不相信試行專案會成功，因為他們只將實作（編寫程式）統計數據（表 11.2 中的第一行）當成成功的標準，而不是最下面的那一行。他們在編寫功能時花了兩倍的時間（因為單元測試需要寫更多程式），儘管如此，那些額外的時間因為 QA 團隊發現更少的 bug 而被完全抵消。

這就是為什麼你一定要強調，雖然單元測試會增加實作功能所需的時間，但因為它會提升品質和易維護性，那些時間可以被產品釋放週期抵消。

11.5.2 單元測試會威脅我的 QA 飯碗嗎？

單元測試不會讓 QA 相關工作消失。QA 工程師會收到附帶完整單元測試套件的應用程式，這意味著他們可以在進行自己的測試程序之前，確保所有單元測試都通過。事實上，單元測試會讓他們的工作更有趣，他們再也不需要尋找 UI 的 bug（每按兩次按鈕就會出現某種異常），因而能夠在實際場景中專心發現更多邏輯（應用）bug。單元測試提供防止 bug 的第一層防線，而 QA 工作提供了第二層，即用戶驗收層。應用程式與資訊安全一樣，都需要不只一層保護措施。讓 QA 程序專注於尋找更大問題可以產出更好的應用程式。

在某些地方，QA 工程師也會寫程式，他們可以協助編寫單元測試，這項工作是和應用程式開發者的工作同時進行的，而不是取代 QA 工程師的工作。開發者和 QA 工程師都可以編寫單元測試。

11.5.3 有證據指出單元測試有幫助嗎？

目前沒有任何具體的研究指出單元測試能不能讓程式碼的品質更好。大多數的相關研究探討的都是特定的敏捷方法，單元測試只是其中的一部分。你可以在網路上找到一些經驗證據，它們證明有一些公司和同事獲得很好的結果，而且再也不想回到沒有測試的碼庫。你可以在 The QA Lead 網站找到關於 TDD 的一些研究：*http://mng.bz/dddo*。

11.5.4 為什麼 QA 部門還會發現 bug？

或許你已經沒有 QA 部門了，但設立 QA 部門仍然是非常普遍的做法。無論如何，你都還會發現 bug。請按照第 10 章介紹的那樣，使用多層的測試，以便在各層獲得對於應用程式的信心。單元測試可提供快速回饋和易維護性，但它們無法帶來太多信心，那些信心只能透過整合測試來獲得。

11.5.5 我們有很多無測試程式的程式碼，該怎麼開始？

有一些在 1970 和 1980 年代進行的研究指出，通常有 80% 的 bug 位於 20% 的程式碼中。關鍵是找出問題最多的程式碼。通常任何團隊都能夠告訴你哪些組件的問題最多，從那些組件下手。你也可以加入與每一類 bug 的數量有關的指標。

> **80/20 數據的來源**
>
> 指出 20% 的程式碼有 80% 的 bug 的研究包括：Albert Endres 的「An analysis of errors and their causes in system programs」，*IEEE Transactions on Software Engineering* 2（1975 年 6 月），140–49；Lee L. Gremillion 的「Determinants of program repair maintenance requirements」，*Communications of the ACM* 27，no. 8（1984 年 8 月），826–32；Barry W. Boehm 的「Industrial software metrics top 10 list」，*IEEE Software* 4，no. 9（1987 年 9 月），84–85（重印於 IEEE 通訊並可在 *http://mng.*

> bz/rjjJ 取得）；以及 Shull 等人的「What we have learned about fighting defects」, *Proceedings of the 8th International Symposium on Software Metrics*（2002），249–58。

測試遺留碼的方法與編寫新程式碼及其測試的方法不同。詳情見第 12 章。

11.5.6 如果我們開發的是結合軟硬體的產品呢？

即使你開發的是結合軟硬體的產品，你也可以使用單元測試。檢查上一章提到的測試階層，以確保它們涵蓋軟體和硬體。測試硬體通常需要在各個階層使用模擬器和仿真器，但是為低階的嵌入程式碼和高階的程式碼各準備一套測試也很常見。

11.5.7 如何確定我們的測試中沒有 bug？

我們要確保測試在該失敗時失敗，在該通過時通過。TDD 很適合用來確保不會忘記檢查這些事情。第 1 章有 TDD 的簡介。

11.5.8 偵錯器說我的程式碼可以正確運行，為什麼還要使用測試程式？

偵錯器（debugger）對多執行緒程式碼而言沒有太大的幫助，此外，或許你相信你的程式可以正確運行，那別人的程式呢？你怎麼知道它們正確運行？當別人進行更改時，他們怎麼知道你的程式仍然正確且沒有破壞任何東西？記住，寫程式是程式碼生命的開端，程式碼的大部分生命都處於維護模式，你必須在它被破壞時提醒人們，請使用單元測試。

Curtis、Krasner 和 Iscoe 進行的一項研究（「A field study of the software design process for large systems」, *Communications of the ACM 31*, no. 11（1988 年 11 月），1268–87）指出，大多數的缺陷都不是來自程式碼本身，而是來自人跟人之間的錯誤溝通、需求的不斷改變，和缺乏應用領域知識。就算你是世界上最偉大的程式設計師，別人也有可能叫你寫出錯誤的東西，而你照做了。當你需要更改它時，你會很高興所有其他東西都有測試，可以確保你不會破壞它。

11.5.9 關於 TDD 呢？

TDD 是一種風格選項。我個人認為 TDD 很有價值，很多人發現它既高效又有益，但也有人認為對他們來說，寫好程式碼之後再編寫測試就可以了。你可以自行決定。

摘要

- 在組織中實施單元測試是本書的許多讀者遲早要面對的事情。

- 千萬不要疏遠可以幫助你的貴人。找出組織內的擁護者和抵制者，讓這兩組人成為改革過程的一部分。

- 找出可能的起點。從一個小團隊或範圍有限的專案開始，以迅速取得成果，並將專案持續時間風險最小化。

- 讓所有人都能看到進展。瞄準具體的目標、指標和 KPI。

- 注意可能的失敗原因，例如缺乏驅動力，和缺乏政策或團隊支持。

- 提前針對別人可能提出的問題準備好答案。

與遺留碼共舞

本章內容
- 遺留碼的常見問題
- 決定從哪裡開始編寫測試

我曾經擔任一家大型開發公司的顧問,那家公司生產計費軟體,裡面有超過 10,000 名開發者,並在產品、子產品和互相關聯的專案中混合使用 .NET、Java 和 C++。該軟體以某種形式存在超過五年,大多數開發者的任務都是維護軟體,以及在既有功能之上進行建構。

我的工作是幫助多個部門(使用所有語言)學習 TDD 技術。和我合作的大約 90% 的開發者從未實現這個目標,原因有幾個,其中一些是遺留碼造成的:

- 為現有程式碼編寫測試很難。
- 重構現有程式碼幾乎是不可能的任務(或沒有足夠的時間去做)。
- 有些人不想改變他們的設計。
- 工具(或缺乏工具)變成阻礙。
- 很難確定從何開始。

曾經試著為現有系統加入測試的人都知道，這樣的系統幾乎不可能編寫測試，它們通常沒有適當的地方（稱為 seam）可讓你擴展或替換現有組件。

在處理遺留碼時，我們要解決兩個問題：

- 工作量太大了，該從哪裡開始加入測試？應該將精力集中在哪裡？
- 如果程式碼一開始沒有測試，如何安全地重構它？

本章將列出一些技術、參考資料和工具來幫助你解決這些與遺留碼有關的棘手問題。

12.1 從哪裡開始加入測試？

假設你的一些組件裡面有既有的程式碼，你要製作一張優先順序表，列出為哪些組件加入測試最有意義。我們要考慮幾個因素，這些因素會影響每個組件的優先順序：

- 邏輯複雜度 —— 這是指組件裡的邏輯量，例如嵌套的 if、switch case，或遞迴。這種複雜度也稱為循環複雜度（cyclomatic complexity），你可以使用各種工具來自動檢查它。

- 依賴程度 —— 這是指組件中的依賴項目數量。為了測試這個類別，你需要打斷多少依賴關係？它是否與外部的 email 組件溝通？或者它是否在某處呼叫靜態 log 方法？

- 優先順序 —— 這是組件在專案中的一般優先順序。

你可以幫每一個組件的這些因素評分，從 1 分（低優先順序）到 10 分（高優先順序）。表 12.1 展示一些類別以及對它們而言，這些因素的分數。我將這張表稱為測試可行性表。

表 12.1　簡單的測試可行性表

組件	邏輯複雜度	依賴程度	優先順序	備註
`Utils`	6	1	5	這個工具類別的依賴項目很少，但包含許多邏輯。它很容易測試，並且有很大的價值。
`Person`	2	1	1	這是一個保存資料的類別，邏輯很少，沒有依賴項目。測試它的價值不大。
`TextParser`	8	4	6	這個類別有很多邏輯和很多依賴項目，而且是專案的一個高度優先的任務的一部分。測試它有很大的價值，但也很困難和耗時。
`ConfigManager`	1	6	1	這個類別保存組態設定資料，並從磁碟讀取檔案。它的邏輯很少，但是有很多依賴項目。測試它對專案的價值不大，而且很困難和耗時。

你可以根據表 12.1 的資料來畫出圖 12.1 中的圖表，這張圖表根據組件對專案的價值，以及依賴項目的數量來繪製組件。你可以放心地忽略邏輯低於你設定的門檻（通常我設為 2 或 3）的項目，因此 `Person` 和 `ConfigManager` 可以忽略。如此一來，你只剩下圖 12.1 中的上面兩個組件。

你可以用兩種基本方法來查看圖表並決定你想先測試什麼（見圖 12.2）：

- 選擇比較複雜，而且比較容易測試的（左上角）。
- 選擇比較複雜，而且比較難測試的（右上角）。

現在的問題是你該走哪條路？從簡單的開始，還是從困難的開始？

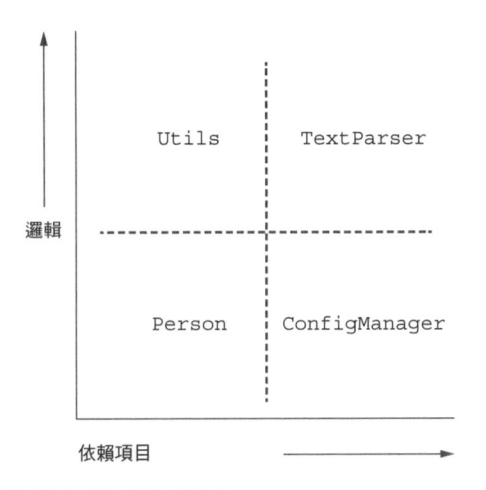

圖 12.1　為了評估測試可行性而對映組件

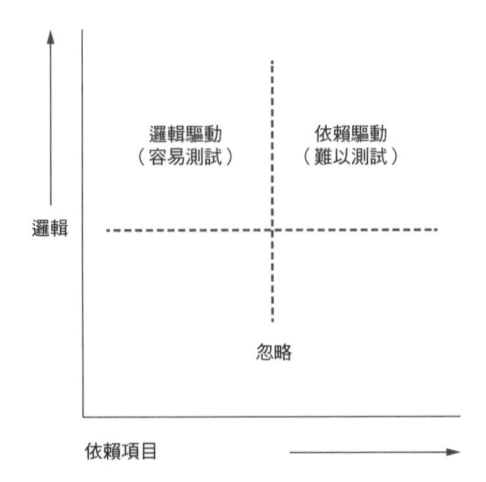

圖 12.2　根據邏輯和依賴項目來將組件對映到簡單、困難和忽略

12.2 決定一個選擇策略

如上一節所述，你可以從容易測試的組件或難以測試的組件（因為它們有很多依賴項目）開始做起。這兩種策略會帶來不同的挑戰。

12.2.1 先易後難策略的優缺點

從依賴項目較少的組件開始做起的話，在一開始編寫測試比較快且比較容易。但這種做法有一個陷阱，如圖 12.3 所示。

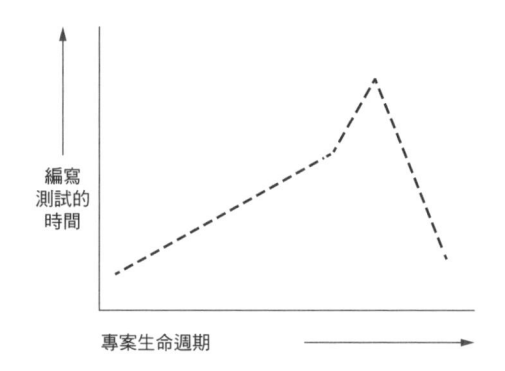

圖 12.3 從容易的組件開始做起的話，測試組件所需的時間會不斷增加，直到完成最難的組件為止。

圖 12.3 是在專案的生命週期內，讓組件可被測試所需的時間。在一開始，編寫測試很容易，但剩餘的組件會越來越難測試，特別困難的組件會在專案週期結束時等著你，當所有人都為了推出產品而承受沉重壓力時。

如果你的團隊對於單元測試技術相對陌生，你應該從簡單的組件開始做起，這樣可讓團隊逐漸學會處理較複雜的組件和依賴項目所需的技術。對於這種團隊，明智的做法是在一開始避免處理依賴項目超過一定數量的所有組件（四個是合理的門檻）。

12.2.2 先難後易策略的優缺點

從較困難的組件開始做起看起來像是個不太明智的選擇，但只要你的團隊有單元測試經驗，它就有一個優點。圖 12.4 是在專案的生命週期中，先測試依賴項目最多的組件時，為一個組件編寫測試所需的平均時間。

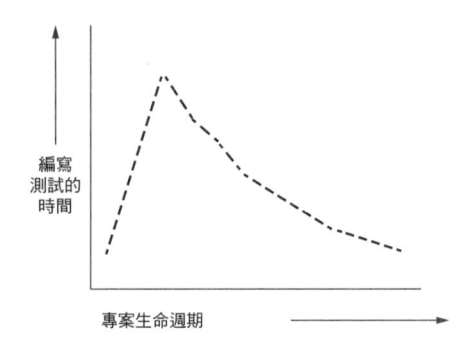

圖 12.4 當你採取先難後易策略時，測試組件所需的時間最初很高，但是會隨著更多依賴項目被重構而減少。

採用這種策略的話，即使是讓較複雜的組件運行最簡單的測試都可能要花費一天或更長的時間。但你可以看到，相對於圖 12.3 的緩慢上升，用這種策略來編寫測試所需的時間會快速下降。每次你將某個組件納入測試範圍，並重構它以提升可測試性時，可能也同時解決該組件的依賴項目或其他組件的可測試性問題。由於那個組件有很多依賴項目，重構它可以改善其他部分的狀況，這就是快速下降的原因。

先難後易策略只有在團隊具備單元測試經驗才能夠實踐，因為它實踐起來更加困難。如果你的團隊有經驗，請根據組件的優先順序來決定你要從難的開始，還是從容易的開始。你可能想要選擇混合的策略，但你一定要提前知道需要投入多少努力，以及可能的後果。

12.3 在重構之前編寫整合測試

如果你打算重構程式碼來方便測試（以便編寫單元測試），為了確保你在重構階段不會破壞任何東西，有一個實用的方法是針對你的生產系統編寫整合風格的測試。

我曾經擔任一個大型遺留專案的顧問，和我合作的開發者需要處理一個 XML 組態設置管理器。那個專案沒有測試程式，且幾乎無法測試，而且它是一個 C++ 專案，所以除非重構程式碼，否則無法使用工具來將組件與依賴項目輕鬆地分隔開來。

開發者需要在 XML 檔案中加入另一個值屬性（value attribute），並且透過既有的組態設置組件來讀取和更改它。我們最終寫了幾個整合測試，這些測試使用真實系統來保存和載入組態設置資料，並驗證組態設置組件從檔案取出和寫入的值。這些測試將組態管理器的「原始」工作行為設為我們工作的基礎。

接著我們寫了一個整合測試，該測試指出，當組件讀取檔案時，記憶體裡面沒有我們嘗試新增的屬性。我們證明了缺少這個功能，而且現在有了一個測試，一旦我們將新屬性加入 XML 檔案中，並從組件正確地寫入它，這個測試就會通過。

當我們寫好保存和載入額外屬性的程式後，我們運行了三個整合測試（兩個是原始基礎實作的測試，以及一個試著讀取新屬性的新測試）。三個測試都通過了，所以我們知道加入新功能沒有破壞既有功能。

如你所見，這個過程相對簡單：

- 在系統中加入一個或多個整合測試（無 mock 或 stub）來證明原系統按需求運作。

- 為你試著加入系統的功能進行重構或加入一個失敗的測試。

- 將系統分成小部分來進行重構和修改，並盡量頻繁地運行整合測試，以檢查是否破壞了什麼。

有時整合測試看起來比單元測試更容易編寫，因為你不需要瞭解程式碼的內部結構，或該在何處注入各種依賴項目。但是，在本地系統運行那些測試可能非常麻煩或耗時，因為你必須確保系統需要的每一個細節都已經到位。

重點在於專心處理需要修復或新增功能的部分，而不要把精力放在系統的其他部分。如此一來，系統就會在正確的地方成長，其他問題可以等到需要時再去解決。

隨著你不斷加入更多測試，你可以對系統進行重構，並加入更多單元測試，將它發展成一個更容易維護和測試的系統。這需要時間（有時可能需要好幾個月），但這是值得的。

Vladimir Khorikov 的《*Unit Testing Principles, Practices, and Patterns*》（Manning，2020）一書的第 7 章有這種重構的範例，詳情請參閱該書。

12.3.1 閱讀 Michael Feathers 關於遺留碼的書籍

Michael Feathers 的《*Working Effectively with Legacy Code*》（Pearson，2004）是另一本處理遺留碼問題的寶貴資源。它深入展示許多重構技術和陷阱，本書並未試圖介紹那些內容。該書有極高的價值，去買一本吧！

12.3.2 使用 CodeScene 來調查你的產品程式碼

另一個名為 CodeScene 的工具可以讓你發現遺留碼之中的大量技術債務和潛藏問題，並且提供許多其他功能。CodeScene 是一款商業工具，我個人沒有用過，但聽說它非常棒。你可以在 *https://codescene.com/* 瞭解更多資訊。

摘要

- 在開始為遺留碼編寫測試之前，務必根據它的依賴項目數量、邏輯量，以及每一個組件在專案中的一般優先順序，來畫出各種組件的對映圖。組件的邏輯複雜度（循環複雜度）指的是組件裡的邏輯量，例如嵌套的 `if`、switch case 或遞迴。

- 取得這些資訊之後，你可以根據測試組件的難易度來選擇要處理的組件。

- 如果你的團隊沒有單元測試經驗或很少，最好從簡單的組件開始做起，隨著團隊在系統中加入越來越多測試，他們的信心將逐漸增長。

- 如果你的團隊經驗豐富，先讓困難的組件可以被測試，這樣可以幫助你更快完成系統的其餘部分。

- 在進行大規模的重構之前，編寫整合測試來支撐這次重構。在重構完成後，用較小且較容易維護的單元測試來取代大部分的整合測試。

對函式和模組進行 monkey-patch

在第 3 章，我介紹了我所謂的「可接受（accepted）」的各種 stubbing 技術，因為一般認為，這些技術對程式碼的易維護性、易讀性，以及它們引導我們寫出來的測試而言，都是安全的。在這個附錄中，我將介紹一些在測試中偽造整個模組的方法，但這種方法較不被接受，也較不安全。

A.1 必要的警告

關於全域性地 patch 和 stubbing 函式及模組，我有一些好消息和壞消息。沒錯，你可以做到這件事，而且我將展示幾種做法。但使用它們是好主意嗎？我還不確定。根據我的經驗，使用接下來要展示的技術來維護測試時的成本，往往比維護參數化或具備適當 seam 的程式碼還要高。

然而，有一些特殊的時機可能需要使用這些技術，這些情況包括但不限於偽造不屬於你，而且你不能更改的程式碼中的依賴項目，或是使用可立即執行的函式或模組。另一種情況是當模組只公開函式而不公開物件時，這會大大限制偽造的選項。

請盡量避免使用這個附錄介紹的技術。如果你可以用其他方法來編寫測試或重構程式碼，因而不需要使用這些方法，那就使用那個方法。當別的方法都失敗時，這個附錄介紹的技術才是必要之惡。如果不得不使用它們，請盡量減少使用量，因為你的測試將遭受負面影響，變得更脆弱且更難讀。

我們來深入探討。

A.2 對函式、全域變數及可能的問題進行 monkey-patch

monkey-patching 就是在程式執行期更改運行中的程式實例。我第一次看到這個術語是在使用 Ruby 時，在該領域中，monkey-patching 是家常便飯。在 JavaScript 裡，在執行期為函式「打補丁（patch）」也同樣容易。

在第 3 章，我們討論了測試和程式碼的時間管理問題。我們可以使用 monkey-patching 來查看任何全域或本地函式，並將它換成不同的實作（針對特定的 JavaScript 作用域）。如果我們想要幫時間打補丁，我們可以 monkey-patch 全域的 Date.now，從那一刻起，所有程式碼（無論是產品程式碼還是測試程式碼）都會被這個更改影響。

範例 A.1 是對一段原始產品程式碼做這件事的測試，在裡面直接使用 Date.now。它偽造了全域的 Date.now 函式，以便在測試的過程中控制時間。

範例 A.1　偽造全域的 Date.now() 帶來的問題

```
describe('v1 findRecentlyRebooted', () => {
  test('given 1 of 2 machines under threshold, it is found', () => {
    const originalNow = Date.now;              ◀── 儲存原始的 Date.now
    const fromDate = new Date(2000,0,3);       ┐ 將 Date.now
    Date.now = () => fromDate.getTime();       ┘ 換成自訂日期

    const rebootTwoDaysEarly = new Date(2000,0,1);
    const machines = [
      { lastBootTime: rebootTwoDaysEarly, name: 'ignored' },
      { lastBootTime: fromDate, name: 'found' }];

    const result = findRecentlyRebooted(machines, 1, fromDate);

    expect(result.length).toBe(1);
    expect(result[0].name).toContain('found');

    Date.now = originalNow;                    ◀── 復原成原始的 Date.now
  });
});
```

在這個範例中，我們將全域的 Date.now 換成自訂日期。因為這是一個全域函式，其他測試可能被它影響，所以我們在測試結束時進行清理，把原始的 Date.now 放回它的正確位置。

這種測試有幾個主要問題。首先，這些斷言會在失敗時丟出例外，這意味著如果它們失敗，恢復成原始的 Date.now 可能永遠不會執行，其他的測試可能會被「不乾淨」的全域時間影響。

另外，先儲存時間函式再將它放回去也很麻煩，這會在測試中埋下深遠影響，使測試更長、更難讀，也更難寫，很容易讓我們忘記重設全域狀態。

最後，我們破壞了平行性。Jest 看起來能夠正確地處理這個問題，因為它為每一個測試檔案建立一套獨立的依賴項目，但競態條件可能會在平行執行測試的其他框架中出現，因為有多個測試可以更改全域時間，或預期全域時間有特定的值。在平行執行時，這些測試可能會互相衝突，在全域狀態中創造出競態條件，並互相影響。如果你想要消除不確定性，Jest 可讓你在命令列中使用額外的 --runInBand 參數來避免平行性，但是在我們的案例中，這不是必需的。

我們可以使用 beforeEach() 和 afterEach() 輔助函式來避免其中的一些問題。

範例 A.2　使用 beforeEach() 和 afterEach()

```
describe('v2 findRecentlyRebooted', () => {
  let originalNow;
  beforeEach(() => originalNow = Date.now);      ◀── 儲存原始的 Date.now
  afterEach(() => Date.now = originalNow);       ◀── 復原成原始的 Date.now

  test('given 1 of 2 machines under threshold, it is found', () => {
    const fromDate = new Date(2000,0,3);
    Date.now = () => fromDate.getTime();

    const rebootTwoDaysEarly = new Date(2000,0,1);
    const machines = [
      { lastBootTime: rebootTwoDaysEarly, name: 'ignored' },
      { lastBootTime: fromDate, name: 'found' }];

    const result = findRecentlyRebooted(machines, 1, fromDate);

    expect(result.length).toBe(1);
    expect(result[0].name).toContain('found');
  });
});
```

範例 A.2 解決了一些問題，但不是全部。這樣寫的好處在於，我們不需要記得保存和重設 Date.now 了，因為 beforeEach() 和 afterEach() 會處理這些事情。測試程式也更容易閱讀了。

但我們依然有潛在的平行測試問題。Jest 夠聰明，能夠同時執行多個檔案中的測試，這意味著在這個規範檔案裡的測試會線性執行，但其他檔案裡的測試不保證有這種行為。任何一個平行測試都可能使用它自己的 beforeEach() 和 afterEach() 來重設全域狀態，可能在無意間影響我們的測試。

能避免的時候，我不喜歡偽造全域物件（大多數的定型語言所說的「單例」），這樣做必然有額外的副作用，包括額外的程式碼、額外的維護工作、讓測試更脆弱、間接影響其他測試，以及必須時常擔心清理問題。多數情況下，將 seam 植入受測程式碼的設計，而不是像剛才那樣在外部以隱性的方式處理時，程式的品質會更好。

特別是考慮到越來越多框架可能開始模仿 Jest 的功能並平行執行測試，全域偽造將變得越來越危險。

A.2.1 以 Jest 的方式做 monkey-patching

為了提供更完整的資訊，Jest 也提供兩個協同函式來支援 monkey-patching 的概念：spyOn 和 mockImplementation。

這是 spyOn：

```
Date.now = jest.spyOn(Date, 'now')
```

spyOn 接收作用範圍和需要追蹤的函式作為參數。請注意，我們需要在這裡使用字串作為參數，這會讓重構不容易進行，如果我們更改那個函式的名稱，很容易忘記修改這裡。

A.2.2 Jest spy

「spy」這個詞比我們在本書遇到的其他術語多了一層有趣的灰色含義，這也是我不太喜歡使用它的原因（如果可以避免，甚至完全不使用）。不幸的是，這個詞是 Jest API 的重要部分，所以我們一定要瞭解它的含義。

對函式、全域變數及可能的問題進行 monkey-patch

Gerard Meszaros 在《*xUnit Test Patterns*》(Addison-Wesley，2007) 裡討論 spy 時說道：「使用 Test Double 來捕捉受測系統 (SUT) 對另一個組件發出的間接輸出呼叫，以便在稍後以測試程式來驗證」。spy 與 fake 或 test double 的唯一差異在於，spy 呼叫底層函式的**真實**實作，它只追蹤該函式的輸入和輸出，以便稍後可以用測試程式來進行驗證。而 fake 和 test double 不使用函式的真實實作。

我的 *spy* 定義非常接近上面的定義：在**進入點**和**退出點**用一個不可見的追蹤層來包裝一個**工作單元**而不改變底層功能，目的是在測試期間追蹤它的輸入和輸出。

A.2.3 spyOn 與 mockImplementation()

這種「在不改變功能的情況下進行追蹤」的行為是 spy 的固有特性，它解釋了為什麼光是使用 spyOn 不足以偽造 Date.now。它只用於追蹤，而不是偽造。

為了實際偽造 Date.now 函式並將它轉變成 *stub*，我們將使用名稱令人困惑的 mockImplementation 來替換底層工作單元的功能：

jest.spyOn(Date, 'now').**mockImplementation**(() => /* 回傳 stub 時間 */);

> **過度使用「mock」**
>
> 如果我有機會幫 mockImplementation 換一個名稱，我會將它命名為 fakeImplementation，因為我們可以輕鬆地用它來建立回傳資料的 stub，也可以驗證傳入的參數資料的 mock。我們的行業太喜歡使用「mock」這個詞來表示任何不是真實的東西了，但區分它們可以幫助我們建立更堅韌的測試。在我看來，這個名稱中的「mock」暗示它是我們稍後要驗證的對象，至少本書就是這樣使用 mock 和 stub 這兩個概念的。
>
> Jest 充斥著被濫用的「mock」一詞，當你比較它的 API 與 Sinon.js 等分隔框架時，你可以發現後者使用的名稱比較不會令人奇怪，它們也避免在非必要時使用「mock」。

下面是在我們的程式裡同時使用 spyOn 和 mockImplementation 的情況。

> **範例 A.3 使用 jest.SpyOn() 來 monkey-patch Date.now()**

```
describe('v4 findRecentlyRebooted with jest spyOn', () => {
  afterEach(() => jest.restoreAllMocks());

  test('given 1 of 2 machines under threshold, it is found', () => {
    const fromDate = new Date(2000,0,3);
    Date.now = jest.spyOn(Date, 'now')
      .mockImplementation(() => fromDate.getTime());

    const rebootTwoDaysEarly = new Date(2000,0,1);
    const machines = [
      { lastBootTime: rebootTwoDaysEarly, name: 'ignored' },
      { lastBootTime: fromDate, name: 'found' }];
```

你可以看到，程式的最後一塊拼圖在 afterEach() 裡面。我們使用另一個稱為 jest.restoreAllMocks 的函式，Jest 也用它來重設之前在原始實作上 spy 且沒有額外 fake 層的任何全域狀態。

注意，儘管我們使用 spy，但我們並未驗證該函式是否被實際呼叫。那樣做意味著我們將它當成 mock 物件來使用，其實並非如此，我們只是將它當成一個 stub 來使用。在 Jest 中，我們必須透過「spy」來實現 stub 的功能。

之前列出來的所有優缺點在這裡仍然適用。我比較喜歡在合理的情況下使用參數，而不是使用全域函式或變數。

A.3 用 Jest 來忽略整個模組很簡單

在這個附錄提到的所有技術中，這是最安全的一種，因為它不處理受測單元的內部運作，而是廣泛地忽略一些東西。

如果我們在測試過程中完全不理會某個模組，只想讓它不干擾我們的情境，而不需要偽造它的任何資料，我們只要在測試檔案的最上面呼叫 jest.mock('module path') 就可以輕鬆地做到。

如果你想要在每一個測試中模擬來自偽造模組的自訂資料，下一節將很有幫助，它可以幫你克服重重難關。

A.4 在每個測試中偽造模組行為

偽造模組基本上意味著偽造一個全域物件，該物件會在受測程式第一次使用 `import` 或 `require` 時載入。取決於我們使用的測試框架，模組可能在內部被快取，或透過標準的 `Node.js require.cache` 機制來快取。因為這件事只會在測試程式匯入受測系統時發生一次，當我們在試著為同一個檔案裡的不同測試程式偽造不同的行為或資料時，可能會遇到一些麻煩。

要為我們的偽造模組訂做行為，我們要在測試程式中處理以下事項：清除記憶體內已 `require` 的模組，替換它，重新 `require` 它，並再次 `require` 我們的受測程式，來讓受測程式使用新模組而不是原始模組。這是一個相當繁瑣的過程，我將這個模式稱為 Clear-Fake-Require-Act（CFRA）：

1 *Clear*（清除）——在每次測試之前，清除測試執行器記憶體內的所有已快取或已 `require` 的模組。

2 在測試的 arrange 期間：

   a *Fake*——偽造測試程式碼執行的 `require` 操作所匯入的模組。

   b *Require*——在呼叫受測程式碼之前 `require` 它。

3 *Act*——呼叫進入點。

如果你忘記以上的任何步驟，或是以錯誤的順序執行它們，或是沒有在測試的生命週期的正確時間執行它們，當你執行測試時可能會有許多疑問，因為東西似乎沒有被正確偽造。更糟的是，**有時它們可能會正常運作**，令人不安。

我們來看一個真實的範例，從以下程式碼開始。

範例 A.4　有依賴項目的受測程式碼

```
const { getAllMachines } = require('./my-data-module');  ◀── 這個依賴項目
                                                              需要偽造
const daysFrom = (from, to) => {
  const ms = from.getTime() - new Date(to).getTime();
  const diff = (ms / 1000) / 60 / 60 / 24; // secs * min * hrs
  console.log(diff);
  return diff;
};
```

```
const findRecentlyRebooted = (maxDays, fromDate) => {
  const machines = getAllMachines();
  return machines.filter(machine => {
    const daysDiff = daysFrom(fromDate, machine.lastBootTime);
    console.log(`${daysDiff} vs ${maxDays}`);
    return daysDiff < maxDays;
  });
};
```

在第一行裡面有我們在測試中需要斷開的依賴項目，它是從 my-data-module 解構出來的 getAllMachines 函式。由於我們使用的函式是從它的父模組分離出來的，我們不能只偽造父模組的函式就期望測試可以通過。我們必須在解構的過程中，讓這個被解構的函式獲得一個偽造函式，這就是麻煩之處。

A.4.1 使用原生的 require.cache 來 stubbing 模組

在使用 Jest 和其他框架來偽造整個模組之前，我們先來看看如何實現這種效果，並探討各種框架是怎麼做的。

你可以直接使用 require.cache 而不使用任何框架來採用 CFRA 模式。

範例 A.5　使用 require.cache 來做 stubbing

```
const assert = require('assert');
const { check } = require('./custom-test-framework');

const dataModulePath = require.resolve('../my-data-module');

const fakeDataFromModule = fakeData => {
  delete require.cache[dataModulePath];          ◄─┤ Clear
  require.cache[dataModulePath] = {              ◄─┤ Fake
    id: dataModulePath,
    filename: dataModulePath,
    loaded: true,
    exports: {
      getAllMachines: () => fakeData
    }
  };
  require(dataModulePath);
};
```

```
const requireAndCall_findRecentlyRebooted = (maxDays, fromDate) => {
  const { findRecentlyRebooted } = require('../machine-scanner4');    ←
  return findRecentlyRebooted(maxDays, fromDate);    ← Act      Require
};


check('given 1 of 2 machines under the threshold, it is found', () => {
  const rebootTwoDaysEarly = new Date(2000,0,1);
  const fromDate = new Date(2000,0,3);
  fakeDataFromModule([
    { lastBootTime: rebootTwoDaysEarly, name: 'ignored' },
    { lastBootTime: fromDate, name: 'found' }
  ]);

  const result = requireAndCall_findRecentlyRebooted(1, fromDate);
  assert(result.length === 1);
  assert(result[0].name.includes('found'));
});
```

不幸的是，這段程式無法和 Jest 一起使用，因為 Jest 會忽略 require.cache，並在內部實作自己的快取演算法。要執行這個測試，你要直接透過 Node.js 命令列來執行它。你會看到我已經實作了自己的 check() 函式，因此我並未使用 Jest 的 API。在使用 Jasmine 等框架時，這個測試可以正常運作。

記得在受測程式中的這一行嗎？

```
const { getAllMachines } = require('./my-data-module');
```

每次我們想要回傳偽造的值時，測試程式就要執行這個解構操作。這意味著我們要在測試程式碼中執行受測單元的 require 或 import，不是在檔案的最上面，而是在測試執行過程中的某處。下面是範例 A.5 中做這件事的程式：

```
const requireAndCall_findRecentlyRebooted = (maxDays, fromDate) => {
  const { findRecentlyRebooted } = require('../machine-scanner4');
  return findRecentlyRebooted(maxDays, fromDate);
};
```

正是因為有這種解構程式碼的模式，所以模組不僅僅是一個具有屬性的物件，因此無法對它使用普通的 monkey-patching 技術。我們還要執行其他步驟。

我們來將 CFRA 四個步驟對應到範例 A.5：

- *Clear*——這是 fakeDataFromModule 函式的一部分，該函式會在測試程式中呼叫。

- *Fake*——我們要求 require.cache 的字典項目回傳一個看似代表模組外觀的自訂物件，但它有一個回傳 fakeData 的自訂實作。

- *Require*——我們將受測程式當成 requireAndCall_findRecentlyRebooted() 函式的一部分 require 進來，在測試過程中呼叫它。

- *Act*——這是受測程式呼叫的同一個 requireAndCall_findRecentlyRebooted() 函式的一部分。

注意，我們沒有在這個測試中使用 beforeEach()，而是直接在測試中執行所有操作，因為每一個測試都偽造它自己的模組資料。

A.4.2 使用 Jest 來 stubbing 自訂模組資料很複雜

我們已經看過以「純粹」的方式來 stubbing 自訂模組資料的方法了，然而，當你使用 Jest 時，你通常不會這樣做。Jest 提供幾個名稱相似且容易混淆的函式來清除和偽造模組，包括 mock、doMock、genMockFromModule、resetAllMocks、clearAllMocks、restoreAllMocks、resetModules……等。耶！

就易讀性和易維護性而言，我在此推薦的程式碼是 Jest 的所有 API 裡最簡潔的一種。我也在 GitHub 版本庫 *https://github.com/royosherove/aout3-samples* 和 *http://mng.bz/Jddo* 的「other-variations」資料夾之下提供其他的變體。

以下是使用 Jest 來偽造模組的常見模式：

1 在你自己的測試程式中，require 你想要偽造的模組。

2 在測試之前，使用 jest.mock(modulename) 來 stubbing 該模組。

3 在每一個測試中，使用 [modulename].function.mockImplementation() 或 mockImplementationOnce() 來要求 Jest 覆寫該模組的某個函式的行為。

以下是可能的程式碼。

> **範例 A.6　使用 Jest 來 stubbing 模組**

```
const dataModule = require('../my-data-module');
const { findRecentlyRebooted } = require('../machine-scanner4');

const fakeDataFromModule = (fakeData) =>
    dataModule.getAllMachines.mockImplementation(() => fakeData);

jest.mock('../my-data-module');

describe('findRecentlyRebooted', () => {
  beforeEach(jest.resetAllMocks); //<- the cleanest way

  test('given no machines, returns empty results', () => {
    fakeDataFromModule([]);
    const someDate = new Date(2000,0,1);

    const result = findRecentlyRebooted(0, someDate);

    expect(result.length).toBe(0);
  });

  test('given 1 of 2 machines under threshold, it is found', () => {
    const fromDate = new Date(2000,0,3);
    const rebootTwoDaysEarly = new Date(2000,0,1);
    fakeDataFromModule([
      { lastBootTime: rebootTwoDaysEarly, name: 'ignored' },
      { lastBootTime: fromDate, name: 'found' }
    ]);
    const result = findRecentlyRebooted(1, fromDate);
    expect(result.length).toBe(1);
    expect(result[0].name).toContain('found');
  });
```

下面是使用 Jest 來實現 CFRA 的每一個部分的做法。

Clear	jest.resetAllMocks
Fake	jest.mock()+ [fake].mockImplementation()
Require	按慣例在檔案的最上面
Act	按慣例

jest.mock 和 jest.resetAllMocks 方法都是用來偽造模組並將偽造的實作重設為一個空的實作。注意，在 resetAllMocks 之後，模組仍然是偽造的，只是它的行為被重設為預設的偽造實作。如果在呼叫它時沒有告訴它該回傳什麼資訊，它會產生奇怪的錯誤。

我們在每一個測試中使用 FromModule 方法來將預設實作換成一個回傳固定值的函式。

我們本可使用 mockImplementationOnce() 來進行 mocking，而不是使用 fakeDataFromModule() 方法，但我發現如此一來可能會產生非常脆弱的測試。在使用 stub 時，我們通常不關心它們回傳幾次偽造值，如果我們關心它們被呼叫幾次，我們就會將它們當成 mock 物件來使用，這是第 4 章的主題。

A.4.3 避免使用 Jest 的手動 mock

Jest 有手動 mock 的概念，但是最好不要使用它們。在使用這種技術時，你要在測試中放一個特殊的 __mocks__ 資料夾，在裡面放入寫死的偽造模組程式碼。這種做法的確有效，但是當你想要控制偽造資料時，維護成本就會過高。它也會大幅降低易讀性，因為它增加了非必要的捲動疲勞，讓我們必須在多個檔案之間切換才能理解測試程式。你可以在 Jest 文件中進一步瞭解手動 mock 的資訊：*https://jestjs.io/docs/en/manual-mocks.html*。

A.4.4 使用 Sinon.js 來 stubbing 模組

為了進行比較，以便讓你看到 CFRA 模式在其他框架中的情況，以下是使用 Sinon.js 來實作同一個測試的程式碼。Sinon.js 是一種專門用來建立 stub 的框架。

範例 A.7　使用 Sinon.js 來 stubbing 模組

```
const sinon = require('sinon');
let dataModule;
const fakeDataFromModule = fakeData => {
  sinon.stub(dataModule, 'getAllMachines')
    .returns(fakeData);
};

const resetAndRequireModules = () => {
```

```
  jest.resetModules();
  dataModule = require('../my-data-module');
};

const requireAndCall_findRecentlyRebooted = (maxDays, someDate) => {
  const { findRecentlyRebooted } = require('../machine-scanner4');
  return findRecentlyRebooted(maxDays, someDate);
};

describe('4  sinon sandbox findRecentlyRebooted', () => {
  beforeEach(resetAndRequireModules);

  test('given no machines, returns empty results', () => {
    const someDate = new Date('01 01 2000');
    fakeDataFromModule([]);

    const result = requireAndCall_findRecentlyRebooted(2, someDate);

    expect(result.length).toBe(0);
  });
```

我們來對照 Sinon 裡的相關部分。

Clear	在每一個測試之前： `jest.resetModules` + re-require fake module

Fake	在每一個測試之前：
	`sinon.stub(module,'function')`
	`.returns(fakeData)`

Require（受測模組）	在呼叫進入點之前
Act	在重新 require 受測模組之後

A.4.5　使用 testdouble 來 stubbing 模組

testdouble 是另一個可以用來輕鬆地 stubbing 東西的框架。由於之前的測試已經重構好了，所以我們只要修改少量的程式碼。

範例 A.8　使用 testdouble 來 stubbing 模組

```
let td;

const resetAndRequireModules = () => {
  jest.resetModules();
  td = require('testdouble');
  require('testdouble-jest')(td, jest);
};
const fakeDataFromModule = fakeData => {
  td.replace('../my-data-module', {
    getAllMachines: () => fakeData
  });
};

const requireAndCall_findRecentlyRebooted = (maxDays, fromDate) => {
  const { findRecentlyRebooted } = require('../machine-scanner4');
  return findRecentlyRebooted(maxDays, fromDate);
};
```

這是使用 testdouble 時的重要部分。

Clear	在每一個測試之前：
	`jest.resetModules + require('testdouble');`
	`require('testdouble-jest')`
	　　　　　　　　`(td, jest);`

Fake	在每一個測試之前： `Td.replace(module, fake object)`
Require（受測模組）	在呼叫進入點之前
Act	在重新 require 受測模組之後

它的測試實作與 Sinon 範例完全相同。我們也使用了 testdouble-jest，因為它與 Jest 的模組替換功能相連接。如果使用不同的測試框架，就不需要使用這個工具。

這些技術都可以運作，但我建議除非別無他法，否則避免使用它們。你幾乎一定可以找到可行的其他方法，第 3 章已經展示許多這類方法了。

索引

※ 提醒您：由於翻譯書排版的關係，部份索引名詞的對應頁碼會和實際頁碼有一頁之差。

符號

<+> 符號, 183

A

AAA（Arrange-Act-Assert）模式, 47
add() 函式, 169
addDefaultUser() 函式, 207
Adder 類別, 168
addRule() 函式, 54
adopted process（被採納的類別）, 257
advantages and traps of isolation frameworks（分隔框架的優勢和陷阱）, 140-143
　overspecifying tests（過度規範測試）, 142
　verifying wrong things（驗證錯誤的事情）, 141
advocated process（所倡導的流程）, 257
afterAll() 函式, 55
afterEach() 函式, 55, 207, 285
alias to test() 函式, 52
antipatterns（反模式）
　at test level（測試階層）, 237
　low-level-only test antipattern（只有低階測試的反模式）, 240
　test-level, end-to-end-only antipattern（測試階層，「僅有端到端」反模式）, 237
API（application programming interface）tests（應用程式介面測試）, 235
Arg.is() 函式, 135

Array.prototype.every() 方法, 49-50
　describe() 函式, 49-50
　verifyPassword() 函式, 49-50
assertEquals() 函式, 16
assertion library（斷言庫）, 41
assertion roulette（斷言輪盤）, 107
assert module（斷言模組）, 16
async/await, 148-149
async/await 函式結構, 154
asynchronous code, unit testing（非同步程式碼，單元測試）, 145-173
　async/await 機制, 145
　asynchronous data fetching（非同步資料提取）, 145
　　callback 方法, 148-149
　　dealing with（處理）, 148-149
　callback 機制, 145
　common events（常見事件）, 168-169
　　click events（按下事件）, 169-172
　　dealing with event emitters（處理事件發射器）, 168-169
　dealing with timers（處理定時器）, 164-165
　DOM 測試庫, 172-173
　Extract Adapter 模式, 149
　　functional adapter（泛函配接器）, 160-162
　　modular adapter（模組化配接器）, 158-159
　　object-oriented-interface-based adapter（基於物件導向介面的配接器）, 162-164

Extract Entry Point 模式, 149
extracting entry points（提取進入點）, 150
　　with await（使用 await）, 154-156
　　making code unit-test friendly（讓程式碼適合單元測試）, 149, 151-154
　　timers（定時器）, 164-165
　　　　faking with Jest（使用 Jest 來偽造）, 165-168
　　　　stubbing out with monkey-patching（使用 monkey-patching 來 stubbing）, 164-165
　　unit-test-friendly code（適合單元測試的程式碼）, 149-164
　　　　Extract Adapter 模式, 156-158
　　　　functional adapter（泛函配接器）, 160-162
　　unit testing（單元測試）, 145-174
　　　　challenges with integration tests（使用整合測試的挑戰）, 149
　　　　DOM 測試庫, 172-173
　　　　亦見 unit-test-friendly code
asynchronous processing, emulating with linear, synchronous tests（非同步處理，用線性、同步測試來模擬）, 19
avoiding setup methods（避免設置方法）, 209-210

B

BDD (behavior-driven development)（行為驅動開發）, 52-53
Beck, Kent, 31
beforeAll() 函式, 55
beforeEach() 函式, 55-58, 62-63, 285
　　overview of（概要）, 58-60
　　scroll fatigue and（捲動疲勞）, 58-60

blockers（抵制者）, 255
bottom-up implementation（自下而上實踐）, 257
buggy tests, what to do once you've found（有 bug 的測試，找到時該怎麼辦）, 179
bugs, real bug in production code（bug，在產品程式碼裡的真實 bug）, 179
build whisperers（組建造謠者）, 239
business goals and metrics（商務目標與指標）
　　breaking up into groups（拆成群組）, 262-263
　　leading indicators（領先指標）, 262

C

calculator example, factory methods（計算機範例，工廠方法）, 60-62
callback 機制, 145
catch() 期望, 67
CFRA (Clear-Fake-Require-Act) 模式, 288
change agents（改革代理人）
　　blockers（抵制者）, 255
　　considering project feasibility（考慮專案的可行性）, 256
　　convincing insiders（說服內部人員）, 254
change management（改革管理）
　　identifying starting points（找出起點）, 255
　　making progress visible（讓進展可被看見）, 260-261
changes（改革）
　　colleagues' attitudes, being prepared for tough questions（同事的態度，準備回答棘手問題）, 254
　　forced by failing tests（受迫於失敗的測試）, 197

in functionality, avoiding or preventing test failure due to（功能，避免或防止測試失敗）, 181
in other tests（其他測試裡的）, 201
testing culture and using code and test reviews as teaching tools（測試文化，將程式碼與測試復審當成教具）, 256
check() 函式, 16, 291
Clean Code（Martin）, 32
clearAllMocks() 函式, 292
click events（按下事件）, 169-172
code reviews, using as teaching tools（程式碼復審，當成教具）, 256
CodeScene, investigating production code with（CodeScene，用來調查產品程式碼）, 281
code without tests（沒有測試的程式碼）, 271
command（命令）, 127
command/query separation（命令 / 查詢分離）, 10, 127
common test types and levels, E2E/UI system tests（常見的測試類型和階層，E2E/UI 系統測試）, 237
complicated interfaces, example of（複雜的介面，範例）, 118-119
component tests, overview of（組件測試，概要）, 233
concerns, testing multiple exit points（顧慮，測試多個退出點）, 188-191
confidence（信心）, 240
constrained test order（受約束的測試順序）, 202-207
constructor functions（建構函式）, 89-90
constructor injection（建構函式注入）, 90-92
continuous testing（持續測試）, 41

control（控制）, 83
control flow code（控制流程程式碼）, 27
_.curry() 函式, 112
currying，不使用, 112
CUT（組件、類別，或受測程式碼）, 6
cyclomatic complexity（循環複雜度）, 276

D

database, replacing with stubs（資料庫，換成 stub）, 19
Date.now 全域變數, 284-285
debug() 函式, 106
debuggers, need for tests if code works（偵錯器，當程式碼有效時需要使用）, 272
decoupling, factory functions decouple creation of object under test（解耦，工廠函式將受測物件的建立解耦）, 200-201
delivery-blocking tests（會阻礙交付的測試）, 247
delivery pipelines（交付管道）
  delivery vs. discovery pipelines（交付 vs. 發現管道）, 247
  test layer parallelization（測試階層平行化）, 250-251
dependencies（依賴項目）, 76, 83
  breaking with stubs, object-oriented injection techniques（使用 stub 來斷開，物件導向注入技術）, 90
  types of（類型）, 76-78
dependencies 物件, 86
dependencies 變數, 87
dependency injection (DI)（依賴注入）, 164

breaking with stubs（用 stub 來斷開），75
　　design approaches to stubbing（stubbing 設計方法），80
　　functional injection techniques（泛函注入技術），84-85
　　modular injection techniques（模組化注入技術），85-89
　　object-oriented injection techniques（物件導向注入技術），96-99
Dependency Injection（DI）容器，93
Dependency Inversion（依賴反轉），82
describe() 區塊，50, 57
describe() 函式，37, 49-50, 64
describe-driven syntax（以 describe 為主軸的語法），52
describe 結構，224
destructured() 函式，290
differentiating between mocks and stubs（mock 和 stub 的區別），106-107
diminishing returns from E2E（end-to-end）tests（E2E 測試的回報遞減），237
direct dependencies, abstracting away（直接依賴項目，抽象化），130
discovery pipelines, vs. delivery pipelines（發現管道 vs. 交付管道），247
document.load 事件，172
DOM（Document Object Model）測試庫，172-173
doMock() 函式，292
done() callback, 148
done() 函式，148, 154, 169
DRY（don't repeat yourself）原則，209
duck typing（鴨子定型），96
dummy 資料，82
dummy 值，82
dynamic mocks and stubs（動態 mock 與 stub），125, 130-131
　　functional（泛函），130-131
dynamic stubbing（動態 stubbing），136-139

E

E2E（end-to-end）tests（端到端測試），235-237
　　avoiding completely（完全避免），240
　　build whisperer（組建造謠者），239
　　diminishing returns from（回報遞減），237
E2E/UI 獨立測試，235
edge cases（邊緣情況），244
end-to-end-only antipattern（「僅有端到端」反模式），237-239
　　avoiding build whisperers（避免組建造謠者），239
　　avoiding E2E tests completely（完全避免 E2E 測試），240
　　throw it over the wall mentality（「扔過牆」心態），239
　　when it happens（發生時），240
entry points（進入點），6-11, 286
　　extracting, with await（提取，使用 await），154-156
errors array（錯誤陣列），57
event-driven programming（事件驅動開發），169-172
event emitters（事件發射器），168-169
exact:false 旗標，173
exceptions, checking for expected thrown errors（例外，檢查預期會丟出來的錯誤），67-68
executing Jest（執行 Jest），38-41
exit points（退出點），6, 10-12, 188-191, 286

索引　301

different exit points, different techniques（不同的退出點，不同的技術），14
expect（預期），41
expect( ) 函式，37
expect( ).toThrowError( ) 方法，67
experiments（試驗）
　　as door openers（從試驗開始），258
　　metrics and（指標），258
Extract Adapter 模式，156-158
　　functional adapter（泛函配接器），160-162
　　modular adapter（模組化配接器），158-159
　　object-oriented-interface-based adapter（基於物件導向介面的配接器），162-164
extracting adapter pattern（提取配接器模式），149
extracting entry point pattern（提取進入點模式），149

F

factory functions（工廠函式），200-201
factory methods（工廠方法），60-62，200
　　replacing beforeEach( ) completely with（用來完全替換 beforeEach( )），62-63
failed tests（失敗的測試）
　　buggy tests（有 bug 的測試），179
　　reasons tests fail（測試失敗的原因），181
fake（偽造），286
FakeComplicatedLogger 類別，121
fakeDataFromModule( ) 方法，291，293
fakeImplementation，287
FakeLogger 類別 96，116，118，200

fake module behavior（偽造模組行為）
　　avoiding Jest's manual mocks（避免 Jest 的手動 mock），293
　　stubbing modules with Sinon.js（使用 Sinon.js 來 stubbing 模組），293
fake modules, dynamically（動態地 fake 模組），127-129
fake objects and functions（fake 物件與函式）
　　faking module behavior in each test（在每一個測試裡偽造模組行為），295-296
　　stubbing with testdouble（用 testdouble 來 stubbing），295-296
FakeTimeProvider，95
fake（*xUnit Test Patterns*, Meszaros），78
false failures（假失敗），197
feature toggles（功能開關），197
findFailedRules( ) 函式，213-214
findResultFor( ) 函式，216
first unit test, setting test categories（第一個單元測試，設定測試分類），68-70
flaky tests（不穩定的測試），182，192
　　dealing with（處理），194
　　mixing unit tests and integration tests（混合單元測試與整合測試），188
　　preventing flakiness in higher-level tests（在高階測試中防止不穩定），194
folders, preparing for Jest（資料夾，為 Jest 準備），35-37
Freeman, Steve，32
full control（完全控制），18
functional dynamic mocks and stubs（泛函的動態 mock 與 stub），130-131

functional injection techniques（泛函注入技術）, 84
　　injecting functions（注入函式）, 84-85
　　partial application（部分應用）, 85
functionality, change in, out of date tests（功能，改變，過期的測試）, 181
functional style（泛函風格）
　　higher-order functions（高階函式）, 112
　　mocks, currying, 111-112
functions（函式）
　　injecting（注入）, 84-85
　　injecting instead of objects（注入物件而不是函式）, 92-96
　　it( ) 函式, 52
　　monkey-patching, 283
　　　　faking module behavior in each test（在每個測試中偽造模組）, 288-290, 293-296
　　　　globals and possible issues（全域變數與可能的問題）, 284-286
　　　　ignoring whole modules with Jest（用 Jest 來忽略整個模組）, 287
　　setup（設置）, 209-210
　　test( ), 64
　　verifyPassword, 53-55

G

genMockFromModule( ) 函式, 292
getDay( ) 函式, 87, 92
getLogLevel( ) 函式, 128
globals（全域）
　　Jest spies, 286
　　monkey-patching 函式與模組, 284-286
goals, specific（具體目標）, 261

good-to-know tests（可參考的測試）, 247
Growing Object-Oriented Software, Guided by Tests（Freeman and Pryce）, 32
guerrilla implementation（游擊式實踐）, 257

H

happy path（快樂路徑）, 244
hard-first strategy, pros and cons of（先易後難策略的優缺點）, 279
hexagonal architecture（六邊形架構）, 130
higher-order functions（高階函式）, 112
high-level tests, disconnected low-level and（低階測試和高階測試脫節）, 243

I

IComplicatedLogger 介面, 119
if/else, 185
ILogger 介面, 116, 118, 197
incoming dependencies（入內依賴項目）, 76
indicators（指標）
　　breaking up into groups（拆成群組）, 262-263
　　lagging indicators（落後指標）, 261
INetworkAdapter 參數, 162
info 函式, 106, 116, 128
info 方法, 106
inject( ) 函式, 87
injectDate( ) 函式, 87
injectDependencies( ) 函式, 110
inject 函式, 87
injections（注入）, 83
　　modular-style injection, example of（模組化風格注入，範例）, 111

insiders, convincing（說服內部人員），254

integration of unit testing（單元測試的扎根）
  into organization, convincing management（於組織中扎根，說服管理層），257
  metrics and experiments（指標與試驗），258

integration testing（整合測試）
  async/await, 148-149
  challenges with（挑戰），149
  unit testing, integrating into organization（讓單元測試於組織中扎根），271

integration tests（整合測試），147, 234
  flaky, mixing with unit tests（不穩定的，與單元測試混合），188

interaction testing（互動測試）
  complicated 介面, 118-121
  depending on loggers（依賴 logger），103-104
  differentiating between mocks and stubs（mock 和 stub 的區別），106-107
  mock 物件, 101-124
    functional style（泛函風格），111
    in object-oriented style（物件導向風格），113, 116
  mock 與 stub, 102
  partial mocks（部分 mock），121

interfaces, complicated, ISP（介面，複雜的，ISP），121

interface segregation principle（介面隔離原則），156, 158

internal behavior, overspecification with mocks（內部行為，使用 mock 來過度規範），211-214

Inversion of Control（IoC）容器, 93

isolated tests（獨立測試），235
isolation facilities（分隔設施），41
isolation frameworks（分隔框架），125-143
  advantages and traps of（優勢和陷阱）
    overspecifying tests（過度規範測試），142
    unreadable test code（難以閱讀的測試程式碼），141
    verifying wrong things（驗證錯誤的事情），141
  defining（定義），126
    loose vs. typed（鬆散型 vs. 定型），126
  faking modules dynamically（動態偽造模組），127-129
    abstracting away direct dependencies（將直接依賴項目抽象化），130
    Jest API, 129
  functional dynamic mocks and stubs（泛函的動態 mock 與 stub），130-131
  object-oriented dynamic mocks and stubs（物件導向的動態 mock 與 stub），131
    using loosely typed framework（使用鬆散型態框架），131-134
    stubbing behavior dynamically（動態 stubbing 行為），136-140
    object-oriented example with mock and stub（使用 mock 與 stub 的物件導向範例），136-139
    with substitute.js, 139-140
  type-friendly frameworks（型態友善框架），134-135

ISP（interface segregation principle）（介面隔離原則），121

isWebsiteAlive()函式, 154, 158
it()函式, 37, 52, 63
it.each()函式, 65, 210
it.only 關鍵字, 205
IUserDetails 介面, 202

J

Jest, 35
    API of, 129
    avoiding manual mocks（避免手動 mock）, 293
    creating test files（建立測試檔案）, 37-38
    executing（執行）, 38-41
    fake timers with（用來偽造定時器）, 165-168
    ignoring whole modules with（用來忽略整個模組）, 287
    installing（安裝）, 37
    library, assert, runner, and reporter（程式庫、斷言、執行器、報告器）, 41
    monkey-patching 函式, 286
    preparing environment（準備環境）, 35
    preparing working folder（準備工作資料夾）, 35-37
    spies, 286
    verifyPassword()函式, 45
        for Jest syntax flavors（Jest 語法風格）, 52
jest 命令, 37
jest.fn()函式, 134
jest.mock()函式, 159
jest.mock API, 將直接依賴項目抽象化, 130
jest.mock([module name])函式, 129
jest.restoreAllMocks 函式, 287

Jest 快照, 68
Jest 單元測試框架, 44
jest --watch 命令, 41

K

Khorikov, Vladimir, 281
KPIs（key performance indicators）（關鍵績效指標）, 247, 261

L

lagging indicators（落後指標）, 261
leading indicators（領先指標）, 262
    breaking up into groups（拆成群組）, 262-263
legacy code（遺留碼）, 275-282
    integration tests, writing before refactoring（在重構前編寫整合測試）, 281
    selection strategies（選擇策略）
        easy-first strategy（先易後難策略）, 279
        hard-first strategy, pros and cons of（先易後難策略的優缺點）, 279
    where to start adding tests（於何處開始加入測試）, 276-277
    writing integration tests before refactoring（在重構前編寫整合測試）, 280
    using CodeScene to investigate production code（使用 CodeScene 來調查產品程式碼）, 281
loadHtmlAndGetUIElements 方法, 172
loadHtml 方法, 172
lodash 程式庫, 111
logged 變數, 116
logger.debug, 109

索引　305

logger.info, 109
loggers, depending on（依賴 logger），103-104
loose isolation frameworks（鬆散型分隔框架），126
loosely typed frameworks（鬆散型態框架），131-134
low-level-only test antipatter（只有低階測試的反模式），240
low-level tests, disconnected high-level and（低階測試和高階測試脫節），243
LTS（長期支援）版本, 35

M

magic values（魔法值），225-226
maintainability（易維護性），107, 197-218
　avoiding overspecification（避免過度規範），211-214
　changes forced by failing tests（因測試失敗而被迫進行的更改）
　　changes in other tests（在其他測試裡的變更），201
　　constrained test order（受約束的測試順序），202-207
　　of code, exact outputs and ordering overspecification（程式碼，過度規範精確的輸出和排序），214-218
　　of tests（測試）
　　　changes forced by failing tests（因測試失敗而被迫進行的更改），197
　　　changes in production code's API（在產品程式碼的 API 裡的更改），197-200
　　　test is not relevant or conflicts with another test（測試不相關，或與另一個測試衝突），197
　　refactoring to increase（藉著重構來增加），207
　　　avoiding setup methods（避免設置方法），209-210
　　　avoiding testing private or protected methods（避免測試 private 或 protected 方法），209
　　　keeping tests DRY（讓測試維持 DRY），209
　　　using parameterized tests to remove duplication（使用參數化的測試來移除重複），210-211
maintainable tests（易維護的測試），44
MaintenanceWindow 介面, 137-139
makeFailingRule() 方法, 62
makePassingRule() 方法, 62
makePerson() 函式, 191
makeSpecialApp() 工廠函式, 207
makeStubNetworkWithResult() 輔助函式, 162
makeVerifier() 函式, 113
Meszaros, Gerard 11, 12, 78, 107
methods, making public（方法，設為 public），207
metrics, experiments and（指標與試驗），258
metrics and KPIs（指標與 KPI），263
mock 函式, 118, 292
mockImplementation() 函式, 286-287
mockImplementation() 方法, 136
mockImplementationOnce() 方法, 136, 293
mockLog 變數, 227
mock 物件, 14, 101, 118-124, 293
　advantages of isolation frameworks（分隔框架的優點），141
　complicated interfaces（複雜的介面），118

downsides of using directly（直接使用的無點），121
example of（範例），118-119
depending on loggers（依賴 logger），103-104
differentiating between mocks and stubs（mock 和 stub 的區別），106-107
functional style（泛函風格），111
in object-oriented style（物件導向風格），113
interaction testing with complicated interfaces（具有複雜介面的互動測試），119-121
modular-style mocks（模組化風格的 mock），107
refactoring production code in modular injection style（以模組化注入風格來重構產品程式碼），110
overview of（概要），102
partial mocks（部分 mock），121
object-oriented partial mock example（物件導向的部分 mock 範例），123-124
standard style, introducing parameter refactoring（標準風格），105-106
mockReturnValue() 方法，136
mockReturnValueOnce() 方法，136
mocks, 77, 102
advantages of, having more than one mock per test（優點，在每一個測試中有不只一個），142
functional style
currying（泛函風格的 currying），111-112
higher-order functions and not currying（高階函式與不 currying），112

in object-oriented style（物件導向風格）
refactoring production code for injection（重構產品程式碼以便注入），115
refactoring production code with interface injection（使用介面注入來重構產品程式碼），116
internal behavior overspecification with（過度規範內部行為），211-214
object-oriented design example with（物件導向設計範例），136-139
object-oriented dynamic mocks and stubs（物件導向的動態 mock 與 stub），131
modular adapter（模組化配接器），158-159
modular injection techniques（模組化注入技術），85-89
modular-style mocks（模組化風格的 mock），107
example of production code（產品程式碼範例），109-110
modular-style injection, example of（模組化風格注入，範例），111
refactoring production code in modular injection style（以模組化注入風格來重構產品程式碼），110
modules（模組）
faking behavior in each test（在每個測試中偽造行為），288-296
stubbing with Sinon.js（使用 Sinon.js 來 stubbing），293
stubbing with testdouble（用 testdouble 來 stubbing），295-296
faking dynamically（動態偽造），127-129

索引　307

　　　abstracting away direct
　　　　　dependencies（將直接依賴項
　　　　　目抽象化），130
　　monkey-patching, 283
moment.js, 78
monkey-patching, 164, 283
　　functions and modules（函式與模組）
　　　faking module behavior in each test
　　　　（在每一個測試裡偽造模組
　　　　行為），295-296
　　　stubbing module with vanilla
　　　　require.cache（用原生的
　　　　require.cache 來 stubbing 模
　　　　組），290-291
　　　stubbing with Sinon.js（使用 Sinon.
　　　　js 來 stubbing），293
　　　stubbing with testdouble（用
　　　　testdouble 來 stubbing），295-
　　　　296
　　possible issues（可能的問題），284-
　　　　286
　　　spyOn with mockImplementation()，
　　　　286-287
　　warning about（警告），283

N

network-adapter 模組, 157-159
node-fetch 模組, 157
Node.js, 7
node package manager（NPM）, 35
npm 命令, 37
NPM（node package manager）, 4, 35
npm run testw 命令, 47
npx jest 命令, 37
numbers string（數字字串），14

O

object-oriented design, example with
　　mock and stub（物件導向設計，
　　mock 與 stub 範例），136-139
object-oriented dynamic mocks and stubs
　　（物件導向的動態 mock 與 stub），
　　131
　　type-friendly frameworks（型態友善
　　　框架），134-135
　　using loosely typed framework（使用
　　　鬆散型態框架），131-134
object-oriented injection techniques（物
　　件導向注入技術），90-99
　　constructor injection（建構函式注
　　　入），90-92
　　extracting common interface（提取共
　　　同介面），96-99
　　injecting objects instead of functions
　　　（注入物件而不是函式），92-96
　　overview（概要），96-99
object-oriented style, mocks in（物件導
　　向風格，mock），113
obvious values（明確價值），233
onion architecture（洋蔥架構），130
organization, integrating unut testing into
　　（讓單元測試於組織中扎根），272
originalDependencies 物件, 86
originalDependencies 變數, 110
outgoing dependencies（外出依賴項
　　目），76
overspecification（過度規範）
　　avoiding（避免），211-214
　　exact outputs and ordering（精確的輸
　　　出和排序），214-218

P

parameter injection（參數注入），80-82
parameterized tests（參數化的測試）

refactoring to（重構）, 65-67
　removing duplication with（移除重複）, 210-211
parameter refactoring（參數重構）, 105-106
partial application, dependency injection via（部分應用，依賴注入）, 85
partial mocks（部分 mock）, 121
　functional example（泛函範例）, 121-123
　object-oriented partial mock example（物件導向的部分 mock 範例）, 123-124
PASSED 結果, 109
passVerify() 函式, 113
password-verifier0.spec.js 檔案, 45
PasswordVerifier1, 57
PasswordVerifier 類別, 117
passwordVerifierFactory() 函式, 92
Password Verifier 專案, 45
patching functions and modules（為函式和模組打補丁）
　avoiding Jest's manual mocks（避免 Jest 的手動 mock）, 293
　faking module behavior in each test（在每個測試中偽造模組行為）, 288-290
　ignoring whole modules with Jest（用 Jest 來忽略整個模組）, 287
person 物件, 191
polymorphism（多型）, 116
ports and adapters 架構, 130
preconfigured verifier function（預先設置的 verifier 函式）, 113
private and protected methods, avoiding testing（避免測試 private 或 protected 方法）, 209
　making methods public（將方法設為 public）, 207

production code（產品程式碼）
　changing API of（改變 API）, 197-199
　modular-style mocks, example of（模組風格的 mock，範例）, 109-110
　real bug in（真實的 bug）, 179
　refactoring for injection（為注入而重構）, 115
　refactoring in modular injection style（模組化注入風格裡的重構）, 110
　refactoring with interface injection（用介面注入來重構）, 116
production code, investigating with CodeScene（用 CodeScene 來調查產品程式碼）, 281
production code, refactoring（產品程式碼，重構）, 53-55
production module（生產模組）, 15
progress, making visible（讓進展可被看見）, 260-261
protected 方法, 207
Pryce, Nat, 32

Q

qualitative metrics（質性指標）, 263
query（查詢）, 127

R

readability（易讀性）, 107
　magic values and naming variables（魔法值，為變數命名）, 225-226
　of unit tests（單元測試）, 223-230
　separating asserts from actions（將斷言與操作分開）, 226
readable tests（易讀的測試）, 44

索引　309

reason 字串, 50
.received() 函式, 135, 139
refactoring（重構）, 29
　　avoiding testing private or protected methods（避免測試 private 或 protected 方法）, 209
　　keeping tests DRY（讓測試維持 DRY）, 209
　　making methods public（將方法設為 public）, 207
　　production code for injection（重構產品程式碼以便注入）, 115
　　to increase maintainability（使其更容易維護）
　　　　avoiding setup methods（避免設置方法）, 209-210
　　　　avoiding testing private or protected methods（避免測試 private 或 protected 方法）, 207
　　　　to parameterized tests（將測試參數化）, 65-67
　　　　using parameterized tests to remove duplication（使用參數化的測試來移除重複）, 210-211
　　　　writing integration tests before（在之前編寫整合測試）, 280
requireAndCall_findRecentlyRebooted() 函式, 291
require.cache, stubbing module with vanilla（用原生的 require.cache 來 stubbing 模組）, 290-291
require.cache 機制, 288
reset() 函式, 87
resetAllMocks() 函式, 292
resetDependencies() 函式, 110-111
resetModules() 函式, 292
restoreAllMocks() 函式, 292
.returns() 函式, 139
rules 陣列, 197
rules verification functions（規則檢驗函式）, 45

S

safe green zone（安全綠色區域）, 188
scripts 項目, 47
seams, 86, 276
　　abstracting dependencies using（將依賴項目抽象化）, 104
selection strategies（選擇策略）, 279
　　easy-first strategy（先易後難策略）, 279
setTimeout 函式, 164-165
setTimeout 方法, 164
setup methods（設置方法）, 227-229
SimpleLogger 類別, 116-117
Sinon.js, 用來 stubbing 模組, 293
smaller teams（較小的團隊）, 255
SpecialApp 實作, 202-204
spies, Jest, 286
spyOn() 函式, 286-287
state-based test（基於狀態的測試）, 214
stateless private methods, making public static（無狀態的 private 方法，將它設為 public 和 static）, 209
string comparisons（字串比較）, 49
stringMatching 函式, 131
strings, comparing（比較字串）, 49
stub, 106, 129, 286
stubbing
　　dynamically（動態地）, 136-140
　　modules（模組）, 295-296
　　使用 Sinon.js, 293
　　使用 substitute.js, 139-140
　　使用 testdouble, 295-296
stubs, 75, 77, 102
　　constructor functions（建構函式）, 89-90

design approaches to（設計方法）, 80
　dependencies, injections, and control（依賴項目，注入，與控制）, 83
　stubbing out time with parameter injection（使用參數注入來 stubbing 時間）, 80-82
　functional injection techniques（泛函注入技術）, 84
　　injecting functions（注入函式）, 84-85
　modular injection techniques（模組化注入技術）, 85-89
　object-oriented injection techniques（物件導向注入技術）, 90-99
　　constructor injection（建構函式注入）, 90-92
　　extracting common interface（提取共同介面）, 96-99
　　injecting objects instead of functions（注入物件而不是函式）, 92-96
　　overview（概要）, 96-99
　overview of（概要）, 102
　reasons to use（使用的原因）, 78-80
　replacing database (or another dependency) with（替換資料庫或其他依賴項目）, 19
　types of dependencies（依賴項目的類型）, 76-78
subject, system, or suite under test (SUT)（對象、系統，或受測套件）, 6
Substitute.for<T>( ) 函式, 139
substitute.js, 139-140
subteams, creating（成立子團隊）, 256
sum( ) 函式, 14
SUnit, 44

SUT（subject, system, or suite under test）（對象、系統，或受測套件）, 6

T

tape 框架 36, 44
TAP (Test Anything Protocol), 44
TDD (test-driven development)（測試驅動開發）, 5, 27, 181-272
　core skills for（核心技能）, 31
　pitfalls of, not a substitute for good unit tests（陷阱，不適合替代優良的單元測試）, 29
teardown methods（卸除方法）, 227-229
test( ) 函式, 概要, 64
testableLog 變數, 121
test categories（測試類別）, 68-70
test conflicts with another test（與其他測試互相衝突）, 181-182
testdouble-jest 249, 296
test doubles（測試替身）, 78, 288
　stubbing 模組, 295-296
test-driven development (TDD)（測試驅動開發）, 5, 31, 181
test.each 函式, 65, 210
test failure（測試失敗）
　reasons for（原因）, 181
　test conflicts with another test（與其他測試互相衝突）, 181-182
　test out of date due to change in functionality（功能改變造成測試過期）, 181
test-feasibility table（測試可行性表）, 276
test-first development（先寫出測試的開發方法）, 27
test flakiness（測試的不穩定性）, 99
test 函式, 37
testing（測試）

索引　311

reasons tests fail（測試失敗的原因）
　buggy test gives false failure（有 bug 的測試會產生假失敗），179
　test conflicts with another test（測試之間互相衝突），181
　smelling false sense of trust in passing tests（在通過的測試，聞到虛假的信任感），186
trustworthy tests（可信的測試），195
testing strategy（測試策略），231-252
　common test types and levels（常見的測試類型與階層），231
　　API 測試 , 235
　　criteria for judging tests（評估測試的標準），233
　　E2E/UI 獨立測試 , 235
　　E2E/UI 系統測試 , 237
　　integration tests（整合測試），234
　　unit tests and component tests（單元測試和組件測試），233
　developing, using test recipes（開發，使用測試配方），244
　low-level-only test antipattern（只有低階測試的反模式），240
　managing delivery pipelines（管理交付管道），247
　　delivery vs. discovery pipelines（交付 vs. 發現管道），247
　　test layer parallelization（測試階層平行化），250-251
　test-level antipatterns（測試階層的反模式）
　　disconnected low-level and high-level tests（低階測試和高階測試脫節），242
　　end-to-end-only antipattern（「僅有端到端」反模式），237, 239
　test recipes（測試配方）

　　rules for（規則），246-247
　　writing and using（編寫與使用），246
　test layer parallelization（測試階層平行化），250-251
test library（測試庫），41
test maintainability, constrained test order（測試的易維護性，受約束的測試順序），202-207
test method（測試方法），15
testPathPattern 命令列旗標 , 68
--testPathPattern 旗標 , 71
test recipes（測試配方）
　as testing strategy（測試策略），244
　rules for（規則），246-247
　writing（編寫），244
　writing and using（編寫與使用），246
testRegex 組態設定 , 68
test reporter（測試報告器），41
test reviews, using as teaching tools（測試復審，當成教具），256
test runner（測試執行器），41
tests, criteria for judging（評估測試的標準），233
__tests__ 資料夾 , 45-47
test syntax（測試語法），52
then( ) callback, 148
third-party test（第三方測試），214
time, added to process（時間，加入程序），268-269
TimeProviderInterface 類型 , 96
timers（定時器），164
　faking with Jest（使用 Jest 來偽造），165-168
　stubbing out with monkey-patching（使用 monkey-patching 來 stubbing），164-165
.toContain('fake reason') 函式 , 47

.toContain matcher, 49
toMatchInlineSnapshot（）方法, 68
.toMatch matcher, 49
.toMatch(/string/) 函式, 47
top-down approach（由上而下方法）, 257
totalSoFar（）函式, 10
toThrowError 方法, 68
transpiler（轉譯器）, 116
trend lines（趨勢線）, 263
true failures（真失敗）, 197
trust（信任）, 107
trustworthy tests（可信的測試）, 44, 177-195
   avoiding logic in unit tests（避免在單元測試中加入邏輯）, 182, 185-186
      creating dynamic expected values（建立動態的預期值）, 182-185
      even more logic（更多邏輯）, 186
   buggy tests（有 bug 的測試）
      criteria for judging tests（評估測試的標準）, 233
      what to do once you've found（找到時該怎麼辦）, 179
   dealing with flaky tests（處理不穩定的測試）, 194
   failed tests（失敗的測試）, 179
   flaky tests（不穩定的測試）, 192, 194
   reasons for test failure（測試失敗的原因）, 178-181
      buggy test gives false failure（有 bug 的測試會產生假失敗）, 179
      flaky tests（不穩定的測試）, 182
      out of date due to change in functionality（功能改變造成測試過期）, 181
      real bug in production code（在產品程式碼裡的真實 bug）, 179
      test conflicts with another test（測試之間互相衝突）, 181
   smelling false sense of trust in passing tests（在通過的測試，聞到虛假的信任感）, 186
      mixing unit tests and flaky integration tests（混合不穩定的測試與單元測試）, 188
      testing multiple exit points（測試多個退出點）, 188-191
      tests that don't assert anything（沒有斷言任何事情的測試）, 187
      tests that keep changing（不斷變動的測試）, 191
   test conflicts with another test（測試之間互相衝突）, 182
type-friendly frameworks（型態友善框架）, 134-135

U

UI（user interface）tests（使用者介面測試）, 235-237
unit of work（工作單元）, 6, 286
unit test（單元測試）, 18, 26
unit testing（單元測試）, 3-33
   asynchronous code（非同步程式碼）, 145-174
   basics of（基本知識）, 5
   characteristics of good unit tests（優良單元測試的特點）, 18-19
   creating unit tests from scratch（從零開始編寫測試）, 14-18
   defining（定義）, 5
   different exit points, different techniques（不同的退出點，不同的技術）, 14

educating colleagues about, being prepared for tough questions（教育同事，準備回答棘手問題），254
entry points and exit points（進入點與退出點），6-11
exit point types（退出點類型），12
first unit test（第一個單元測試），35-71
frameworks, advantages of（框架，優點），42-44
integrating into organization（讓單元測試於組織中扎根），253-273
　ad hoc implementations and first impressions（即興實施和第一印象），264
　aiming for specific goals, metrics, and KPIs（具體的目標、指標和 KPI），261
　code without tests（沒有測試的程式碼），271
　experiments as door openers（從試驗開始），257
　getting outside champion（尋找外部支持者），258
　guerrilla implementation（游擊式實踐），257
　influence factors（影響因素），265
　lack of political support（缺乏政治支持），264
　need for tests if debugger shows that code works（當偵錯器顯示程式碼有效時需要使用測試），272
　steps to becoming agent of change（成為改革代理人的步驟），254-256
　TDD（test-driven development）（測試驅動開發），31, 268-273
　time added to process（加入程序的時間），268-269
　tough questions and answers（棘手問題與答案），268-272
　　proof that unit testing helps（證明單元測試有幫助），271
　　QA jobs at risk（QA 的飯碗受威脅），269
　ways to fail（失敗之道），264
　　lack of driving force（缺乏驅動力），264
　　lack of team support（缺乏團隊支持），265
　ways to succeed（成功之道），256
　　convincing management（說服管理層），257
　　realize that there will be hurdles（意識到將會有障礙），263
interaction testing using mock objects（使用 mock 物件來進行互動測試），101-124
legacy code（遺留碼），282
　selection strategies（選擇策略），279
　where to start adding tests（於何處開始加入測試），276-277
　writing integration tests before refactoring（在重構前編寫整合測試），280-281
maintainability（易維護性），218
stubs, reasons to use（使用 stub 的原因），78-80
unit testing asynchronous code, example of extracting unit of work（對非同步程式執行單元測試，提取工作單元的範例），151-154
Unit Testing Principles, Practices, and Patterns（Khorikov），281

unit tests（單元測試）, 35
　avoiding logic in（避免加入邏輯）, 182
　　creating dynamic expected values（建立動態的預期值）, 182-185
　　other forms of logic（其他形式的邏輯）, 185-186
　avoiding overspecification（避免過度規範）, 211
　characteristics of（特點）, 18
　　checklist for（檢查表）, 19
　　emulating asynchronous processing with linear, synchronous tests（使用線性、同步的測試來模擬非同步處理）, 19
　　overview（概要）, 18
　　replacing database（or another dependency）with stub（用 stub 來替換資料庫或其他依賴項目）, 19
　characteristics of good unit tests（優良單元測試的特點）, 18
　creating（建立）
　　beforeEach() 函式, 55-58
　　from scratch（從零開始）, 14-18
　　using test() 函式, 64
　exceptions, checking for expected thrown errors（例外，檢查預期會丟出來的錯誤）, 67-68
　faking module behavior in each test（在每個測試中偽造模組行為）, 290-291
　first unit test（第一個單元測試）, 35-71
　　factory method route（嘗試工廠方法）, 60-62
　　refactoring to beforeEach() function（重構為 beforeEach() 函式）, 58-60
　　replacing beforeEach() completely with factory methods（使用工廠方法來完全替換 beforeEach()）, 62-63
　　verifyPassword() 函式, 45
　Jest
　　creating test files（建立測試檔案）, 37-38
　　first test with, preparing working folder（第一個測試，準備工作資料夾）, 35-37
　　library, assert, runner, and reporter（程式庫、斷言、執行器、報告器）, 41
　naming（命名）, 224-225
　overview of（概要）, 233
　parameterized tests, refactoring to（重構為參數化的測試）, 65-67
　Password Verifier 專案, 45
　readability（易讀性）, 223-230
　　magic values and naming variables（魔法值，為變數命名）, 225-226
　　separating asserts from actions（將斷言與操作分開）, 226
　　setting up and tearing down（設置和卸除）, 227-229
　refactoring production code（重構產品程式碼）, 53-55
　setting test categories（設定測試類別）, 68-70
　unit testing frameworks（單元測試框架）, 44
unreadable test code（難以閱讀的測試程式碼）, 141
UserCache 物件, 202
USE (unit, scenario, expectation) 命名, 48

V

value-based test（基於值的測試）, 214
vanilla require.cache（原生的 require.cache）, 290-291
verification（驗證）, 105
verifier, 95
verifier 變數, 57
verify( ) 函式, 67, 115, 213-215
verifyPassword( ) 函式, 55, 104, 109
   Arrange-Act-Assert 模式, 47
   describe( ) 函式, 49-50
   first test for（第一個測試）, 45
   Jest syntax flavors（Jest 語法風格）, 52
   Jest 測試, 52
   refactoring production code（重構產品程式碼）, 53-55
   structure can imply context（結構可能暗示背景資訊）, 50-52
   testing strings, comparing（比較測試字串）, 49
   testing test（對測試程式進行測試）, 48
verifyPassword(rules) 函式, 45

W

WebsiteVerifier 類別, 162-163
website-verifier 範例, 160-162
written 類別, 118

X

xUnit 框架 36, 44
xUnit 測試模式和命名 64, 78
xUnit Test Patterns: Refactoring Test Code（Meszaros）, 12, 78, 107

單元測試的藝術｜以 JavaScript
為例

作　　　者：Roy Osherove, Vladimir Khorikov
譯　　　者：賴屹民
企劃編輯：詹祐甯
文字編輯：王雅雯
設計裝幀：張寶莉
發 行 人：廖文良

發 行 所：碁峰資訊股份有限公司
地　　　址：台北市南港區三重路 66 號 7 樓之 6
電　　　話：(02)2788-2408
傳　　　真：(02)8192-4433
網　　　站：www.gotop.com.tw
書　　　號：ACL065800
版　　　次：2025 年 04 月初版
建議售價：NT$680

國家圖書館出版品預行編目資料

單元測試的藝術：以 JavaScript 為例 / Roy Osherove, Vladimir
Khorikov 原著；賴屹民譯. -- 初版. -- 臺北市：碁峰資訊,
2025.04
　　面；　公分
譯自：The art of unit testing, 3rd ed.
ISBN 978-626-324-991-2(平裝)

1.CST：Java Script(電腦程式語言)

312.32J36　　　　　　　　　　　　　　　　113020392

商標聲明：本書所引用之國內外公司各商標、商品名稱、網站畫面，其權利分屬合法註冊公司所有，絕無侵權之意，特此聲明。

版權聲明：本著作物內容僅授權合法持有本書之讀者學習所用，非經本書作者或碁峰資訊股份有限公司正式授權，不得以任何形式複製、抄襲、轉載或透過網路散佈其內容。
版權所有‧翻印必究

本書是根據寫作當時的資料撰寫而成，日後若因資料更新導致與書籍內容有所差異，敬請見諒。若是軟、硬體問題，請您直接與軟、硬體廠商聯絡。